SAMMLUNG GÖSCHEN BAND 1211/1211a

THERMISCHE VERFAHRENSTECHNIK

von

DR. HERBERT BOCK

III

FLIESSBILDER, IHRE FUNKTION UND IHR ZUSAMMENBAU AUS GERÄTEN

Mit 67 Abbildungen

WALTER DE GRUYTER & CO.
vormals G. J. Göschen'sche Verlagshandlung · J. Guttentag, Verlagsbuchhandlung · Georg Reimer · Karl J. Trübner · Veit & Comp.
BERLIN 1965

 — Archiv-Nr. 7980659. — Satz und Druck: Hildebrandt & Stephan, Berlin 61. — Printed in Germany.

Inhalt des dritten Bandes

Fließbilder, ihre Funktion und ihr Zusammenbau aus Geräten

Inhalt des ersten Bandes

Eigenschaften und Verhalten der realen Stoffe

Inhalt des zweiten Bandes

Funktionen und Berechnung der elementaren Geräte

EINLEITUNG

Verfahrenstechnik wird bisher nach der Systematik der *„Unit Operations"* gelehrt, deren Grundgedanke 1893 von G. Lunge ausgesprochen, 1915 von A. D. Little durchgesetzt und anschließend von Brown und Mitarbeitern in dem Buch gleichen Titels [104] ausgeführt wurde. Produktionen, die meist chemische Reaktionen einschließen, oft aber auch ohne solche ablaufen — z. B. in der Lebensmittel-Technologie oder der klassischen Erdöl-Fraktionierung —, sind danach aufgebaut aus immer wieder denselben Grundverfahren als Teilschritten. Funktion und Konstruktion, d. h. Verfahren und Gerät werden hierbei als *Einheit* angesehen, die Gliederung der Geräte bzw. Gerätekombinationen wird also gleichzeitig als Gliederung der Verfahren benutzt. Da die Konstruktion entscheidend von den *Aggregatzuständen* der durchgesetzten Stoffe abhängt, stehen diese und ihre Kombinationen an der Spitze der Gliederungsgesichtspunkte. Geht man von den möglichen Kombinationen je zweier gleicher oder verschiedener Aggregatzustände in den gegensätzlichen Aufgaben der Stoff-Trennung und -Vereinigung aus und berücksichtigt die konstruktiv wichtigen Unterschiede durch Wärme- und/oder Stoff-Übertragung, extreme Temperaturen und Drucke, so kommt man auf über 100 Grundverfahren, ist aber auch dann noch nicht sicher, ob die Systematik vollständig ist.

Mit diesem Konzept wurden erstmalig die an verschiedenen Stoffen in verschiedenen Industriezweigen gesammelten Erfahrungen vergleichbar, sein Einfluß auf die Rationalisierung der Ingenieurarbeit und die unmittelbare Verbesserung und laufende Entwicklung der einzelnen Verfahren und Anwendungen war außerordentlich groß.

Die physikalischen Grundlagen waren immer ein wichtiger, im Laufe der Zeit nach Umfang und Bedeutung steigender Teil der Lehre. Die Zuordnung dieser Grundlagen zu Teilgebieten der Verfahrenslehre gelang durch die Einteilung in *mechanische* und *thermische Verfahrenstechnik,* die sich inzwischen durchgesetzt hat und zweifellos eine Verbesserung, systematisch gesehen aber bereits eine Überwindung des alten Gliederungsprinzips bedeutet.

Trotz der Verbesserung zeigen sich nach 40 Jahren Erfahrung zunehmend die Nachteile der Systematik, die offenbar unüberwindlich sind, solange man die Grundkonzeption nicht aufgibt. Zunächst macht die äquivalente Eingliederung der *chemischen Reaktionen* erhebliche Schwierigkeiten. Man hat hierzu ein stofflich gegliedertes System der *„Unit Processes"* angefügt, das aber ein Fremdkörper war und blieb und auch weder bei Chemikern, noch bei Ingenieuren diaktischen Nutzen zeigte. Weiterhin bleibt die Grundfrage jeder Systematik, die *Abzählbarkeit* der empirisch gefundenen oder systematisch definierten Grundverfahren ungelöst, was oben schon angedeutet wurde. Es bleibt also ungewiß, ob und wo noch Lücken in der Systematik und im technischen Wissen bestehen, eine Suche kann sich nicht auf systematische Hinweise stützen sondern bleibt zufallsabhängig.

Schließlich bleibt ein Mangel, der vielleicht als Fehlen einer „vertikalen Gliederung" bezeichnet werden kann: Aus den Grundlagen erwächst in der Anwendung zunächst die „horizontale Gliederung" in die nebeneinander gestellten Grundverfahren, die systematisch gleichrangig, wenn auch in der wirtschaftlichen Bedeutung unterschiedlich sind. Die experimentelle Forschung und Entwicklung kann natürlich jeweils nur eines dieser Grundverfahren aufgreifen, muß also in die *Spezialisierung* aufsplittern. Da die Zahl der Spezialgebiete aber hier die Größenordnung 10^2 erreicht steht die Lehre vor einer praktisch unlösbaren Aufgabe. Es fehlt eine die Einzelergebnisse zusammenfassende „höhere Verfahrenslehre." Die Zusammenfassung kann, wenn überhaupt, nur durch starke Abstraktion gelöst werden, etwa in dem Sinne, wie es die theoretische Physik im Rahmen der physikalischen Lehre leistet. Dabei darf jedoch in der Technik keine „Theorie" im landläufigen Sinne entwickelt, es müssen vielmehr gerade die praktischen Bedürfnisse der Wirtschaftlichkeit, des Betriebes etc. erfaßt werden. Das sind ja „höhere" Gesichtspunkte, die allen experimentellen Einzeluntersuchungen und Entwicklungen dann in der Anwendung gemeinsam sind.

Die vorliegende Arbeit setzt sich das Ziel, eine logisch aufgebaute Verfahrenslehre zu entwerfen und zu erproben, die die geschilderten Nachteile des Konzeptes der Unit Operations vermeidet. Sie beschränkt sich auf die thermische Verfahrenstechnik, deren Abgrenzung jedoch, systematisch definiert, umfassender als bisher üblich ausfällt.

Insgesamt erfolgt die Darstellung in 3 Teilen, gegliedert entsprechend der 3 Komponenten jeder Anlage: *Stoff, Gerät* und *Verfahren.* Der erste Teil[1]) bringt die physikalischen Grundlagen über Verhalten und Eigenschaften der realen Stoffe, also die *Thermodynamik,* lediglich in der Stoffauswahl dem speziellen Interesse des Verfahrensingenieurs angepaßt.

Im zweiten Teil[2]), der konkreten *Gerätelehre,* ist das „Gerät" sehr viel elementarer definiert, als bei den Grundverfahren. Da indessen in Lehrbüchern vergleichbarer Kürze über die „Grundverfahren" auch nicht mehr gesagt werden kann, als hier zur Belebung des Interesses und Verständnisses über die Anwendung der „Elementar-Geräte" gesagt werden muß, unterscheidet sich auch dieser Teil nur grundsätzlich, aber kaum praktisch von konventionellen Darstellun-

---

1) Göschen Bd. 1209/1209 a.

2) Göschen Bd. 1210/1210 a.

gen. Der grundsätzliche Unterschied besteht darin, daß die „Elementargeräte" vollzählig erfaßt werden können, was mit den viel zahlreicheren „Grundverfahren" nicht möglich wäre.

Weiterhin ist zum Verständnis des Folgenden darauf hinzuweisen, daß die Kirkbride'schen *„Fundamentalgleichungen"* [109] der Gerätelehre vorangestellt und systematisch zugrundegelegt wurden. Dabei handelt es sich um die Feststellung, daß die richtigen Maße einer Konstruktion sich ergeben durch Auflösung eines Systems von 5 Gleichungsgruppen:

Stoffbilanzen
Energiebilanzen
Gleichgewichte
Geschwindigkeitsgleichungen der irreversiblen Vorgänge, hier als *„Friktionen"* bezeichnet.
Wirtschaftliche Optimierung.

Die ersten 4 Gleichungsgruppen physikalischen Inhalts liefern keine eindeutige, sondern eine n-fach unbestimmte Lösung, worin n die Zahl der Friktionsgleichungen und der darin auftretenden Intensitätsgrößen-Differenzen bedeutet. Z. B. treten beim Wärmeübertrager 3 auf: Druckverluste in den beiden Strängen und die mittlere Temperaturdifferenz zwischen ihnen. Deren richtige Werte findet man dann durch Ansatz der Kostengleichungen und Bestimmung der Kosten-Minima, das müssen also wieder n Gleichungen sein.

Dieses Schema ist zweifellos Bestandteil der oben geforderten zusammenfassenden Verfahrenslehre — und muß hier erwähnt werden. Abgesehen von z. T. recht interessanten und anregenden Vorschlägen [222, 202] ist es zugleich die einzige ausgeführte und auch weitgehend anerkannte Systematik neben und gegenüber den Unit Operations. Kirkbride selbst ordnet es als Grundlagen ein, das entspricht dem Platz am Anfang der Gerätelehre und hat den Vorteil, daß diese mit dem zweiten Teil abgeschlossen ist, also das notwendige Wissen des Apparate-Konstrukteurs — abgesehen natürlich von der Konstruktionslehre — komplett enthält.

Die hier als Teil 3 folgende *„höhere Verfahrenslehre"* ist damit von erheblichem Ballast befreit: Wenn die quantitative Auslegung der Geräte dem Detail-Konstrukteur überlassen werden kann, braucht sich der Verfahrensentwurf nur noch mit den qualitativen Eigenschaften der Geräte zu beschäftigen, kann also von Güte- und Wirkungsgraden, Ausbeuten etc. absehen.

Schon das bedeutet eine wesentliche Vereinfachung der Verfahrenslehre. Diese muß aber nun natürlich gebracht, d. h. es müßte ein Katalog aller Verfahren angegeben werden, wozu sich als Darstellungsform das *schematische Fließbild* anbietet, das gerade die hier benötigte Eigenschaft hat, die Geräte und ihre Verknüpfungen qualitativ zu erfassen. Auch dieser Fließbild-Katalog würde aber noch handbuchartigen Umfang annehmen, wenn es nicht gelänge, in einer *„Theorie der Fließbilder"* zunächst die Bildungs- und Variations-Prinzipien der Verfahren zu entwickeln.

Wie schon aus der Gleichsetzung von Verfahren mit Fließbild, Gerät jedoch mit Fließbild-Symbol, also Teil des Fließbildes ersichtlich, ist die Einheit von *Gerät und Verfahren aufgehoben,* es werden getrennte Gliederungen für Verfahren und Geräte entwickelt.

Die Verfahrenssystematik baut auf dem Energie-Begriff auf, *Verfahren werden als Methoden zur Umwandlung konvektiver Energien definiert.* Da diese Definition auch die Umwandlungen zwischen mechanischer und Wärme-Energie umfaßt, die konventionell zu den Aufgaben des Maschinenbaues zählen und weitgehend durchforscht sind, werden diese in Kap. I zur Einführung in die Fließbild-Theorie und zur Ableitung ihrer Prinzipien benutzt.

Wissenschafts-systematisch handelt es sich um den Ausbau der bisher am dürftigsten entwickelten Methode der Thermodynamik, der *Methode der Kreisprozesse.* Damit gelingt es nicht nur, die Fließbildlehre in den folgenden Kapiteln drastisch zu kürzen auf die Angabe der *„Stammfließbilder"*, aus denen dann mit den formalen Regeln jeweils die ganze *„Fließbild-Familie"* abgeleitet werden kann, sondern es ist erst damit die logische Voraussetzung geschaffen, die Gesamtheit der Fließbilder (oder Verfahren) abzählbar zu machen. Noch wichtiger als die befriedigte Feststellung des Systematikers: *Das sind alle!* — ist daran die Möglichkeit, durch logisch-systematische Anwendung der Kombinatorik neue, bisher unbekannte Verfahren zu finden, also das *Erfinden von Verfahren zur Routinearbeit* zu machen (201).

Bei der Geräte-Systematik wird die Abstraktion weiter getrieben, als es in Teil 2, der konkreten Geräte-Lehre, aus praktisch-didaktischen Gründen zweckmäßig schien. Es zeigt sich dann überraschend, daß der Aggregatzustand als Gliederungsgesichtspunkt zunächst der Abstraktion gänzlich zum Opfer fällt: Die Fließbilder gelten unabhängig vom Aggregatzustand der durchgesetzten Stoffe. Für Fließbild-Theorie und Fließbild-Lehre ist das eine erwünschte Vereinfachung, für die praktische Anwendung müßte es aber als Mangel erscheinen.

Es zeigt sich, daß die Unterschiede der Aggregatzustände und ihrer Kombinationen nicht nur, wie bekannt, die Konstruktion der Geräte, sondern vor allem das *Betriebsverhalten der Verfahren* bestimmen. Das gibt den Ansatzpunkt zum Entwurf einer „Betriebslehre", die als Kap. III nach der wichtigsten Gruppe, den thermischen Trenn- und Mischverfahren in Kap. II eingeschoben wird und den Übergang von der abstrakten Fließbild-Systematik zur Betriebspraxis vermittelt. Dahin gehört eine Diskussion der Betriebsweisen — z. B. Fließ- und Chargenbetrieb —, Aufgabentypen — z. B. Teil- und Totaltrennung — und Regelungsprobleme.

All das bewegt sich mathematisch im Rahmen *ganzer Zahlen:* Kombinatorik der Geräte, Aggregatzustände, Regelungs-Verbindungen etc. und führt damit zur Abzählbarkeit. Statt des oben gebrauchten „qualitativ", das mißverständlich ist, müßte korrekt *„stochastisch"* gesagt werden. Es bleibt aber eine Frage übrig, die aus diesem Rahmen wieder hinausführt und deshalb gewissermaßen als Anhang an den Schluß gesetzt wurde: Der Detail-Konstrukteur wird vielfach mit der Aufstellung der Kostengleichungen und Ermittlung der *Kostenminima* nicht zurecht kommen. Dann muß ihm diese Arbeit von der Projektierungs-Zentrale abgenommen und ihm *„Richtwerte"* für die benötigten Intensitätsgrößen-Differenzen gegeben werden, wie es ja auch in der Betriebspraxis tatsächlich geschieht. Die allgemeine und möglichst elegante Lösung dieser Aufgabe der *„wirtschaftlichen Optimierung"* gehört daher in die „höhere" Verfahrenslehre und ist gerade auf der Basis der Fließbild-Theorie mit ihrem Angebot zahlreicher Möglichkeiten des Verfahrensentwurfs besonders wichtig.

Die vorliegende Arbeit wendet sich, wie aus der gerafften Übersicht deutlich werden soll, vornehmlich an den *Projektingenieur.* Dessen betriebliche Funktion besteht ja nicht nur darin, die Offertpreise festzulegen, sondern gerade darin, das Verfahren, also das *Fließbild optimal auszuwählen* und dabei die wirtschaftliche Optimierung zumindest abzuschätzen. Da er vielfach nicht nur, wie oben angedeutet, die „Richtwerte" angibt, sondern auch die konstruktive Type auswählt, bleibt für den Konstrukteur tatsächlich nur noch die Detail-Arbeit. Durch eine systematische Lehre wird die Arbeit des Projekt-Ingenieurs rationalisiert. Soweit er im verfahrenstechnischen Produktionsbetrieb, also auf der Bestellerseite sitzt, interessiert bei der meist einmaligen Projektierung eines neuen Betriebes nicht so sehr die Zeitersparnis, als vor allem der durch die Theorie vermittelte *Überblick über alle Möglichkeiten* und die Sicherheit, die wirtschaftlichste finden zu können. Die Auswirkungen auf nicht mehr zeitgemäße Geheimniskrämerei und Patent-Fragen liegen auf der Hand.

I. Theorie der Fließbilder

1. Systematik der Verfahren

Der älteste und für viele der klassische Kreisprozeß schlechthin ist der Carnot-Prozeß, bestehend aus je 2 isothermen und isentropen Zustandsänderungen. Es ist ein Unglück von grundsätzlicher Bedeutung, daß die isotherme Zustandsänderung technisch nicht realisiert werden kann, also *utopisch* ist; diese Utopie haftet der klassischen Kreisprozeßlehre unlösbar an. Da die isotherme Kompressions- bzw. Expansions-Maschine nicht existiert, kann sie nicht konkret vorgestellt werden, demzufolge wird aber auch die dort zu- bzw. abgeführte Wärme nicht konkret, sondern abstrakt vorgestellt und die Kreisprozeßlehre hat sich festgelaufen.

Der reale Prozeß ist der Joule-Prozeß, bestehend aus je 2 isobaren und isentropen Zustandsänderungen. Die isobaren werden in Wärmeübertragern realisiert, sie können ausnahmsweise bei reinem Arbeitsstoff, z. B. Wasser, als Isophasen zugleich isotherm sein. Jedenfalls folgt aber aus der konkreten Vorstellung des Wärmeübertragers, daß die Wärme von einem anderen *Stoffstrom* kommt — den Flammen- und Rauch-Gasen im Kessel — und in einen dritten entweicht — den Kühlwasserstrom. In ihrer konkreten Form ist die Wärme also an Stoffströme gebunden, quantitativ wird bei den isobaren Zustandsänderungen Wärme als *Enthalpie,* ihr Arbeitswert als *Exergie* berechnet. Es ist danach plausibel, daß diese Wärmekraft-Prozesse den Zweck verfolgen, die in Wärme-Form in einem Stoffstrom enthaltene Exergie in die Form nutzbarer mechanischer Energie umzuwandeln. *Dieser Zweck der Energie-Umwandlung und des Energie-Durchsatzes wird erreicht mit dem Kreisprozeß, der demnach Mittel ist.*

Nun kann ein Stoffstrom nicht nur Wärme, sondern — z. B. der aus einem Stausee abfließende Wasserstrom — mechanische oder — z. B. der dem Dampfkessel zufließende Kohle- oder Ölstrom — chemische Energie und Exergie haben. Ein z. B. einem Trockner zuströmender Luftstrom besitzt „Konzentrations-Energie", nämlich seine Fähigkeit, das Trockengut zu trocknen, womit eben diese Konzentrationsenergie auf das Trockengut übertragen werden kann und soll.

Da nun die Energie einer der allgemeinsten physikalischen Begriffe und ihr Arbeitswert, die Exergie, sogar beliebig konvertibel ist, liegt es nahe, die hier interessierenden Energiearten zur Grundlage der Verfahrens-Systematik zu wählen (202, 204). Man muß dann allerdings unter „Energie" nicht nur die Energie-Versorgung verstehen, wie es vielleicht für den Ingenieur naheliegt, also das, was die Amerikaner *„utilities"* nennen (Gas, Wasser, Preßluft, elektr. Strom, Dampf etc.), sondern auch das Produkt jeweils als Träger einer bestimmten und gewollten Energieform ansehen. Z. B. bedeutet die Rektifikation von Wein in Weinbrand und Schlempe, daß Wärmeenergie zugeführt und in Konzentrationsenergie umgewandelt wird, d. h. Weinbrand ist in dieser Betrachtungsweise eine Lösung, die nicht mit Alkohol, sondern mit Konzentrationsenergie angereichert wurde. Über die Schwierigkeit und Wirtschaftlichkeit des Verfahrens sagt der systematische Gesichtspunkt ebensowenig aus, wie etwa der Alkoholgehalt über den Wert des Weinbrands (203).

Um die hier interessierenden, an Stoffströme gekoppelten Energieformen herauszuheben, wird der Begriff der *„konvektiven Energie"* gebildet. In Bd. 1, III und 2, I war der Begriff bereits eingeführt und die Abgrenzung der — erweiterten — thermischen Verfahrenstechnik mit 5 Energiearten vorgenommen. Die Grenzziehung ergibt sich daraus, daß keine echte Hysterese auftritt, also das Gleichgewicht im thermodynamischen Sinne definiert bleibt. Um die Trennlinie gegen mechanische Verfahrenstechnik und Elektrodynamik zu präzisieren, werden in der folgenden Tabelle auch die zugehörigen Intensitätsgrößen und die Quantitätsgrößen angegeben, für die ein physikalischer Erhaltungssatz (als Ansatz für Bilanzgleichungen) gilt:

Tabelle 1

Energieart	Intensitätsgröße	Erhaltungssatz
Mechanische	Druck	Masse
Wärme	Temperatur	Energie
Elektrische	El. Spannung	El. Ladung
Konzentrations-	Aktivität	Molekülzahl
Chemische	Affinität	Atomzahl

Es gehört also z. B. die aus Kraft x Weg, Drehmoment x Winkel gebildete mechanische Energie, die aus absoluter Temperatur x Entropie gebildete thermische Energie etc. nicht zu den hier interessierenden konvektiven Energie-Formen.

Damit kann nun kurz und exakt definiert werden: *Verfahren dienen der Umwandlung konvektiver Energien.*

Beschränkt man sich zunächst auf den einfachsten Fall, daß jeweils nur 2 Energiearten beteiligt sind, so erhält man eine *Tabelle* mit 5 Spalten der zugeführten und 5 Zeilen der abgeführten Energiearten, also *mit 25 Feldern.* Die Erweiterung auf 3 Energiearten legt über die Ebene der Tabelle weitere 5 Ebenen, sodaß jede der 5 Energiearten in jedem Feld als dritte beteiligt werden kann. Es wird sich zeigen, daß die Erweiterung regelmäßig in den (unten definierten) Transformationsfeldern gebraucht, daneben oft zweckmäßig berücksichtigt wird, aber i. a. keine grundlegend neuen Elementarfließbilder oder Vorteile bringt.

Unter den Feldern sind zu unterscheiden die eigentlichen Umwandlungsfelder am Kreuzungspunkt verschiedenartiger Energien, die immer paarweise auftreten, und die *„Transformationsfelder"* in den 5 Schnittpunkten gleichartiger Energieformen in der Tabellen-Diagonale. In diesen Diagonalfeldern sind die trivialen Übertragungen — z. B. Wärmeübertragung von einem Produktstrom, der gekühlt, auf einen Wasserstrom, der aufgeheizt wird — zu unterscheiden von den problematischen Doppel-Umwandlungen in wieder die gleiche Energieform, jedoch höheren oder umgekehrten Wertes der Intensitätsgröße — z. B. Wärme in Kälte —, die eben als *Transformation* bezeichnet werden.

Für die zweckmäßige Behandlung der 2×10 Umwandlungsfelder muß man unterscheiden zwischen der technischen *Umkehrbarkeit* eines Verfahrens und der *Verlustlosigkeit,* die in der Thermodynamik unglücklicherweise durch das lateinisch-englische Wort für umkehrbar, reversibel ausgedrückt wird. Nachdem sogar die irreversiblen Prozesse i. a. in diesem technischen Sinne umgekehrt werden können — indem z. B. ein Thermoelement, das normalerweise an einer Temperaturdifferenz mit dem Seebeck-Effekt eine Spannung liefert, umgekehrt an einer Spannung nach dem Peltier-Effekt eine Temperaturdifferenz erzeugt — und an dieser Umkehrung natürlich großes praktisches Interesse besteht, genügt es offenbar, nur 10 Felder mit Verfahren auszufüllen und für den zweiten Satz lediglich die Prinzipien der Umkehrung sowie die Kriterien der *Funktionsfähigkeit* im gegenläufigen Betrieb zu entwickeln.

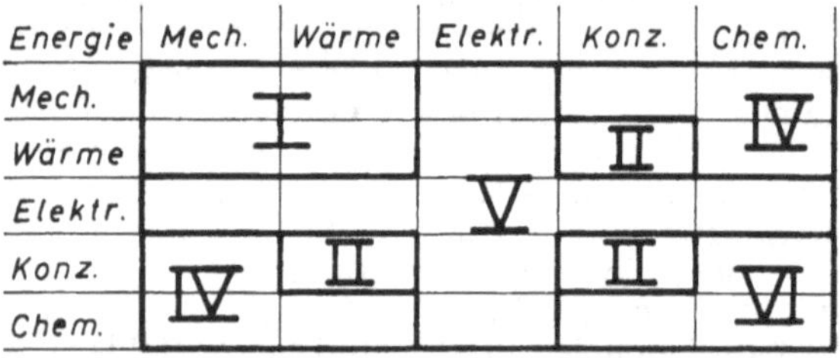

Abb. 1. Tabelle der Felder der Energie-Umwandlung mit Kapitel-Einteilung.

Aus der bestehenden Symmetrie und aus praktischen Gründen werden in den Kapiteln dieses Bandes jeweils einige Felder zusammenfassend behandelt. Abbildung 1 zeigt das Tabellenschema — dessen Ausfüllung ja erst noch zu behandeln ist — vorerst mit den Kapitel-Nummern.

Mit der hier eingeführten Verfahrens-Definition ist bereits ein Scheinproblem der klassischen Prozeßlehre überwunden: *Die Unterscheidung zwischen geschlossenen Kreisprozessen und offenen Prozessen fällt unter der energetischen Betrachtungsweise mit der Unterscheidung zwischen Mittel und Zweck der Verfahren zusammen* [204]. Es bleibt aber das Problem, *utopische Prozesse auszuschließen* und sich auf die hier und heute realisierbaren zu beschränken. Das bedeutet gerade den Schritt von der physikalisch-thermodynamischen zur technischen Behandlung: Die Physik ist stärker an der grundsätzlichen und insbesondere leicht berechenbaren Umwandlung als an der praktischen Realisierbarkeit interessiert, dafür braucht sie dann auch nur eine Zeile und Spalte der Tabelle Abb. 1 auszufüllen — die Umwandlungen in mechanische Energie, also reine Arbeit bzw. „Edelenergie" mit umkehrbaren und verlustlosen Verfahren, da von da aus in i. a. 2 Schritten jede beliebige Umwandlung durchgerechnet werden kann. Demgegenüber würde in der Technik die Umwandlung in zwei Schritten doppelte Kapitalkosten und mit wirtschaftlich optimalen Wirkungsgraden von beiläufig 30 % auch stark überhöhte Betriebskosten verursachen, *die Verfahrenstechnik muß daher die vollständige Ausfüllung aller Felder der Tabelle mit realen Verfahren zur direkten Umwandlung anstreben.* Weiterhin interessieren technisch garnicht nur die im Grenzfalle verlustlosen sondern tatsächlich *alle funktionsfähigen Verfahren* bis herab zu den irreversiblen Prozessen, die zwar i. a. schlechten Wirkungsgrad, dafür aber häufig so kleine Anlagekosten ergeben, daß sie trotzdem am wirtschaftlichsten sein können.

Man beseitigt das *Utopie-Problem* und gewinnt den Zugang zur Variation der Verfahren, indem man die Definition der *Zustandsänderung* wechselt. In der klassischen Thermodynamik ist die im Kreisprozeß benutzte Zustandsänderung abstrakt definiert, i. a. durch Konstanz einer Zustandsgröße z. B. als Isobare, Isentrope etc. Da diese Definition das verlustlose Gerät voraussetzt, gilt sie in der Praxis streng niemals. Demgegenüber wird hier die benutzte *Gerätetype* zur Definition gemacht indem das Verfahren durch das Fließbild der benutzten Geräte fixiert und definiert wird. Im weder erreichbaren noch auch überhaupt technisch angestrebten Grenzfall der Verlustlosigkeit sind beide Definitionen identisch, die Fließbild-Definition umfaßt aber praktisch alle Anlagen der damit fixierten Art, *unabhängig* vom *Wirkungsgrad* und von der *Konstruktion* der Geräte — die Gerätesymbole erfassen die Funktion, nicht die spezielle Konstruktion, sind also hier z. B. für Kolben- und Turboverdichter identisch — unabhängig auch von der *Größe* der im Fließbild dargestellten Anlage und unabhängig von der Art des bzw. der verarbeiteten *Stoffströme* und ihrer *Aggregatzustände*. Offensichtlich ist die Gleichartigkeit verschiedener Anlagen überhaupt nur mit diesen Vereinfachungen als strenge Identität darstellbar, zugleich entfällt aber in der Fließbild-Theorie mit diesen Vereinfachungen weitgehend die Differenzierungsmöglichkeit nach Güte- und Wirkungsgraden, d. h. die Theorie wird *stochastisch,* unterscheidet nur noch zwischen dem Vorhandensein oder Fehlen des Gerätes. Da man ein fehlendes Gerät auch als Gerät des Gütegrades Null ansehen kann liegt es nahe, hier zwischen den Gütegraden 1 und 0 zu unterscheiden. Die Anlage mit Geräten der Gütegrade 1 ist konstruktiv nicht mehr zu verbessern, ihr Effekt wird als *„Grenzwirkungsgrad"* definiert und im Folgenden im Bedarfsfalle benutzt, da er besonders einfach zu berechnen ist. Der Schritt vom Grenzwirkungsgrad zum praktischen Gesamtwirkungsgrad wird durch Multiplikation mit einem i. a. aus der Erfahrung abschätzbaren mechanischen Wirkungsgrad etc. überbrückt, wie unten noch im Einzelnen ausgeführt wird.

Es muß nun nur noch die eigentlich triviale Forderung beachtet werden, daß keine Symbole für nichtexistente Geräte eingeführt werden dürfen, dann ist das Utopieproblem ausgeschaltet — sogar soweit, daß eine äquivalente Diskussion der klassischen Kreisprozesse unmöglich wird. Es ergibt sich: *Alle realisierbaren Verfahren und nur diese lassen sich als Kombinationen elementarer Geräte in Fließbildern darstellen.*

2. Der Verfahrensschritt

Die Gliederung verfahrenstechnischer Werke in Betriebe, Anlagen etc. hatte als elementarste Gebilde die in Bd. 2 behandelten Geräte bzw. Apparate ergeben. Im vorliegenden Band sollen die daraus durch Kombination entstehenden Fließbilder zur Realisierung der oben definierten Verfahren behandelt werden. Vorher muß aber noch nach der kleinsten funktionsfähigen Einheit gefragt werden, die als *Verfahrensschritt* bezeichnet sei.

Dieser Begriff des Verfahrensschrittes gehört eigentlich der *mechanischen Verfahrenstechnik* an und reicht zu deren allgemeinem Aufbau aus. Es folgt hier zunächst die Erläuterung von 2 mechanischen Verfahrensschritten, mit deren Hilfe zugleich die tiefgreifenden Unterschiede zwischen mechanischer und thermischer Verfahrenstechnik aufgezeigt werden. Anschließend werden die 3 Ausnahmen diskutiert und abgegrenzt, die zum Auftreten von Verfahrensschritten auch in der thermischen Verfahrenstechnik führen.

Die Unterscheidung zwischen Verfahrensschritt und (thermischem) Verfahren ist schon deshalb notwendig, weil in der Verfahrenstechnik allgemein noch andere Effekte erzielt werden müssen, als hier in der thermischen Verfahrenstechnik interessieren. Die oben gegebene Definition des thermischen Verfahrens als Änderung des Gehaltes an konvektiver Energie in einem Stoffstrom läuft ja praktisch auf eine Zustandsänderung — im thermodynamischen Sinne — an diesem Stoffstrom hinaus. Daneben gibt es aber Änderungen, die auch mit Energieumsätzen verknüpft sind, sich aber nicht als thermodynamische Zustandsänderungen erfassen lassen.

Als wichtiges Beispiel sei gleich der *Stofftransport* angeführt. Als Fließverfahren kann er z. B. in einer Rohrleitung mit vorgeschalteter Pumpe erfolgen. Das wäre also ein typischer Verfahrensschritt, bestehend aus dem aktiven Gerät: Pumpe und dem passiven: Leitung. In der Pumpe wird zwar genaugenommen der Druck und evt. die Temperatur des Fördergutes geändert, diese Zustandsänderung ist aber keineswegs der Zweck des Verfahrens, am Ende der Leitung kommt das Gut ja auch wieder drucklos und mit Umgebungstemperatur an. Auch die Zuführung von potentieller Energie — im Schwerkraftfeld der Erde — an das Fördergut kann zwar, muß aber nicht Zweck des Verfahrensschrittes sein. Der Zweck ist eben nur der Transport zur Anlage und durch die Anlage hindurch, die aufgewandte Energie dient grundsätzlich zur Überwindung der Reibungswiderstände. Die im vorigen Band behandelten Fundamentalgleichungen zur Geräteberechnung lassen sich auch hier anwenden, mit zunehmendem Rohrdurchmesser steigen die Anlage- und sinken die Betriebskosten, es gibt einen wirtschaftlich optimalen Rohrdurchmesser und dementsprechend eine wirtschaftlich optimale Pumpenleistung, während die verlustlose Grenze beim Durchmesser unendlich und verschwindender Pumpenleistung läge.

Stofftransport ist offenbar in allen Anlagen erforderlich, dem Maschinenbauer erscheint eine verfahrenstechnische Anlage oft als kompliziertes System von Pumpen, Gebläsen etc. Dabei haben diese notwendigen Geräte aber mit dem Zweck der thermischen Verfahren und ihrer eigentlichen Funktion nichts zu tun, sie werden im Folgenden i. a. weder als Gerät ins Fließbild gezeichnet, noch besonders erwähnt — nicht weil sie entbehrlich, sondern nur weil sie trivial sind. Bemerkenswert ist höchstens, wenn ein Verfahren wie z. B. die Rektifikation ohne derartige mechanische Pumpe auskommt.

Als weiteres Beispiel für einen Verfahrensschritt sei die *Mühle* angeführt. Der technische Zweck ist die *Zerkleinerung* von Feststoff, in der energetischen Betrachtungsweise wird dem Stoff *Oberflächen-Energie,* die konvektive Energieform der mechanischen Verfahrenstechnik zugeführt. *Dabei resultiert aber keine Zustandsänderung im thermodynamischen Sinne* — weil Oberflächen-Energie nicht mit Gleichgewicht und Zustandsgröße erfaßt werden kann — und die energetische Betrachtungsweise ist auch insofern unbefriedigend, als die gewonnene Oberflächen-Energie nur Promille oder allenfalls Prozente der zugeführten mechanischen Antriebsleistung ausmacht.

Das Beispiel führt auf die tiefgreifenden Unterschiede zwischen mechanischer und thermischer Verfahrenstechnik. Ein sehr formaler Gesichtspunkt, der später als Ansatz der Geräte-Systematik verwertet wird, *zählt die Stoffstrom-Anschlüsse.* Bei der Mühle sind es 2, sie wird vom Stoffstrom unverzweigt durchsetzt. Bei Sieb und Filter sind es drei — nach einer konstruktiven Form wird von 2- und 3-*Flanschen* gesprochen. Es ist nun für die mechanische Verfahrenstechnik kennzeichnend, daß dort ganz überwiegend nur 2- und 3-Flansche auftreten und funktionell hintereinander gesetzt werden. Es ist dann zweckmäßig, die Begriffe Gerät, Verfahrensschritt und Verfahren zu dem Komplex der *„Unit Operation"* zusammenzufassen. Demgegenüber überwiegen in der thermischen Verfahrenstechnik die *4-Flansche,* also Geräte, die eine Kopplung zwischen 2 Stoffströmen herstellen. Mit dieser *Zahl 4* ist aber die Möglichkeit der Vernetzung von Geräten und damit zahlreicher Kombinationen gegeben, die gerade das Problem der thermischen Verfahrenstechnik ausmachen. Das ist ganz analog wie in der Chemie, wo die 4-Wertigkeit des Kohlenstoffatoms ursächlich mit der ungeheuren Vielfalt der organischen Verbindungen zusammenhängt — man denke etwa an die beginnende Silikon-Chemie mit dem gleichfalls 4-wertigen Silicium.

Ein weiterer Unterschied liegt darin, daß die Apparate der thermischen Verfahrenstechnik durchweg relativ einfache Konstruktion und dabei fast ohne Ausnahme die Eigenschaft der *technischen Umkehrbarkeit,* vielfach sogar der *Idealisierbarkeit* besitzen, während die Geräte der mechanischen Verfahrenstechnik schwierige konstruktive Probleme stellen und i. a. technisch nicht umkehrbar geschweige denn idealisierbar sind.

Es ist nun sehr verwirrend, daß auch in der thermischen Verfahrenstechnik Verfahrensschritte vorkommen. Die Analyse zeigt *3 Gruppen* auf:

Die erste Gruppe umfaßt die trivialen *Übertragungen* in den *Transformationsfeldern.* Man kann es hier zunächst als eine auf diese Felder beschränkte Ausnahme ansehen. Oft wird noch die zusätzliche Einschränkung gemacht, es würden damit nur natürliche Hilfsmittel ausgenutzt — z. B. Trocknung mit Frischluft, Kühlung mit Leitungs- oder Flußwasser etc. — das trifft jedoch nur gewöhnlich, aber nicht grundsätzlich zu. Wesentlich ist, daß dabei *ein Stoff verbraucht* wird, und das wird oft im Labor angewandt — z. B. Trocknung im Exsikkator mit Schwefelsäure, Kühlung mit flüssiger Luft —. Besonders das letzte Verfahren liefert einen einfachen Einblick in die Zusammenhänge. Die flüssige Luft stammt aus einem Kreisprozeß, die investierte Kälte liegt je etwa zur Hälfte als fühlbare und latente Wärme vor, beim Verbrauchs-Verfahren läßt sich aber nur letztere, die Verdampfungswärme der Luft ausnutzen. Im Vergleich zwischen Verbrauchs-Verfahren und Kreisprozeß hat also das Verbrauchs-Verfahren nur halben Wirkungsgrad. Wir werden später den Übergang zu Verfahren mit schlechterem Wirkungsgrad als *„Degeneration"* beschreiben, die apparative Vereinfachung führt hier zur *Öffnung des Kreisprozesses,* der damit gar nicht mehr erkennbar ist. Das ist eine recht häufige und begrifflich sehr verwirrende Form der Degeneration, die dieses allgemeine Prinzip eben in den Diagonal-Feldern annimmt.

Die zweite Gruppe umfaßt Geräte, die die *Umwandlung* einer Energie-Form in eine andere ebenso direkt realisieren, wie z. B. die Mühle. Das gibt es natürlich auch in der thermischen Verfahrenstechnik — z. B. die Elektro-Dialyse-Zelle —. Wir wollen uns hier auf die Untergruppe der *„idealisierbaren"* Geräte beschränken. Idealisierbar bedeutet, daß die Verluste im Gerät beliebig klein gemacht werden können, wenn man den konstruktiven Aufwand ohne Rücksicht auf die Wirtschaftlichkeit unbegrenzt steigert. Diese Eigenschaft ist wichtig für Verfahren, die insgesamt die gleiche Eigenschaft nur haben können, wenn sie alle benutzten Geräte besitzen; diese Verfahren werden im folgenden § 3 als *„Stammfließbilder"* eingeführt.

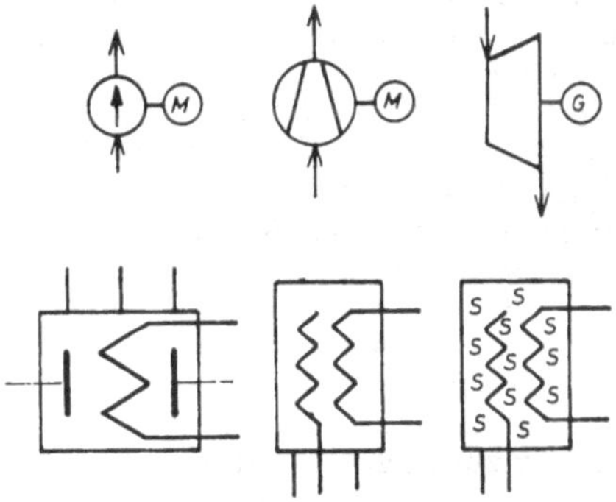

Abb. 2. Idealisierbare Geräte der direkten Energie-Umwandlung: Pumpe, Kompressor, Turbine; Elektrolyse-Zelle, Brennstoff-Element; Kocher, Absorber etc; Gleichstrom-Reaktor.

Abbildung 2 zeigt die Geräte der interessierenden Untergruppe. Beim ersten wird wie üblich nach *Aggregatzustand und Richtung unterschieden:* Für Flüssigkeiten die Pumpe, für Gase der Kompressor und für die umgekehrte Richtung die Turbine bzw. allgemein Expansionsmaschine. Im verlustlosen Grenzfall wäre die Zustandsänderung isentrop, auf der Seite des Stoffstromes wird die Enthalpiedifferenz, also Wärme umgesetzt, an der Welle mechanische Arbeit. *Die Umwandlung ist so geläufig, daß man oft auch die im Stoffstrom verfügbare Enthalpiedifferenz schon als mechanische Kompressionsarbeit (bzw. technische Arbeit) ansieht.*

Die Turbo-Maschinen lassen sich für *beide Betriebsrichtungen* (Kompression und Expansion) verwenden, das gleiche gilt für alle übrigen Geräte der Abbildung 2, weshalb hier jeweils nur ein Gerätesymbol angegeben ist. Das führt aber auf Begriffs- und Sprach-Schwierigkeiten, da beide Betriebsrichtungen im üblichen, anwendungstechnischen Denken nur schwer unter einem *Oberbegriff* zusammengefaßt werden können. Wir helfen uns — statt eines neuen Namens — durch Verweisung auf die Stelle (in Bd. 2), wo die Geräte für beide Betriebsrichtungen behandelt wurden.

Das zweite Gerät ist die *Elektrolyse-Zelle* bzw. die Umkehrung als *Brennstoff-Element* (Bd. 2, IX). Da chemische Energie nicht mit ihrer Exergie gleichgesetzt werden kann, tritt neben dem Umsatz an elektrischer Arbeit noch ein Wärmeumsatz auf, das Gerät koppelt also 3 Energieformen miteinander, wobei die Wärme nur im Falle des Betriebes bei Umgebungstemperatur keinen Beitrag zur Exergie liefert.

Die beiden letzten Geräte sind in der inneren Kopplung gleichartig, im ersten wird ein Umsatz zwischen *Wärme* und *Konzentrations-Energie* durchgeführt, für die abgetrennte oder zugemischte Phase ist ein zusätzlicher Anschluß vorhanden. Im letzten ist mit „S"

(Sorbens) der Einsatz von Katalysator angedeutet, es wird *chemische Energie* gegen *Wärme* umgesetzt, wozu unter Umständen Konzentrations-Energie als dritte Form hinzukommt (Bd. 2, VII).

Im Überblick über Abbildung 2 stellt man fest, daß darin *alle 5 konvektiven Energiearten* vorkommen, daß jedoch *Wärme bei jedem Gerät* umgesetzt wird. Das bestätigt die Richtigkeit der gewählten Abgrenzung und der Zurechnung zur *thermischen Verfahrenstechnik*. Wärme tritt eben auch in den nicht im engeren Sinne thermischen Umwandlungen als Nebeneffekt oder als koppelnde Durchgangsform der Energie auf.

Wenn man sicher ist, daß die hier aufgeführten Geräte alle derzeit bekannten mit den geforderten Eigenschaften sind, so müssen diese Geräte in allen einschlägigen Verfahren — die unten als „Stammfließbilder" definiert werden — als *Kopplungsglieder* auftreten, man kann daher formulieren: *Die Stammfließbilder dienen dazu, die Verfahrensschritte der Abbildung 2 anwendbar zu machen.*

Als dritte Gruppe von Verfahrensschritten kann man *Geräte-Kombinationen* ansehen, die geeignet sind, Lücken im Gerätebestand auszufüllen. Man muß fragen, ob man diese neben elementaren Geräten in die Systematik aufnehmen soll oder wie sie sonst zu bewerten sind.

Z. B. kann die isotherme Kompression, für deren Realisierung es kein elementares Gerät gibt, durch die Kombination eines mehrstufigen Verdichters mit zwischengeschalteten Wärmeübertragern approximiert werden. Die Diskussion zeigt aber schnell, daß man damit nicht zum C a r n o t -Prozeß aus Isothermen und Isentropen, sondern nur wieder zum J o u l e -Prozeß aus Isobaren und Isentropen kommt. Man muß daher diese Geräte-Kombinationen bei der endgültigen Abzählung der Fließbilder wieder in ihre Elementargeräte auflösen, wenn Doppelzählungen vermieden werden sollen.

Wir lehnen daher in unserer Systematik diese Verfahrensschritte = *Gerätekombinationen* gänzlich ab. Ihre Anerkennung würde die begrifflichen Grenzen verwischen und ist übrigens verantwortlich für die Schwierigkeiten in der Systematik der *Unit Operations,* wo man die Kombinationen nicht ausschließt und wohl auch kaum ausschließen könnte.

Dagegen ist es für den *Verfahrens-Entwurf,* die *Entwicklung neuer Fließbilder* oft nützlich, sich derartiger fester Kombinationen zunächst einmal zu bedienen. Z. B. kann die *„semipermeable Membran"* des Theoretikers durch eine Kombination zweier Stoffübertrager — Absorber oder Extraktionsapparate — nach Abbil-

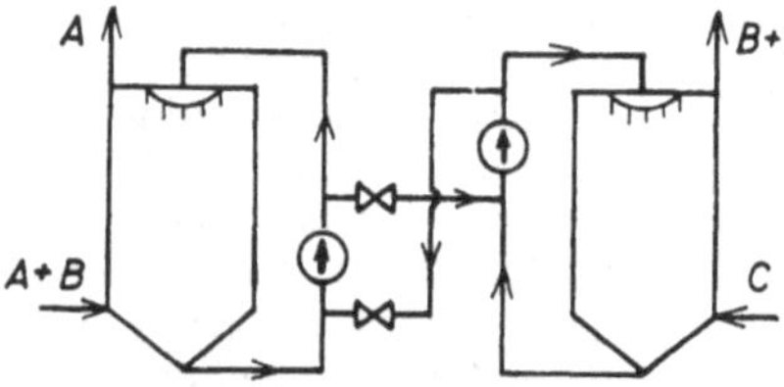

Abb. 3. Kombination zweier Stoffübertrager als technische Realisierung der „semipermeablen Membran".

dung 3 realisiert werden. Entsprechend kann man *„thermische Pumpen"* (Dampfblasenpumpe, Thermosyphon-System), *elektrische, chemische* und *thermische Verdichter* (Kompression im kondensierten, absorbierten etc. Zustand) etc. definieren. Diese Begriffe sind vor allem hochinteressant für den Entwurf neuer Fließbilder durch *„Transponieren"*, d. h. Übertragen eines Grundverfahrens in etwas abgewandelter Form in ein anderes Feld durch Wechsel der Energieart. Das kann zwar, wie oben gezeigt, auf bereits bekannte Verfahren führen, kann aber auch zu bisher unbekannten Fließbildern und damit zur Vervollständigung des Gesamtsystems hinleiten. Wir kommen auf diese zunächst etwas vagen Hinweise später zurück, nachdem erst einmal am konkreten Beispiel die nötigen Prinzipien entwickelt sind.

3. Begriff der Stammfließbildes

Der schon mehrfach erwähnte Joule-Prozeß war in Bd. 1, I, 14 bereits zur Ableitung des Carnot-Faktors benutzt worden. Dabei waren die abstrakten Definitionen der Zustandsänderungen, 2 Isentropen und 2 Isobaren benutzt worden. Inzwischen wurde die Definition geändert, es gilt nun die Fixierung des Fließbildes nach Abbildung 4 mit 3 Wärmeübertragern und je einer Expansions- und Kompressionsmaschine.

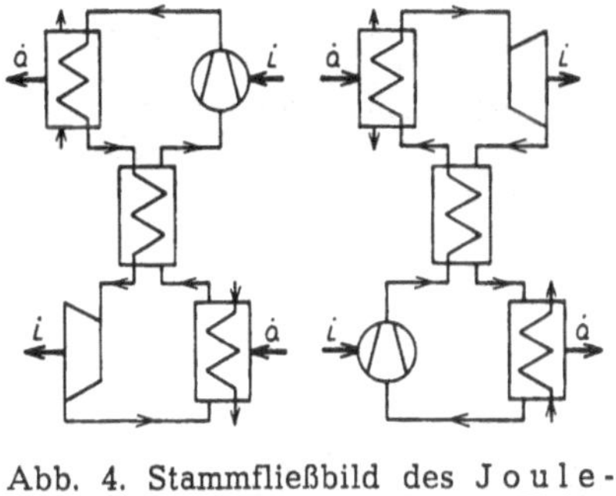

Abb. 4. Stammfließbild des Joule-Prozesses, links linksläufig als Kältemaschine, Wärmepumpe, rechts als Wärmekraftmaschine.

Da die Definitionen im idealisierten Grenzfall übereinstimmen, folgt daraus und aus dem bekannten Ergebnis hinsichtlich des Carnot-Faktors, daß der Grenzwirkungsgrad des Fließbildes 1 (oder 100 %) erreichen kann. In der Thermodynamik würde man daher von einem Idealprozeß sprechen, hier setzen wir stattdessen das Wort *Stammfließbild.* Ideal bedeutet hier, soweit berhaupt benutzt, Vereinfachung, vorläufige Vernachlässigung an sich bekannter und notwendiger Korrekturen und Verluste. Demgegenüber hat der *„Idealprozeß"* noch die unglückliche Nebenbedeutung eines erstrebenswerten Zieles, das er für den Ingenieur keineswegs ist. Die hier gewählte Bezeichnung Stammfließbild weist diesem vielmehr einen lediglich aus *Ordnungsgesichtspunkten* herrührenden Vorzugsplatz zu: Aus dem Stammfließbild lassen sich, wie im nächsten Absatz erläutert wird, die anderen Fließbilder der Fließbild-Familie besonders einfach ableiten.

Neben dem unter Beachtung von § 5 möglichen Grenzwirkungsgrad 1 hat ein Stammfließbild auch immer die Eigenschaft, technisch umkehrbar zu sein. Das bedeutet weiter, daß Stammfließbilder immer gleichzeitig 2 zur Diagonale symmetrisch gelegene Felder der Umwandlungstabelle Abbildung 1 ausfüllen und auch damit eine vereinfachte Ordnung gewährleisten.

Führt man die *Umkehrung* entsprechend Figur 4 durch, so sind alle Richtungen der Stoffströme und Energieströme umzukehren, die richtungsabhängigen Gerätesymbole — entsprechend Abbildung 2 sind das nur die beiden hier benutzten — sind zu vertauschen. Von den beiden so entstehenden Formen ist die eine in das *Feld WM,* Umwandlung von Wärme in mechanische Arbeit, *Wärmekraftmaschine,* das andere in das *Feld MW,* Umwandlung mechanischer Energie in Wärme, *Kältemaschinen* und *Wärmepumpe,* einzusetzen.

Beim *Zeichnen der Fließbilder* sind übrigens einige Regeln zu beachten, die die *Lesbarkeit* erheblich verbessern. Zunächst kann allgemein die Höhe der Gerätesymbole einer charakteristischen Größe zugeordnet werden. Hier ist das die Temperatur, die Geräte, Anschlüsse und Leitungen sind umso höher gezeichnet, je höher die Temperatur der betreffenden Stelle ist. Bei der Rektifikation wird man die Richtung natürlich umkehren müssen, da dann die Höhe in der Zeichnung mit der Höhe in der Anlage konform gehen muß, weil die Schwerkraft den Stofftransport besorgt. Weiter kann man bei den hier benutzten Wärmeübertrager-Symbolen den Hochdruckstrom — soweit, wie hier, vorhanden — in die Rohrleitung, den Niederdruckstrom in den Außenraum legen. Weiterhin ist hier, beim J o u l e -Prozeß, bezüglich des Umlaufsinnes, die zeichnerische Anordnung in Übereinstimmung mit dem Verlauf in den üblichen h-s, T-s und h-log p-Diagrammen gewählt. Im übrigen sollte man hinsichtlich der Symbole nicht zu kleinlich sein und nur sehr begrenzt nach einer „Normung" streben, da Fließbilder ja für die verschiedensten Zwecke benutzt werden [205, 206] und auch im hier vorliegenden Anwendungsgebiet natürlich im konkreten Fall eine Annäherung des Symbols an die infragekommende Konstruktion wiederum die Lesbarkeit erheblich verbessern kann.

In 1 war festgelegt worden, daß die Fließbild-Definition von vielen praktisch wichtigen Gesichtspunkten unabhängig sein soll. Wenn wir das hier kurz überprüfen, so bedeutet Unabhängigkeit vom Aggregatzustand, daß das Fließbild für Gasturbinen-Prozesse ebenso wie für Prozesse mit Verdampfung und Kondensation gilt. Die Unabhängigkeit vom Arbeitsstoff bedeutet z. B. im linksläufigen Prozeß die Gültigkeit für alle Kältemittel. Beides ist offensichtlich der Fall, wenn auch die Realisierungen dieses Stammfließbildes i. a. nur Gasturbinen-Prozesse umfassen.

Die Unabhängigkeit vom Wirkungsgrad ist notwendig und klar, da hieran aber im Folgenden noch anzuknüpfen ist sollen die Begriffe schon etwas präziser gefaßt werden. *Wirkungsgrad* ist der Quotient zweier *Arbeitsbeträge,* also Edelenergien oder Exergien, der Quotient zweier beliebiger, insbesondere verschiedener Energiearten ist eine *dimensionslose Größe,* z. B. der Carnot-Faktor $Ca = (T_w - T_k)/T_w$. Zur einfachen Kennzeichnung der Übertrager ist es zweckmäßig, einen Quotienten z. B. der übertragenen zur verfügbaren Wärmemenge zu benutzen, also einen Quotienten zweier gleicher Energiearten, der als *Gütegrad* μ *des Gerätes* bezeichnet sein. Für Kompressor und Turbine folgt aus der Gleichheit von Enthalpiedifferenz und technischer Arbeit die (singuläre) Identität von Güte- und Wirkungsgrad. Allgemein sei hinsichtlich der Geräte im Folgenden von Gütegraden gesprochen.

Die Gütegrade realer Geräte liegen immer $0 < \mu < 1$, in Bd. 2 war gezeigt, wie sich der wirtschaftlich optimale Gütegrad μ_{opt} aus den Fundamentalgleichungen [109] als richtige technische Lösung ergibt. Der Gütegrad 1 ist wegen unendlicher Anlagekosten ohne Interesse, das bedeutet aber, daß dieser Fall ohne Gefahr falscher Entscheidungen eingeschlossen werden darf: $0 < \mu_{opt} \leqq 1$.

Ganz anders ist es an der unteren Grenze. Dort gehen mit μ auch die Anlagekosten mehr oder weniger gegen Null (oder gegen einen Grenzwert), wenn aber gleichzeitig der Effekt, Wirkungsgrad oder Ausbeute etc. des Gesamtverfahrens nicht gegen Null geht sondern endlich bleibt, so kann hier gerade der Grenzfall von größtem praktischem Interesse sein. Es muß daher die *Grenze Null* aus dem Variationsbereich der *Gerätegütegrade* ausgeschlossen bleiben, der *Grenzübergang* ist eine gesondert zu behandelnde Operation, die wir als *„Degeneration"* bezeichnen.

4. Degeneration, Fließbild-Familie

Es soll nun, wieder am Beispiel des J o u l e -Prozesses, zuerst festgestellt werden, was bei der *Degeneration* der Geräte praktisch-konstruktiv und was formal im Fließbild sich ändert. Degeneration bedeutet beim *Wärmeübertrager,* daß die Übertragungsfläche gegen Null geht. Da aber die *Leitungsverbindungen im Fließbild* bestehen bleiben müssen, ist die formale Darstellung des degenerierten Wärmeübertragers eine *Doppelleitung.* Bei *Turbine* und *Kompressor* setzt sich der praktische Zustandsverlauf — rechnerisch durch eine Polytrope approximiert — aus Isentrope und Isenthalpe zusammen. Die Isentrope ist durch Zuführung oder Entzug von Arbeit in beiden Richtungen realisierbar, die Isenthalpe jedoch als *Drosselkurve* nur vom hohen zum niedrigen Druck. Daher kann eine Degeneration nur in dieser Richtung, von der Expansionsmaschine zum *Drosselventil* erfolgen, nicht in der Gegenrichtung, d. h. Kompressor bzw. Pumpe können nicht degenerieren. Da das Drosselventil wie die Expansionsmaschine ein 2-Flansch ist, bleibt bei der Degeneration auch hier wieder der Leitungszusammenhang ungeändert.

Es folgt die allgemeine Erkenntnis, daß *bei der Degeneration die Flanschzahl des Gerätes erhalten bleiben muß.*

Es stellt sich nun die Frage, welche Geräte im Stammfließbild degenerieren dürfen. Nach Voraussetzung muß das Fließbild funktionsfähig bleiben, was nur möglich ist, wenn seine „ä u ß e r e n" Stoff- und Arbeits-Anschlüsse erhalten bleiben. Der i n n e r e Wärmeübertrager ist dagegen ein in beiden Betriebsrichtungen (WM und MW) entbehrliches und daher *degenerierbares* Gerät. Abbildung 5 zeigt das auf diese Weise degenerierte Fließbild des J o u l e - Prozesses für die WM-Umwandlungen, Abbildung 6c, für die MW-Umwandlungen. Da oben schon festge-

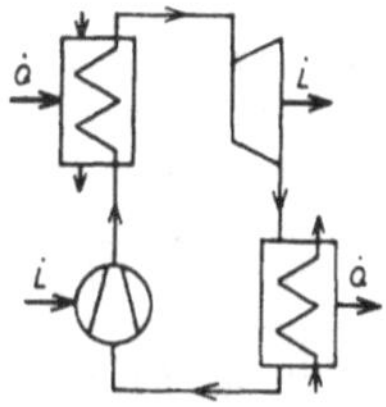

Abb. 5. Degeneriertes Fließbild der Wärmekraftmaschine.

stellt wurde, daß der Kompressor bzw. die Pumpe grundsätzlich nicht degenerieren kann, bleibt als weitere Degenerationsmöglichkeit für den Joule-Prozeß nur noch die Degeneration der Expansionsmaschine zu einem Drosselventil. Abbildung 4 lehrt jedoch, daß das nur im Fall der MW-Umwandlung möglich bzw. im Hinblick auf die Funktion zulässig ist. Die Arbeitspfeile sind in Abbildung 4 einzeln an Kompressor und Turbine angezeichnet, scheinen also „äußere" Anschlüsse zu sein. Da Arbeit aber als Edelenergie beliebig konvertibel ist, kann hier auch eine innere Verbindung gelegt werden, so daß als *äußerer Anschluß* nur noch der *Überschuß* der abgegebenen Leistung bei der WM- bzw. der aufgenommenen bei der MW-Anlage zu zählen ist. Da bei der WM-Anlage die Überschuß-Leistung in der Turbine entsteht, darf diese dann natürlich nicht degenerieren, es bleibt also bei einer Degenerationsmöglichkeit nach Abbildung 5.

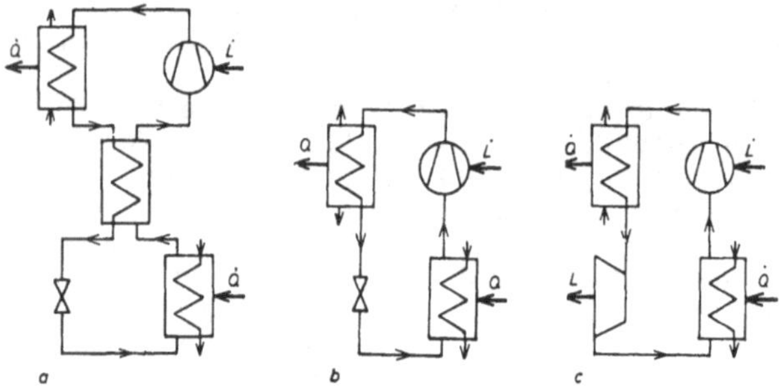

a b c

Abb. 6. Degenerierte Fließbilder des linksläufigen Joule-Prozesses.

Dagegen darf bei der MW-Anlage die Turbine zum Drosselventil degenerieren, es ergeben sich die in Abbildung 6 gezeigten 3 Fließbilder, von denen 2 einfach, das dritte zweifach degeneriert sind. Zur *Fließbild-Familie* gehört auch das Stammfließbild, sie umfaßt also für WM-Anlagen 2, für MW-Anlagen 4 Glieder.

Als Erkenntnis sei festgehalten, daß *die Degenerationen im Fließbild unabhängig voneinander möglich sind.*

Die Erklärung war absichtlich sehr formal gehalten, um die auch später noch benötigten Prinzipien herauszuarbeiten. Im vorliegenden Falle hätte man die Möglichkeiten wohl als bekannt voraussetzen dürfen. Es bleibt aber noch die Prüfung, ob nun alle Möglichkeiten erschöpft sind. Daß *Kriterium* dafür ist die Feststellung, daß im letzten, hier dem zweifach degenerierten Fließband *die Funktion* — hier die Kälteleistung — *nur noch auf einem irreversiblen Effekt beruht.* Wie in Bd. 1, III, 18 und 19 ausgeführt, kommt hier der Joule-Thomson-Effekt in Frage, der nun tatsächlich ausschließlich die Kälteleistung liefert. Da der Umkehreffekt dazu nicht zu bestehen scheint, ist damit auch gleich die Unsymmetrie beider Betriebsrichtungen erklärt.

Dem Vorteil der Fließbild-Darstellung, ihrer Allgemeingültigkeit und einfachen Handhabung nach formalen Prinzipien steht natürlich der Nachteil der nur stochastischen, also etwa qualitativen Aussagen gegenüber. Um den quantitativen Effekt der Fließbild-Variationen zu erfassen ist ein *Durchrechnen* verschiedener Anlagen und Prozesse erforderlich. Das muß dann ganz konkret — bestimmter Arbeitsstoff, Temperaturen, Leistungen, Gütegrade etc. — geschehen, man braucht für jeden Arbeitsstoff ein eigenes Diagramm und benutzt zweckmäßig für die verschiedenen Prozesses jeweils auch verschiedene Diagrammtypen: Für die WM-Prozesse des $h-s$-, für die MW-Prozesse das $h-\log p$-Diagramm nach Mollier.

In der Fließbild-Theorie wird von vornherein auf die Untersuchung der durch $\mu_{opt} < 1$ bedingten Verluste verzichtet, da das im Rahmen der Geräteberechnung zu leisten ist. In Bd. 2, der konkreten Gerätelehre, war das an Beispielen durchgeführt, die allgemeinen Methoden werden hier in Kap. VII nachgeholt. Die begriffliche Trennung erfolgte in § 1 durch die Definition des *Grenzwirkungsgrades* des Fließbildes. Dieser berücksichtigt also nur die vollständige Degeneration bestimmter Geräte des Stammfließbildes zu $\mu = 0$. Das kann man dann als *„Verluste durch das Fließbild"* den *„Verlusten durch begrenzten Geräte-Gütegrad"* gegenüberstellen. Da definitionsgemäß *Idealprozesse nie, Stammfließbilder aber immer realisierbar* sind, ist aber auch der *Grenzwirkungsgrad des Stammfließbildes* eine reale, praktisch interessierende Größe und es zeigt sich überraschend, daß er nicht generell gleich 1 gesetzt werden darf, sondern *„Verluste durch den Stoff"* ausdrückt. Man kommt also wieder zu den 3 Komponenten Stoff, Gerät und Verfahren, die zur befriedigenden Funktion zusammenwirken müssen. Praktisch summieren sich die Verluste, ihre logische Unterscheidung ist angebracht, weil Auswirkungen und Abhilfemaßnahmen verschieden sind.

5. Stoffeinfluß, Stufen- und Kaskaden-Fließbilder

Der Stoffeinfluß macht sich am eindeutigsten im Grenzwirkungsgrad des Stammfließbildes bemerkbar, da er hier die einzige Verlustquelle ist. Die Durchrechnung des Joule-Prozesses, aber auch z. B. des Clapeyron'schen „Idealprozesses" (aus Isothermen und Isochoren) zeigt, daß sie nur verlustlos sind, wenn die Isobaren bzw. Isochoren mit konstantem Abstand Δs durch Zustandsdiagramm laufen. Das bedeutet, daß die spezifischen Wärmen (c_p bzw. c_v) bei Hoch- und Niederdruck gleich, also entweder überhaupt druckunabhängig (ideales Gas) oder in spezieller, symmetrischer Lage zur Inversionskurve sein müssen.

Daraus ergeben sich Definitionen „idealer" Stoffe, die dann aber für Stammfließbilder (kein Joule-Thomson-Effekt) und degenerierte (möglichst großer J.-Th.-E.) verschieden sind und insbesondere allenfalls hier, bei den W/M-Umwandlungen, aber keineswegs bei verfahrenstechnischen Produktionen vorgeschriebener Stoffe praktische Berücksichtigung finden können. Praktisch treten also auch beim Stammfließbild *stoffbedingte Verluste* auf, die mit zunehmenden Druck-, Temperatur etc- Differenzen wachsen. *Die Abhilfe liegt* demgemäß in der Verkleinerung dieses Bereiches durch Unterteilung in mehrere Stufen, d. h. *im Übergang zum Stufen- oder Kaskaden-Fließbild.*

Man kann die Abhängigkeit der Grenzwirkungsgrade von den Differenzen oder auch Quotienten der Drucke, absoluten Temperaturen etc. als *„Charakteristik"* bezeichnen, analog wie das bei Geräten geschieht z. B. dem Liefergrad von Verdichtern. Die Charakteristiken von Stamm- und degenerierten Fließbildern sind prinzipiell ähnlich, nur ist der Abfall bei degenerierten steiler. Während ihm aber dort auch durch Übergang zum weniger degenerierten Fließbild begegnet werden kann, bleibt beim Stammfließbild nur die Stufen-Teilung.

In Bd. 2 war der Hilfbegriff der *„Anpassung"* eingeführt worden, der besagt, daß die Übertrager-4-Flansche im Gegenstrom mit gleichen *Kapazitätsströmen* betrieben werden sollen, so daß die Friktions-Differenz (Δt etc.) im Apparat konstant und lediglich durch die wirtschaftliche Optimierung bedingt ist. In Stoffübertragern mit 2 Kapazitätsströmen (für Wärme und für Stoff) war dann *Anpassung nur noch ausnahmsweise möglich* gewesen, man mußte zum diabaten Übertrager übergehen, um nach Anpassung der Stoffbilanz die Wärmebilanz durch einen Hilfsstrom zu korrigieren. Trotzdem blieben sekundäre Anpassungsfehler infolge Krümmung der Zustandskurven, d. h. Temperaturabhängigkeit des Kapazitätsstromes etc. übrig, die eine Anpassung immer nur stückweise erlaubten, also zur *Unterteilung* in Temperatur- und Konzentrationsbereiche zwangen. Hier erkennt man nun, daß *Anpassung gerade das Problem der inneren Übertrager in den Fließbildern ist* und daß die Anpassungsschwierigkeiten und -Fehler eben von den ungünstigen Stoffeigenschaften herrühren. Im vorerst ja immer herangezogenen Beispiel des Joule-Prozesses überträgt der innere Übertrager nur Wärme, wegen des geschlossenen Stoffkreises sind die Massenströme gleich und die Kapazitätsströme von der Gleichheit der spezifischen Wärmen abhängig. Mit $\dot{m}_1 c_{p1} < \dot{m}_2 c_{p2}$ wird $Dt_1 > Dt_2$, es tritt eine Dt proportionale Differenz bzw. Wärmedefizit auf, das bei der Kältemaschine der Kälteleistung verloren geht, bei der Dampfmaschine oder Gasturbine zusätzlich zugeführt werden muß.

Das *Stufen-Verfahren* hat dann offenbar den Zweck, die bei der Kälteanlage *fehlende Kältemenge* wenigstens jeweils bei *möglichst hoher Temperatur* und damit *möglichst wirtschaftlich zu ersetzen,* nachdem die grundsätzliche Vermeidung des Verlustes wegen der Stoffeigenschaften nicht möglich ist. Im unwirtschaftlichen *Grenzfall unendlich vieler Stufen* wäre der Verlust völlig ausgleichbar, der Grenzwirkungsgrad also wieder 1.

Man bezeichnet die Unterteilung als Stufen-Verfahren bzw. -Fließbild, wenn in den Teilbereichen Arbeitsstoff und Methodik, also das Fließbild gleichbleiben, andernfalls, bei Wechsel des Arbeitsstoffes oder des Fließbildes spricht man von *Kaskaden-Verfahren*. Als Beispiel sei die klassische Tieftemperatur-Kaskade erwähnt, die sich zunächst aus Linde-Prozessen mit N_2, H_2 und He aufbaut, woran dann die adiabate Entmagnetisierung, evt. in 2 Stufen, anschließt.

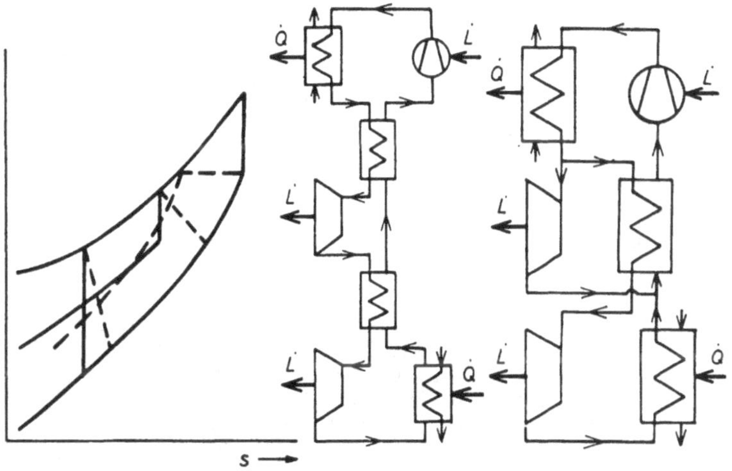

Abb. 7. Stufenfließbilder. Haupt- und Nebenstrom-Verfahren im *T-s*-Diagramm und Stammfließbild.

Betrachten wir zunächst den Gasprozeß mit Stammfließbild, so zeigt Abbildung 7 auf der linken Seite den Zustandsverlauf im T-s-Diagramm: Hoch- und Niederdruck-Isobare laufen nach unten auseinander, weil die spezifische Wärme des Hochdruck-Gases größer ist, das Wärme-Defizit ist aus dem Verlauf der 3 gestrichelten Isenthalpen ablesbar. Als Abhilfe bieten sich 2 Möglichkeiten, die *Hauptstrom-Anlage* mit isentroper Zwischen-Entspannung auf einem Mitteldruck und die *Nebenstrom-Anlage.*

Die Zwischen-Expansion bei mittlerer Temperatur bringt bei gegebenen Drucken mehr Kälte-Effekt und mehr Arbeits-Rückgewinn, je höher die Temperatur liegt, daher ist die Expansion insgesamt an der unteren Temperaturgrenze offensichtlich ungünstiger, als die Unterteilung in 2 Stufen. Die *optimale Unterteilung* ergibt sich daraus, daß der Verlauf der Hoch- und Mitteldruck-Isobaren nebst Zwischen-Isentrope eine *Parallel-Kurve* zur Niederdruck-Isobare approximieren muß. Das ist geometrisch ausgedrückt die Bedingung für Grenzwirkungsgrad 1, die mit steigender Stufenzahl immer genauer erfüllt werden könnte. Das Fließbild wurde bisher nicht realisiert, das Prinzip der *Kurven-Anpassung* liegt jedoch auch dem Übergang zu überkritischen Drucken — im Linde-Prozeß und bei modernen Höchstdruck-Dampfkraftwerken — zugrunde.

Bei der *Nebenstrom-Anlage* werden Teilströme abgezweigt, in Parallel-Maschinen entspannt und dem Rückstrom bei tieferer Temperatur zugeführt, es wird also praktisch die Anpassung durch Variation der Massenströme $\dot{m}$ erreicht. Technisch vorteilhaft ist hierbei, daß man eine recht gute Anpassung mit Maschinen gleicher Größe in den verschiedenen Temperaturbereichen erhält. Optimal sollten die Temperaturbereiche der Expansionsmaschinen genau aneinander anschließen, woraus man eine Konstruktionsbedingung für Druck, Temperatur und Stufenzahl erhält. Die 5-stufige Ausführung ist als Collins-*Verflüssiger* für Helium bekannt.

Bei der Nebenstrom-Anlage treten Verzweigungen und Vereinigungen der Ströme auf, die direkt im Diagramm nicht dargestellt werden können. Man muß die Teilstrom-Verhältnisse berechnen, wobei auch Gleichungs-Systeme mit mehreren Unbekannten und *tech-*

nische Optimierungsaufgaben auftreten. Die Mischung soll ohne *Mischverlust,* also mit gleicher Temperatur, Druck etc. erfolgen, ein Kriterium, daß zur *Regelung* der Teilstrom-Verhältnisse herangezogen werden kann.

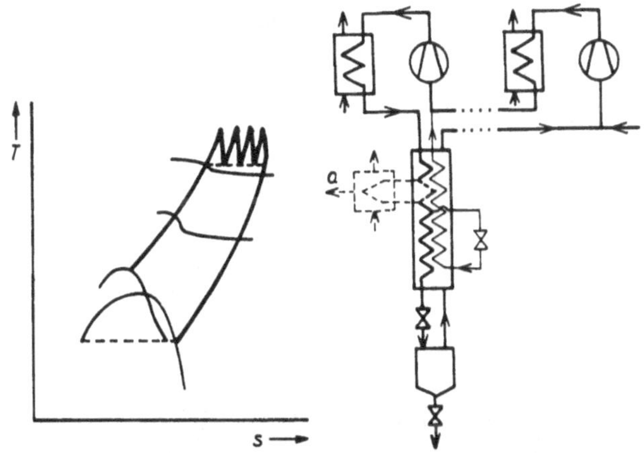

Abb. 8. L i n d e - Prozeß. Grundprozeß im T-s-Diagramm und Fließbild, im Fließbild zusätzlich mit Hochdruck-Kreis (dünn) und äußerer Vorkühlung (gestrichen).

Von den degenerierten Fließbildern sei zunächst der L i n d e -Prozeß nach Abbildung 8 erwähnt. Praktisch wird er meist als Verflüssiger betrieben, d. h. die Kälteleistung dient dazu, einen Teil der durchgesetzten Luft zu verflüssigen und flüssig abzuziehen. Demzufolge tritt schon *im Massenstrom ein Defizit* auf, der Wirkungsgrad ist gering (10 %). Zufolge Verwendung der Drosselventile beruht die Kälteleistung ausschließlich auf dem J o u l e - T h o m s o n -Effekt, der bei Luft von Normal-Temperatur etwa bei 200 at sein

Maximum (Inversionspunkt) hat, aber bei 60 at schon fast verschwindet. Da die Kompression von 60 auf 200 at nur rund $^1/_4$ der von 1 auf 200 an Arbeitsaufwand braucht, bringt die Einführung des *Nebenkreises* mit Drosselung auf 60 at eine wesentliche Verbesserung. Weiter wird praktisch ein Kaskaden-Fließbild mit zusätzlicher *Vorkühlung* z. B. durch eine NH_3-Kältemaschine bei —40 °C angewandt, weil der Joule-Thomson-Effekt mit sinkender (Vorkühl-)Temperatur stark ansteigt. Die Kompression erfolgt übrigens praktisch in 5 Stufen.

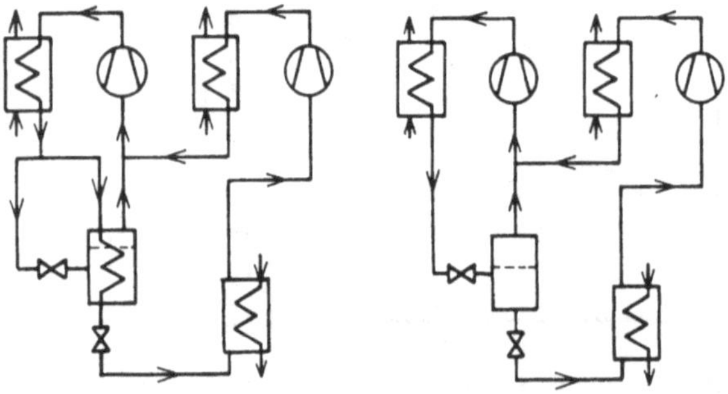

Abb. 9. Fließbilder 2-stufiger Kompressions-Kälteanlagen ohne innere Wärmeübertrager (NH_3-Fließbilder).

Bei den Kaltdampfmaschinen richtet sich die Stufung des Fließbildes nach der *Stufenzahl der Verdichtung*. Hier ist nicht mehr, wie beim Linde-Prozeß, eine Mindestgüte des inneren Wärmeübertragers erforderlich, er kann degenerieren und man erhält die Fließbilder nach Abbildung 9 — vorzugsweise bei NH_3, wo der Nutzen des Wärmeübertragers gering wäre. Die Zwischen-Drosselung in eine Mitteldruck-Flasche ist anlagemäßig am billigsten, die links dargestellte Möglichkeit hat jedoch den Vorteil, daß der volle

Kondensator-Druck am Niederdruck-Drosselventil ansteht und daß die Teilströme in getrennten Leitungen verlaufen, was den Einbau von Wärmeübertragern in Frigen-Anlagen vereinfacht. Beim rechts dargestellten Fließbild müßte man dann einen 3-gängigen Wärmeübertrager oder einen Stromteilungsmechanismus vorsehen.

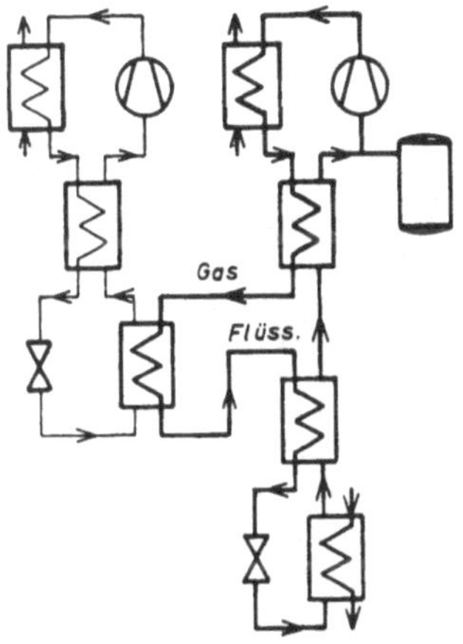

Abb. 10. 2-stufige Kaskade mit inneren Wärmeübertragern. (Frigen-Fließbild, F 22/F 13).

Etwa zwischen −30 und −60 °C werden 2-stufige Anlagen, zwischen −50 und —80 °C 2-stufige Kaskaden mit F 22/F 13 nach Abbildung 10, darunter mehrstufige Kaskaden benutzt. Die *Anwendbarkeit der Kältemittel* ist nach oben durch den steigenden Dampfdruck und die mit Annäherung an die kritische Temperatur sinkende Kälteleistung bzw. Wirkungsgrad, nach unten durch den Abfall der Liefergrade der Verdichter unterhalb etwa 0,2 ata begrenzt. Im vorstehenden Fall wäre statt der Kaskade entweder eine F 22-Anlage mit sehr ungünstigem großem Niederdruck-Verdichter oder eine F 13-Anlage mit Hochdruck-Sonderteilen erforderlich. Für den F 13-Kreis der Kaskade ist kleine Füllmenge und ein auf der Niederdruckseite angeschlossenes *Ausgleichsgefäß* zweckmäßig, damit bei abgestellter, warmer Anlage das Kältemittel restlos verdampfen kann und die hohen Dampfdrucke des F 13 bei Zimmertemperatur vermieden werden.

Schon bei den 2-stufigen Anlagen gibt es zahlreiche Varianten der Fließbilder, deren vollständige Darstellung als *Übungsaufgabe* empfohlen sei, bei geschicktem Entwurf bleiben die Wirkungsgrade praktisch bis —100 °C von der Temperatur unabhängig [209, 40].

6. Gesamtheit der Stammfließbilder pro Feld

Mit den vorstehend entwickelten Prinzipien der Degeneration und Stufenbildung ist die Entwicklung aller möglichen Varianten aus einem Stammfließbild, also der vollständigen Fließbild-Familie zu einer formalen Routine-Arbeit geworden. Die Fließbild-Lehre kann sich danach auf die Angabe der Stammfließbilder beschränken, läuft aber immer noch auf die Forderung hinaus, *alle Stammfließbilder zu finden* und letztlich auch *abzählbar zu machen*. Aufbauend auf der Verfahrens-Systematik mit 25 Feldern bleibt hier noch die Frage offen, ob es in einem speziellen Feld, z. B. hier MW/WM mehrere Stammfließbilder gibt, wenn ja, wieviele, und mit welchen Methoden man deren Anzahl und Systematik finden kann.

Die Methode ergibt sich aus der Feststellung, daß der *„Kreisprozeß"* das allgemeine Mittel und der allgemeine Bauplan der Fließbilder in der thermischen Verfahrenstechnik ist. Ein „Kreis" im Zustandsdiagramm kann aus mindestens 2, je 2mal benutzten Zustandsänderungen gebildet werden. Man braucht danach nur die *realisierbaren Zustandsänderungen abzuzählen und ihre Kombinationen* zu 2 und evt. mehr Elementen *zu bilden,* dann ist die Zahl der möglichen Stammfließbilder festgelegt. Das zweite ist bloße Mathematik, das erste ist jedoch weniger wegen der Frage der Realisierbarkeit, als wegen der Anwendbarkeit an sich bekannter Zustandsänderungen für eine bestimmte

Aufgabe etwas problematisch. Wenn alle Zustandsänderungen für alle Felder anwendbar wären, würde überall die gleiche Anzahl von Stammfließbildern möglich sein, diese theoretische obere Grenze ist aber sicherlich zu hoch.

Die klassische, auf unser Beispiel der WM/MW-Umwandlungen beschränkte Systematik arbeitet, wie oben erläutert, mit den theoretisch definierten Zustandsänderungen ohne Rücksicht auf die Realisierbarkeit. Für den reinen Stoff zählt man 4, jeweils durch die konstant gehaltene Zustandsgröße gekennzeichnet: p = Isobare, s = Isentrope, v = Isochore und t = Isotherme. Damit lassen sich $\binom{4}{2} = 4 \cdot 3 / 1 \cdot 2 = 6$ *Kombinationen* zu 2 ohne Wiederholung bilden, die in Abbildung 11 mit den Namen der betreffenden „Prozesse" angegeben sind.

sp: Joule (Diesel)	sv: Stirling (Otto)	st: Carnot
	pv:	tv: Clapeyron
		pt: Ackeret

Abb. 11. Tabelle der Stammfließbilder zur WM bzw. MW-Umwandlung als Kombinationen der Zustandsänderungen: *p* = Isobare, *s* = Isentrope, *v* = Isochore (bedingt realisierbar) und *t* = Isotherme (technisch utopisch)

Durch das Kriterium der Realisierbarkeit im Fließbild werden die 3 mit der Isotherme gebildeten Prozesse ausgeschieden. Da die Isochore bedingt realisierbar ist, bleiben 3 mögliche Stammfließbilder, von denen 2 praktisch angewandt werden.

Beim sp, Joule-Prozeß ist in Klammern der Diesel-Prozeß aufgeführt, der ja jedenfalls theoretisch mit Verbrennung bei konstantem Druck arbeitet. Darin tritt eine *Zustandsänderung bei variabler Brenn-*

stoff-Menge auf, die in Zustandsdiagrammen i. a. nicht dargestellt werden kann. Man muß sich überlegen, ob die Zustandsänderung mit variabler Menge eine selbständige Zählung und Rubrik verdient. Tatsächlich ist z. B. der Simon-Prozeß bekannt, bei dem Helium bei Wasserstoff-Temperatur in einen Druckbehälter gepreßt und dann, nach Isolierung des Behälters ausströmen gelassen wird. Im Behälter geht dabei eine isentrope Abkühlung der abnehmenden Menge vor sich, wobei eine beträchtliche Menge flüssigen, entspannten Heliums zurückbleibt. Durch Anordnung von Drosselventil und Abflußleitung im Wärmekontakt mit dem Druckbehälter wird der Effekt vergrößert. Das ursprüngliche Chargen-Verfahren wurde inzwischen zum Fließbild entwickelt [210], wobei man erkennt, daß es sich insgesamt doch nur um eine sehr interessante Variante des degenerierten Joule-Prozesses handelt.

Bei der Realisierung der Isochore muß der Arbeitsstoff in einem Behälter eingeschlossen sein und ihm dort Wärme zu- oder abgeführt werden. Das ist in Spielzeuggröße (Heißluftmaschine) leicht, optimal mit regenerativem Wärmeaustausch von Köhler u. Mitarb. [211] in der *Philips-Gaskältemaschine* gelöst, aber offensichtlich zur in begrenzter Größe — etwa 1000 kcal/h pro Einheit — praktikabel.

Hier setzt nun die eigentliche Grundidee der *Verbrennungsmotoren* an, wonach die erforderliche Wärme irreversibel aus chemischer Energie im Zylinderraum erzeugt wird. Im Otto-Motor erfolgt die Verbrennung so schnell im oberen Totpunkt, daß man den Vorgang durchaus als isochore Erwärmung ansehen darf. Da die Verbrennungsgase ohnehin nicht weiter verwendet werden können, spart man sich die isochore Abkühlung am unteren Totpunkt durch einen Luftwechsel, es bleibt dabei sogar die Möglichkeit, statt der isochoren eine isentrope Abkühlung und

Entspannung auf den Umgebungsdruck in einer Abgasturbine arbeitsleistend anzuschließen. Setzt man idealisierte Konstruktion voraus, so liegt hier das Stammfließbild eines WM-Verfahrens vor, der irreversible Vorgang und Verlust liegt in der *Entwertung von chemischer Energie zu Wärme* — bei den Motoren ebenso wie im Kessel einer Dampfmaschine.

Man müßte nun diese Verfahren ins Feld CM übernehmen und untersuchen, ob und wie die gänzlich irreversible Umwandlung der chemischen Energie der Brennstoffe verbessert und schließlich zum CM-Stammfließbild hinaufentwickelt werden kann. Das Ergebnis müßte dann umkehrbar sein, d. h. der angetriebene Motor müßte Rauchgas in Brennstoff und Luft umwandeln. Für den isobaren Vorgang in der Kessel-Feuerung wird das entsprechende Prinzip unter den CW/WC-Verfahren in IV behandelt.

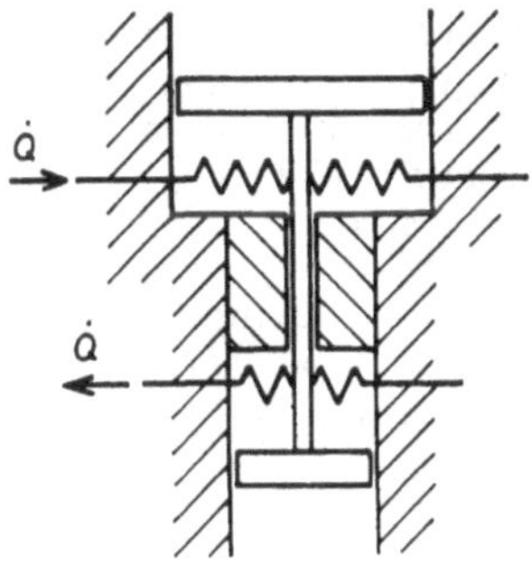

Abb. 12. Isobar-Isochor arbeitende Wärmekraftmaschine.

Es bleibt der pv-Prozeß als bisher noch nicht realisierte Idee. Abbildung 12 demonstriert eine konstruktive Möglichkeit: Bei isochorer Erwärmung bzw. Abkühlung steigt bzw. sinkt der Druck bei stehendem Stufenkolben über bzw. unter den Umgebungsdruck. Dadurch setzt sich der Stufenkolben in Bewegung, wobei durch isobare Fortsetzung der Erwärmung bzw. Abkühlung der Druck aufrechterhalten bleibt. Die Wärmeübertragung bei Verschiebung des Gasinhaltes erfolgt regenerativ. Man erkennt aus der Konstruktion ebenso wie etwa aus der Diskussion in einem Zustandsdiagramm, daß bei gegebenen Druck- und Temperaturgrenzen die umspannte Arbeitsfläche hier sehr klein, die spezifische Leistung pro Maschinengröße also wahrscheinlich ungenügend ist.

Mit dieser Diskussion einer tatsächlich vorhandenen Möglichkeit — die sich bemerkenswerterweise aus den formalen Überlegungen ergab — können wir an die in 2 ausgesprochene Vermutung anknüpfen, wonach die Fließbilder dazu dienen, die idealisierbaren Verfahrensschritte anwendbar zu machen. Mechanische Energie tritt dort nur in Verbindung mit der Turbine/Kompressor, also der Isentropen auf, die Kombinationen ps und vs sind praktikabel, andere sind zwar möglich, aber offenbar unzweckmäßig.

Da nach den bisherigen Feststellungen 3 Zustandsänderungen realisiert werden können, bleibt die Dreier-Kombination spv, die im Zustandsdiagramm einen *Dreieck-Prozeß* — übrigens auch mit ungünstig kleiner Arbeitsfläche — bildet. Die noch ausstehende Erfindung sei dem interessierten Leser anheimgestellt. Daß Dreieckprozesse möglich und für bestimmte Anwendungen zweckmäßig sein können, geht aus der Diskussion des pts-Prozesses durch Nesselmann [207] hervor, wenn auch nach den Regeln der Fließbild-Theorie die Realisierung nur als spezielle Form des Joule-Prozesses mit Ersatz der Isotherme durch Isentropen und Isobaren eingeordnet werden kann.

Damit ist die Systematik soweit dargelegt, daß das Prinzip erkennbar und anwendbar ist, aus dem sich die Zahl der Stammfließbilder pro Feld herleitet.

Es können noch weitere, an sich bekannte Zustandsänderungen bzw. Geräte in die Auswahl einbezogen und damit neue, hier einschlägige, Varianten entwickelt werden.

Zunächst ist als Gerät das Ranque-Hilsch-Rohr zu erwähnen [212], das man als überraschende Degenerationsform der Turbine bzw. als MM-Transformation, Umkehrung der Strahlpumpe klassifizieren kann. Das Arbeiten mit Stoffgemischen und die Einbeziehung von Geräten, die Konzentrationsänderungen realisieren, liefert eine noch wenig untersuchte Erweiterung der Kältetechnik. Bekannt ist die *Kompressions-Kältemaschine (NH_3) mit Lösungskreislauf* nach Altenkirch [213], bei der die Kondensation durch Absorption, die Verdampfung durch Desorption ersetzt ist mit dem Erfolg, daß der isobare Vorgang nicht mehr isotherm, sondern bei *gleitender Temperatur* abläuft, und damit eine bessere *Anpassung* an den endlichen Kühlwasserstrom etc. also besseren *„äußeren Wirkungsgrad"* ermöglicht. Eine weitere Kombination zeigt Abbildung 13, eine 2-Stoff-Kaskaden-Kälteanlage mit nur einstufiger Kompression der gemischten Kältemitteldämpfe. Das Gemisch wird laufend rektifiziert, das mit Kühlwasser kondensierte Sumpfprodukt am Kopf mit dem zurückkommenden flüchtigeren Dampf verdunstet und das damit kondensierte Kopfprodukt liefert bei

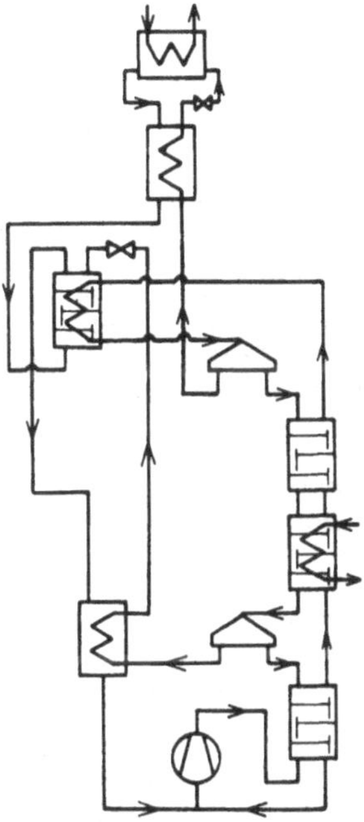

Abb. 13. Gemisch-Kaskade. Einstufige Kompression, rektifizierende Abtrennung von Öl, Hoch- und Tieftemperatur-Kältemittel sowie Verdunstungskühlung bei der Rückmischung.
In der Ölrückführung rechts unten fehlt das Drosselventil

tiefer Temperatur die Nutzkälte. Ein ähnliches Verfahren ist in [218] beschrieben.

7. Systematik der Geräte

Die Analyse der letzten Beispiele zeigt, daß mit Überschreiten des im klassischen Maschinenbau gezogenen Rahmens schlagartig ein sehr viel umfangreicheres Arsenal von Gerätetypen berücksichtigt werden muß. Das trifft insbesondere für die *Absorptions-Kältemaschinen* also die WW-Transformationen zu. Ehe wir diese als Abschluß des Kap. I behandeln ist es daher jetzt an der Zeit, die Systematik der Geräte insgesamt so zu entwickeln, wie sie sich aus den Prinzipien der Fließbild-Theorie ergibt.

Den Ansatz liefert die Methodik der Degeneration. Da Geräte nur vertauscht werden können, wenn die Zahl der Stoffstrom-Anschlüsse, der *„Flansche"* gleich ist, erhält man daraus eine Einteilung in *„Klassen"*. Diese Einteilung ist natürlich sehr grob und formal, umfaßt in der einzelnen Klasse noch Geräte ganz verschiedener Funktion — z. B. Mühle und Kompressor — und erfordert daher noch eine weitere Breiten-Gliederung. Daher unterscheidet sich die *Geräte-Systematik* nicht nur von der Grundsystematik der Verfahren in den 25 Feldern der Abb. 1, sondern auch von der konkreten *Gerätelehre* in Bd. 2 und deren Gliederung.

In der Breitengliederung sind die Geräte nach ihrer Funktion zu beurteilen, die zahlreichen Fälle äquivalenter Konstruktionen zusammenzufassen, offensichtlich grundverschiedene auseinander zu sortieren. Das ist praktisch, insbesondere bei Maschinen und mechanischen Verfahren viel problematischer, als es auf den ersten Blick scheint. Z. B. können Pasten im Extruder einer Kompression und/oder einer Naßzerkleinerung unterworfen sein, bei geringen oder verschwindenden konstruktiven Unterschieden. Im Bestreben um weitgehende Zusammenfassung zu einer kleinen Typenzahl werden hier die Unterscheidungen nach Aggregatzuständen aus der Systematik eliminiert, obwohl für Pumpe und Kompressor die konventionellen, verschiedenen Symbole beibehalten sind. Problematisch ist auch der Unterschied zwischen stationärer und periodischer Betriebsweise, der funktionell gesehen mit der „Höhe" wächst: Turbo- und Kolbenverdichter kann man als völlig gleichartig ansehen, Gasturbine und Kolben-Verbrennungsmotoren unterscheiden sich schon viel stärker.

Für die Höhen-Gliederung in *„Stufen"* liefert die Methodik der *Degeneration* den Gesichtspunkt des *Gütegrades:* Von Stufe zu Stufe fällt jeweils der Gütegrad einer abteilbaren Funktion des Gerätes von endlichem Wert auf 0 ab. Da insbesondere die untersten Stufen, z. B. Drosselventil und Doppelleitung, sehr unscheinbar sind, erklärt sich die Einseitigkeit, die in „Degeneration" gegenüber etwa *„Hinaufentwicklung"* liegt: Der Weg vom Stammfließband zu den degenerierten ist sehr viel einfacher und formaler gangbar, als der umgekehrte — etwa analog der Tatsache, daß Differenzieren einfacher als Integrieren ist. Damit wird nochmals die Bedeutung der Stammfließbilder im Rahmen der Systematik ersichtlich, die natürlich nichts mit einer überwiegenden Bedeutung für die praktische Anwendung zu tun hat.

Es sei wiederum an das Beispiel der Degeneration einer Turbine zum Drosselventil angeknüpft. Die Vertauschbarkeit zeigt schon, daß es *nur auf die Stoffstrom-Anschlüsse, aber nicht auf etwaige Arbeits- oder allgemein Edelenergie-Anschlüsse ankommt.* Die Einteilung ist hier analog der Systematik der elektrischen Schaltungen, wo ein Verstärker als *4-Pol* (je 2 Anschlüsse für Eingangs- und Ausgangs-Signal) eingeteilt wird ohne Rücksicht auf die Anschlüsse für Anoden- und Heiz-Strom. Nach dem Vorhandensein oder Fehlen der Edelenergie-Anschlüsse könnte man in *aktive* und *passive Geräte* unterteilen. Das mag als Faustformel manchmal nützlich sein, ist für die Systematik aber unergiebig. Anders als in der elektrischen Theorie ist hier ja jeder Strom ein Energie-Strom, die konvektiven Energieformen sind untereinander und mit den daneben in nicht-konvektiver Form auftretenden Edelenergien prinzipiell gleichberechtigt, falls man überhaupt eine Rangfolge einführen wollte, müßte man die *chemische Energie* als stärkste Form und praktisch meist primäre Energiequelle ansehen. Speziell als Brennstoff ist chemische Energie auch die billigste Form.

Hinsichtlich des *Gütegrades der Geräte* müssen streng genommen 3 Arten unterschieden werden: Die völlig degenerierten Geräte, hier Drosselventil, die Geräte mit begrenztem Gütegrad und die „Idealisierbaren". Was darunter zu verstehen ist läßt sich vielleicht am besten am Wärmeübertrager erläutern. Mit Vergrößerung der Fläche F sinkt die für die Wärmeübertragung erforderliche Temperaturdifferenz Δt_m unbegrenzt, wie in Bd. 2, II, 3 erläutert ändert sich das wirtschaftlich optimale Δt_m um 4 Größenordnungen zwischen dem Heizkessel mit 10^2 grd und der Tieftemperaturanlage mit 10^{-2} grd. Die technisch mögliche Grenze liegt also nicht an einer angebbaren endlichen Differenz, sondern bei Null. Ähnliches gilt hinsichtlich des Druck-Verlustes für den Strömungsquerschnitt.

Bei der Turbine ist es vielleicht weniger offensichtlich, da die technischen Wirkungsgrade mit bestenfalls etwa 85 bis 90 % noch recht weit von 1 entfernt sind und ihrer Verbesserung durch lediglich konstruktive Maßnahmen — z. B. Polieren der Schaufeln — auch Grenzen gesetzt sein dürften. Aber es ist wenigstens erkennbar, daß die Wirkungsgrade mit der Größe des Gerätes ansteigen und es ist schließlich auch hier nicht möglich, eine bestimmte Grenze logisch als endgültig zu fixieren. Wir ordnen daher auch die Turbine zu den idealisierbaren Geräten ein.

Der Unterschied wird klarer, wenn dem als *nicht-idealisierbares Gerät* z. B. das Drehkolben-Gebläse nach R o o t s gegenübergestellt wird. Hier wird — in Verwendung als Expansionsmaschine — nur die Druckdifferenz, aber nicht die Expansionsfähigkeit des Gases ausgenutzt, in der Kompressionsanwendung wird das Niederdruck-Gas ohne Kompression auf die Hochdruckseite überführt, beim Ausschub erfolgt eine irreversible Kompression und Rückströmung. Die Analyse ergibt, daß der Wirkungsgrad hier — ähnlich wie bei einem degenerierten Fließbild — von der Druckdifferenz abhängt und eine von dieser abhängige endliche Grenze nicht überschreiten kann.

Wir werden noch mehrere derartige *nicht-idealisierbare Geräte* kennenlernen, z. B. *Dampfstrahl-Pumpe, Windsichter* etc. Solange es sich lediglich um spezielle, offensichtlich vereinfachte Konstruktionen neben idealisierbaren gleicher Funktion handelt, kann man darüber hinwegsehen, weil eben praktisch diese Geräte dann nur angewandt werden, wenn ihr Gütegrad ausreicht, also insbesondere der erreichbare Grenzgütegrad des Gerätes schon größer ist, als der aus wirtschaftlicher Optimierung zu fordernde μ_{opt}. Anders ist die Lage, wenn z. B. bei der *Elektro-Dialyse-Zelle* bislang nur nicht-idealisierbare Konstruktionen bekannt sind. Es kann dann ein damit aufgebautes Fließbild nicht den Grenzwirkungsgrad 1 haben, also nicht Stammfließbild sein, man kann aber von der Geräteseite her nicht angeben, ob noch eine Hinaufentwicklung des Fließbildes zum Stammfließbild möglich bzw. erforderlich ist oder ob es nur an einer Weiterentwicklung des Gerätes ohne Änderung seiner Stufe liegt.

Man erkennt gerade hierin einen wesentlichen *Unterschied zwischen Fließbild- und Geräte-Systematik:* Die Verfahrens-Tabelle ist *abgeschlossen,* sie bedarf nur noch der vollständigen Ausfüllung, die *Geräte-Systematik* dürfte jedoch *offen* sein, es kann nicht logisch ausgeschlossen, eher umgekehrt erwartet werden, daß im Laufe der Zeit neue Geräte und Apparate erfunden und entwickelt werden. In jedem derartigen Fall ist dann die Fließbild-Theorie dazu da, um alle damit neu auftauchenden Möglichkeiten, Stammfließbilder zu entwickeln, aufzuzeigen und diese nebst allen Degenerationen in den einschlägigen Feldern nachzutragen.

Konstruktive Varianten sind vor allem durch den *Aggregatzustand* der durchgesetzten Stoffströme bedingt. Mit der unbegrenzten Vertauschbarkeit der konstruktiven Varianten werden demnach auch die *Aggregatzustände bis zu einem gewissen Grade vertauschbar.*

Insbesondere die elementaren Trenngeräte realisieren ja immer *Phasen-Trennungen,* man kann dann von *„komparablen" Zuständen* sprechen, wobei etwa die Trennung zwischen Flüssigkeit und Dampf in enger Analogie steht mit der Trennung zwischen Flüssigkeit und Kristall, also die Dampfdruck-Kurve als Gleichgewichtsbedingung durch die Löslichkeitsgrenze ersetzt wird. Da in der Verfahrenstechnik ja praktisch die Produktion bestimmter Stoffe bezweckt wird, die Stoffe also i. a. vorgeschrieben sind und mit ihren Eigenschaften — z. B. thermischer Zersetzung bei höherer Temperatur — vielfach die Verarbeitung in vorgeschriebenem Aggregatzustand nötig ist, kommt gerade dieser vergleichenden Betrachtung komparabler Zustände große Bedeutung für die *Verfahrensentwicklung* zu.

Es sei hier noch eine kurze Übersicht über die *Geräteklassen* angeschlossen, die einerseits zeigen soll, daß der formale Einteilungsgesichtspunkt nach der Zahl der Flanschen ein überraschend vernünftiges Ergebnis liefert, die andererseits aber auch die Grenzen des Formalismus für das Folgende aufzeigen soll.

1-Flansche: Lager-, Speicher- und Transportbehälter.

2-Flansche: Leitungen, Dämpfungsglieder sowie fast alle eigentlichen Maschinen wie Mühle, Extruder etc. Da die *Maschinen* bewegte Konstruktionselemente und Arbeits-Anschlüsse besitzen, die zugeführte Edelenergie aber grundsätzlich in beliebige andere (konvektive) Energiearten umgewandelt werden kann — wenn auch direkt nicht immer mit gutem Wirkungsgrad, z. B. elektrische Heizung — wird daraus die oben in 2 schon festgestellte Struktur der mechanischen Verfahrenstechnik verständlich: Aufbau aus 2-Flanschen als Verfahrensschritte.

3-Flansche: Elementare Misch- und Trenngeräte wie Sieb, Filter, Zentrifuge, Zyklon, Dampfstrahlgebläse, etc. In der elementarsten Form, z. B. als Leitungsverzweigung, wird das separate „Gerät" leicht übersehen, andererseits wird es natürlich oft zu einem anderen Gerät zugefügt, in dieses sozusagen eingebaut und einbezogen. Man kann z. B. im Verfahren der *Flotation* eine Kombination von je einem Misch- und Trenngerät, also zwei 3-Flanschen, oder auch einen 4-Flansch klassifizieren. Darin liegt die *Grenze des Abzähl-Formalismus,* im folgenden Abschnitt der thermischen Apparate werden diese daher ohne übertriebene Rücksicht auf die Flansch-Zahl zusammengefaßt.

4-Flansche: Übertrager und Verstärker (analog den elektrischen 4-Polen) bilden die typischen *Apparate* der thermischen Verfahrenstechnik, die im Bd. 2 im einzelnen behandelt wurden und hier nun unter systematischen Gesichtspunkten zusammengefaßt werden. Dabei werden auch die formalen Beziehungen der Mehr-Flansche verständlich.

8. Systematik der thermischen Apparate

In Abbildung 14 sind die in Bd. 2 im einzelnen behandelten Apparate mit ihren Symbolen systematisch angeordnet, wobei die Zeilen den verschiedenen *Degenerationsstufen*, die Reihen speziellen Anwendungen zugeordnet sind. Wir beginnen mit der *Hauptreihe der stationär arbeitenden Apparate,* im vorhergehenden war bereits die letzte Degenerationsstufe, die entkoppelte Doppelleitung, und der darüberstehende Wärmeübertrager behandelt. Der Unterschied liegt in der Kopplung, im Wärmeübertrager erfolgt diese durch eine Wand hindurch, die nur für Wärme, aber nicht für Stoff durchlässig ist. Hier ist nun eine *weitere Stufe* möglich bei direktem Kontakt zwischen 2 im Gegenstrom fließenden verschiedenen Phasen, wobei neben der Wärme- nun auch *Stoffübertragung* stattfindet.

Über diesem *„adiabaten" Stoffübertrager* sind noch zwei Zeilen angeordnet mit Geräten, in denen eine *zusätzliche Energieform* zu- oder abgeführt wird. Das kann zunächst nochmals Wärme sein, womit man zum (nicht a) diabaten Stoffübertrager kommt, oder Elektroenergie in der Elektrodialysezelle.

Es sei zunächst auf den formalen Unterschied hingewiesen, daß die elektrischen Stromanschlüsse nicht

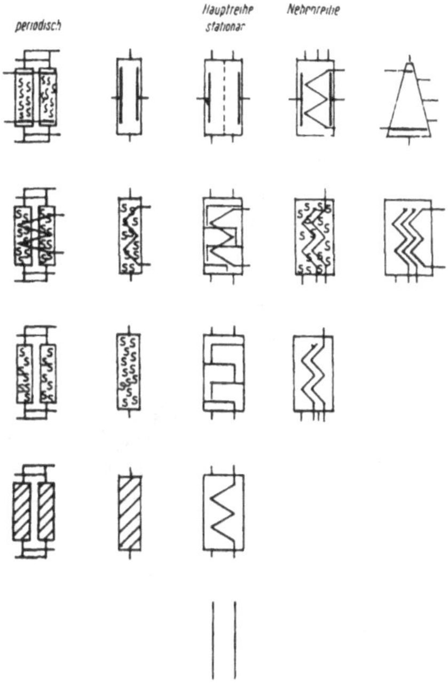

Abb. 14. Apparate der thermischen Verfahrenstechnik in systematischer Anordnung.

gezählt werden, das Gerät also in der 4-Flansch-Klasse bleibt, während die Wärme-Kopplung zwei zusätzliche Stoffstromanschlüsse braucht, also zum *6-Flansch* führt. Man sieht daraus, daß die Flanschzahl nun von anderer, weniger entscheidender Bedeutung ist. Analog gibt es mehrgängige Wärmeübertrager, häufig wird sich bei den Stufenverfahren noch die Längs-Unterteilung der Apparate als notwendig ergeben, man kann also zu sehr hohen Anschlußzahlen kommen ohne daß sich an der eigentlich wesentlichen Funktion des Gerätes prinzipiell etwas ändert. Auch der diabate Stoffübertrager bewirkt ja, wie in Bd. 2, VIII erläutert, nichts grundlegend anderes als der adiabate, nur läßt er eben die schwierigen *Anpassungsbedingungen* besser oder überhaupt erfüllen und liefert daher in den Fließbildern die Grenzwirkungsgrade 1 des Stammfließbildes, die mit den adiabaten Apparaten nicht zu erreichen sind.

Die *Ordnungsgesichtspunkte* der *Anschlußzahlen* und inneren *Kopplungen* ergeben eine recht neuartige Zusammenfassung der Gerätetypen. Man wird sich an dieser Stelle fragen, wieweit diese Gliederung sinnvoll ist. Betrachten wir z. B. den *adiabaten Stoffübertrager,* so stellt dieser Begriff eine Zusammenfassung der *konstruktiven* Begriffe Füllkörper-, Sieb- und Glockenboden-, Tropfen- und Blasenkolonne, Scheibenextrator etc. dar, zugleich aber eine Zusammenfassung der *anwendungstechnischen* Begriffe, die in Bd. 2 noch in getrennten Kapiteln behandelt waren: Absorber, Wäscher, Stripper (V), Extraktions-(III) und Rektifikationskolonne (IV). Man bemerkt, daß insbesondere bei der Rektifikation der bisherige Begriff „*Kolonne*" keineswegs klar besagt, ob die ganze Anlage einschließlich der Wärmeübertrager im Kopf und Sumpf oder nur gerade die hier gemeinten Apparatetypen, Abtriebs- und Verstärkungssäule angesprochen werden sollen. Es zeigt sich aber, daß die *Vertauschbarkeit der konstruktiven Lösungen* sich gerade auf die Gerätetypen im hier definierten Sinne erstreckt, für die Wärmeübertrager im Kopf und Sumpf gelten andere, auch wieder vertauschbare Konstruktionen wie Bündelrohr-, Rohrschlangen-, Platten-Apparat etc. Die grundsätzliche Vertauschbarkeit schließt nicht aus, daß einzelne Konstruktionen für bestimmte Anwendungen, insbesondere natürlich bestimmte Kombinationen der Aggregatzustände verschieden gut geeignet sind.

Zum Unterschied zu den konstruktiven und anwendungstechnischen Begriffsbildungen muß man hier von *„funktionellen"* sprechen und sollte im Laufe der Zeit natürlich auch handliche Bezeichnungen dafür einführen.

Läßt man durch einen Strang eines Wärmeübertragers ein Gemisch strömen, so kann darin eine *Phasentrennung* eintreten: Kondensation, Sublimation, Kristallisation. Im Falle fester Abscheidung müßte man konstruktiv zum *Kratzkühler* oder dergl. übergehen, bei flüssiger Abscheidung ändert sich konstruktiv zunächst gar nichts. Trotzdem kann es z. B. bei einem liegenden Apparat dann zweckmäßig sein, die beiden Phasen nach der Dichte getrennt oben und unten zu entnehmen, das *elementare Trenngerät also einzubeziehen.* Damit bekommt der Apparat dann 5 statt 4 Flansche. Man sieht daraus, daß die Flanschzahl allein für die Systematik nicht überbewertet werden darf, sie ist bis zu einem gewissen Grade eine Zweckmäßigkeitsfrage. Jedenfalls beginnt aber mit dieser Anwendung und — wenn man das betonen will — mit der 5-Flansch-Ausführung die rechts in Abbildung 14 angeordnete *„Nebenreihe"*.

Als unterste Stufe wäre der lediglich mit 5 Anschlüssen versehene Wärmeübertrager einzusetzen, der hier weggelassen ist, in der nächsten Stufe kommt eine *innere Rückführung* dazu, in der folgenden die durch S (= *Sorbens)* gekennzeichnete Füllung mit *Katalysator.* Die Apparate sind in Bd. 2, VII behandelt, sie dienen der Umsetzung zwischen Wärme und Konzentrations- bzw. chemischer Energie; die am weitesten rechts stehende Form ohne Katalysator, dafür mit einem zusätzlichen Anschluß, ermöglicht idealisierbare Reaktion wenigstens noch in der Richtung der Verbindungsbildung, wenn katalytische Beschleunigung oder Inhibierung nicht möglich ist. Bei chemischen Reaktionen kann übrigens mit der Zahl der *Reaktanden* (Einsatzstoffe + Produkte) die Zahl der Anschlüsse variieren.

In der Hauptreihe waren die beiden obersten Zeilen begrifflich gleichrangig, lediglich durch Wärme oder Elektrizität als Zusatz unterschieden. Hier ist es ähnlich, zu Wärme und Konzentrationsenergie in der unteren Zeile kommt chemische bzw. elektrische Energie in den obersten hinzu, die Elektrogeräte der obersten Zeile sind in Bd. 2, IX und X behandelt, hier ist eingeordnet die Elektrolyse-Zelle und der nichtidealisierbare Elektro-Sichter.

Es sei noch darauf hingewiesen, daß die 3 untereinanderstehenden idealisierbaren Geräte der *Nebenreihe* schon in Abb. 2 als direkt Energien umwandelnde *Verfahrensschritte* aufgeführt waren.

Neben dem stationär arbeitenden Wärmeübertrager gibt es den *periodisch umgeschalteten Regenerator,* bestehend aus mehreren — mindestens 2 — zyklisch vertauschten *Speicher-Elementen.* Da diese Elemente auch einzeln als Apparate angesehen werden können und dann, als *Zweiflansche* in konstanter Richtung durchströmt, besondere Funktionen der Dämpfung etc. erfüllen, ergeben sich noch 2 Reihen: die *periodischen Übertrager* und deren Einzelelemente. Die *Speichermasse* ist durch Schraffur bzw. S beim Sorptiv-Regenerator angedeutet, Einzelheiten finden sich in Bd. 2, VI. Die Reihe der Übertrager entspricht funktionell der Hauptreihe, lediglich in der elektrischen Variante kommt statt eines Querfeldes ein Längsfeld infrage, der Apparat ist aber ebenso nicht-idealisierbar wie die Elektrodialyse-Zelle.

Die *Einzelelemente* können zunächst als Gleichstrom-Regenerator Temperatur- und Konzentrations-Schwankungen dämpfen — analog einem Windkessel in einer Leitung gegen Druckschwankungen —, daneben werden sie als einfachere Reaktortypen mit Katalysatorfüllung ungekühlt, gekühlt und schließlich als Elektro-Ofen verwandt [203].

Es mag sein, daß man bei besserer Kenntnis die Anordnung noch ändern, vielleicht noch die eine oder andere Gerätetype hinzunehmen, abtrennen oder zusammenziehen wird. Z. B. führt die Degeneration der Elektrodialysezelle in der Hauptreihe auf *Membran-Übertrager,* also Diffusions- und Osmosezellen, die zwar formal ebenfalls adiabate Stoffübertrager sind, aber beim hier durchgeführten Aufbau von den klassischen idealisierbaren Übertragern her doch als andersartige Typen erscheinen. Man könnte auch daran denken, die *chemische Energie* parallel zu Elektrizität und Wärme in der obersten Rubrik einzuführen, womit die *Gegenstrom-Reaktoren* — z. B. Hochofen — einen signifikanten Platz erhielten statt wie hier einfach unter die stationären Stoffübertrager eingereiht zu werden. Dann müßte aber dieser Gegenstrom-Reaktor doch wenigstens in Spezialfällen eine Idealisierbarkeit zeigen, die ihm vorerst noch völlig fehlt.

Jedenfalls liegt mit den *funktionellen Begriffen* eine gut übersehbare kleine Zahl von Apparate-Typen vor, die sich durch die Systematik der Stufen und Reihen plausibel und übersichtlich gliedern läßt. Dabei ist hier schon eine Anzahl recht ausgefallener Typen mit erfaßt.

Wenn man beachtet, daß die Degeneration hier vom diabaten Apparat bis zur Doppelleitung 3 Stufenschritte, 4 Möglichkeiten umfaßt, so wird allein daraus die große *Mannigfaltigkeit thermischer Fließbilder* verständlich. Es kommt hinzu, daß die stationären und periodischen Übertrager ebenfalls vertauschbar sind, — in der unteren Stufe ist der Unterschied völlig dem zwischen Kolben- und Turbo-Maschine analog — daß aber die *Anpassungsfälle* im stationären Absorber — längs der Linie konstanter relativer Feuchtigkeit — und im Sorptiv-Regenerator — längs der Sorptions-Adiabaten, etwa der Isenthalpe entsprechend — verschieden verlaufen, daß hier also *die mögliche Vertauschung auf grundlegend verschiedene Verfahren führt.*

Der Ausfall jeweils einer Teilfunktion von Stufe zu Stufe führt dazu, daß der Wärmeübertrager gleichzeitig idealisierbarer Apparat für eine Aufgabe reiner Wärmeübertragung, degenerierter Stoffübertrager, stark degenerierter Reaktor etc. ist. Daß in Abb. 14 der Wärmeübertrager und nicht z. B. eines der Elektrogeräte an der Basis-Stelle untergebracht ist, erscheint als eine gewisse Einseitigkeit, erklärt sich jedoch aus der schon in § 2 betonten *Sonderstellung der Wärme-Energie* und entspricht auch der praktischen Handhabung: Bei Verzicht auf hohe Ausbeuten, Wirkungsgrade etc. kann man die verfahrenstechnischen Anlagen auf ein System von Wärmeübertragern und Pumpen reduzieren bzw. degenerieren.

In diesem Zusammenhang fällt auf, daß die Reihe der *Elektro-Geräte* außer der Elektrolyse-Zelle nur *nicht-idealisierbare Typen,* im Elektro-Ofen sogar ein grundsätzlich *nicht-umkehrbares Gerät* enthält. Das legt die Vermutung nahe, daß Elektro-Energie als Edelenergie wohl grundsätzlich direkt in jede andere Energieform umgewandelt werden kann, wenn man auf Idealisierbarkeit und technische Umkehrbarkeit verzichtet. Das würde die Möglichkeit eröffnen, eine nicht-umkehrbare *elektrische Verfahrenstechnik* aus Verfahrensschritten analog und neben der mechanischen zu entwickeln.

9. Transformation

Die Behandlung der Diagonalfelder in Abb. 1 war hinter die Geräte-Systematik verschoben worden, weil hierfür, insbesondere für die WW-Transformationen, das vollständige System der thermischen Apparate benötigt wird. Das ist auch der Grund, warum die Absorptions-Kälteanlagen innerhalb des Maschinenbaues eine *Sonderstellung* einnehmen.

Da in den Diagonal-Feldern Eingangs- und Ausgangs-Energie gleichartig ist, wird eine *Zwischenform zur Kopplung* benötigt. Erst damit ist die eigentliche Transformation — Vergrößerung der Intensitätsgröße oder Vorzeichenumkehr — möglich.

In den zunächst für die Einführung abgegrenzten Bereich fallen 2 Transformationsfelder, MM und WW. Die *Transformation von mechanischer Energie* geschieht in einem Aggregat aus Turbine und Kompressor nach Abbildung 15. Man kann z. B. mit wenig Hochdruck-Dampf viel Niederdruck-Preßluft komprimieren — Transformation des Druckes — oder Vakuum-Dampf absaugen — Umkehr des Vorzeichens. Sieht man von der Stoffart ab, denkt z. B. an Preßluft-Betrieb, und koppelt an den Umgebungsdruck p_0, so ge-

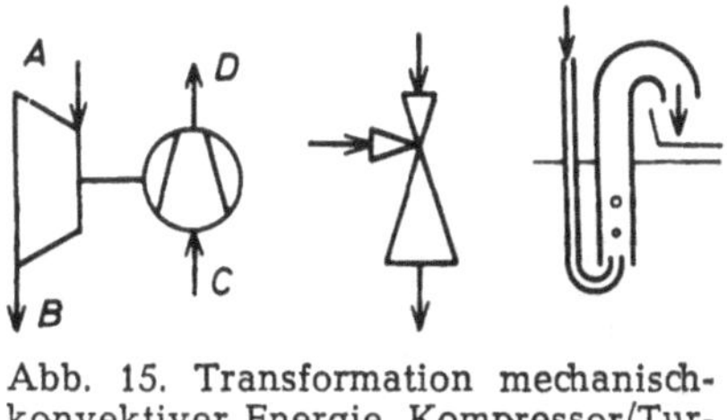

Abb. 15. Transformation mechanisch-konvektiver Energie. Kompressor/Turbinen-Aggregat, Strahlpumpe, Mammutpumpe.

schieht das im ersten Falle bei B und C, im zweiten bei B und D. Als *degenerierte Formen* sind für Flüssigkeiten der *„hydraulische Widder"*, für alle fluiden Zustände die *Strahlpumpe* bekannt. Der erste dient der Hinauf-Transformation des Druckes, die zweite der Abwärts-Transformierung oder der Vorzeichenumkehr. Infolge Zusammenfassung von 2 der 4 Anschlüsse des vollständigen Aggregates wird die beidseitige Transformierung unmöglich. Das gleiche gilt für die *Mammut-Pumpe*, die nur eine Abwärts-Transformierung liefert.

Obwohl in all diesen Fällen nur konvektive mechanische Energie eingesetzt wird — reine Drehmoment-Wandler also ausgeschlossen bleiben — ist hier das *Prinzip des Kreisprozesses noch nicht erkennbar*. Die Geräte-Kombinationen gehören offensichtlich noch zur mechanischen Verfahrenstechnik, die ohne den Kreisprozeß aus Verfahrensschritten in linearer Kopplung — hier durch Welle oder gemeinsames Strömungsrohr — aufgebaut ist.

Als Gerät für *Chargen-Betrieb* wäre noch der *Druckwandler* mit Stufenkolben zu nennen.

Für die WW-Transformation wurden die *Sorptions-Kältemaschinen* entwickelt. Hinsichtlich der grundlegenden Darstellung im log p-l/T-Diagramm sei auf Bd. 1, II, 10 verwiesen. In der Arbeitsweise unterscheidet man die *periodisch* und die *kontinuierlich* arbeitenden Anlagen. Die konsequente Vermeidung des Verbrauchs von mechanischer Hilfs-Energie (für Pumpen, Ventilbetätigung etc.) hat viele lehrreiche und allgemein interessierende Konstruktionen und Tricks hervorgebracht. Altenkirch führte für die reine WW-Anlage ohne mechanische Hilfsenergie den Gattungsnamen *„Kryotherme"* ein.

Abbildung 16 zeigt eine *periodische Anlage*. Zur Überbrückung der Heizperioden ist der Verdampfer in ein Gefäß mit eutektischer Sole eingebaut. Ein in der

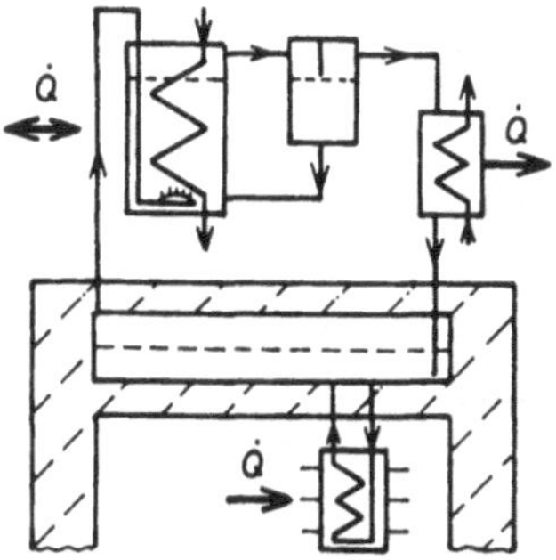

Abb. 16. Periodische Absorptions-Kälteanlage für Kühlschrank.

Isolierung liegender Zwischenspeicher nimmt das warme Kondensat auf. Bei Beginn der Kühlperiode wird zunächst bei sinkendem Druck der Zwischenspeicher unter teilweiser Verdampfung abgekühlt; erst wenn der Verdampfer zum wärmsten Teil geworden ist, kommt dort die Verdampfung und der Durchlauf des Kondensates in Gang. Durch Tauchrohre im Kocher/Absorber und Zwischenspeicher wird die *Strömungsrichtung* in den beiden Perioden festgelegt und insbesondere das Durchperlen des Dampfes durch die absorbierende Lösung erreicht. Zwischen Kocher und Kondensator ist ein Abscheider, bisweilen auch konstruktiv noch als simple Rektifikation erkennbar, eingeschaltet. Dem Vorteil der Einfachheit der periodischen Anlage — insbesondere mit festem Sorbens, wo Abscheider und Durchperl-Vorrichtung fortfallen — steht entgegen der Nachteil, daß für den Temperaturwechsel des Kocher/Absorbers (man beachte als typisch: *ein Apparat für 2 Funktionen!)* zusätzliche Wärme verbraucht wird.

Im Fließbild der *kontinuierlich arbeitenden Anlage* nach Abbildung 17 findet man zunächst das Charakteristikum der Transformations-Fließbilder: *2 Kreisläufe, die miteinander verkoppelt sind.* Rechts ist der Lösungskreislauf zwischen Kocher und Absorber mit Pumpe und dem hier historisch als *„Temperaturwechsler“* bezeichneten Wärmeübertrager gezeichnet, links

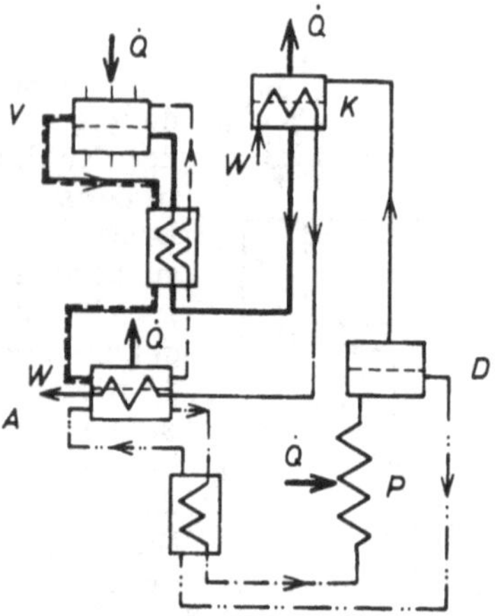

Abb. 17. Kontinuierlich arbeitende Absorptions-Kälteanlage (Kryotherme) .—..—.. arme, —.—. reiche Lösung, — — — Inertgas (H_2), ——— flüssiges, ——— dampfförmiges Kältemittel (NH_3). A = Absorber, P = Dampfblasen-Pumpe, D = Dampfabscheider, K = Kondensator, V = Verdampfer.

der Kältemittelkreis vom Kondensator über den Verdampfer in den Absorber, wo der Kreis mit der reichen Lösung verkoppelt zum Kocher geschlossen wird.

Funktionell und für die Berechnung könnte man sich auch die Verbindung von je einem rechts- und linksläufigen WM-Prozeß vorstellen, wovon die rechtsläufige Wärmekraft-Anlage die Antriebsleistung für die linksläufige Kälteanlage zu liefern hätte. Man braucht also die *Energie-Umwandlung in eine Zwischenform, die nach außen nicht in Erscheinung tritt,* sondern den zweiten Kreis antreibt. Die Zwischen-Form der Energie ist hier, bei den Sorptions-Anlagen, Konzentrations-Energie, es wären aber offenbar auch die anderen Energieformen außer Wärme anwendbar.

Bei großen Anlagen wird zwischen Kondensator und Verdampfer das Kältemittel, zwischen Kocher und Absorber die arme Lösung gedrosselt, die reiche Lösung dann mit einer mechanischen Pumpe zum Kocher zurückgefördert. Die reine *Kryotherme* füllt die Druckdifferenz vom Verdampfer gegenüber dem Kondensator durch den *Partialdruck eines Inertgases* auf, nach Platen und Munders vor allem Wasserstoff, dessen geringe Dichte den nun erforderlichen dritten Kreis des Inertgases allein durch die Dichteunterschiede betreiben läßt. Es bleiben nur noch die Reibungswiderstände, zu deren Überwindung — nach Einführung genau dosierter Höhenunterschiede in den übrigen Teilen — die *„Dampfblasen-Pumpe"* ausreicht. Sie besteht aus einem um den Heizkörper gewundenen Rohr, erfüllt also zunächst die Funktion des Kochers. Die entstehenden Dampfblasen schließen dann das Rohr kolbenartig ab und fördern die begleitende warme und nun arme Lösung mit nach oben. Diese Dampfblasen-Pumpe schränkt nun allerdings die Anwendbarkeit der Kryotherme auf kleine Leistungen bis etwa 100 kcal/h ein: In großen Rohren wirken die Blasen nicht mehr als Kolben, Parallelschaltung dünner Rohre ist fertigungstechnisch noch nicht gelungen.

Statt Kondensation und Verdampfung des reinen Sorbates kann auch Ab- und Desorption in der *„Resorptions-Anlage"* benutzt werden. Damit wird insbesondere die Kombination zu *mehrstufigen Anlagen* möglich, womit a) tiefe Temperaturen bei beschränkter Heiz-Temperatur b) vermehrte Kälteleistung bei hoher Heiztemperatur erreicht werden können. Auch Anwendung als Wärmepumpe und Umkehrung zur Hinauf-Transformierung der Heiztemperatur ist möglich.

Üblicherweise wird das *Stoffpaar* Ammoniak/Wasser benutzt, einen umfassenden Überblick über die anwendbaren Kombinationen gab Niebergall [215] Als formale *Fließbild-Degenerationen* können die inneren Wärmeübertrager fortgelassen, Kocher und Absorber durch Wegfall der inneren Rückführungen zu einfachen Wärmeübertragern degeneriert werden. Für die äußeren Geräte ergibt sich, daß die gewünschte Kälteleistung — in grober Näherung — hier insgesamt 4mal, bei der Kompressionsmaschine nur 2mal übertragen werden muß. Diese Wärmeübertrager sind daher hier der vergleichsweise kritische Teil der Anlage, ihre Kosten machen die Sorptions-Anlage i. a. nur dort wirtschaftlich, wo die Heizwärme als Abfall anderer Prozesse praktisch kostenlos verfügbar ist, z. B. in Verbindung mit Wärmekraftmaschinen. Dagegen sind wieder auf Fahrzeugen, wo die Wärme anfällt, oft die *Gewichte der Übertrager* unzulässig hoch.

Praktisch wird *Wärme* überwiegend aus *Verbrennungsreaktionen* gewonnen, wobei die Verluste daher rühren, daß die erreichbaren hohen Temperaturen entweder überhaupt nicht interessieren — z. B. bei der Gebäude-Heizung — oder in den betriebenen Maschinen nicht zulässig und damit nicht ausnutzbar sind. Daraus folgt ein sehr dankbares Anwendungsgebiet von *WW-Wärmepumpen.* Z. B. würde bei der Dampfmaschine ein WW-Transformator mit 2000 °C Aufnahme- und etwa 800 °C Abgabe-Temperatur die Wärmemenge und damit den Wirkungsgrad verdoppeln, ohne an der Konstruktion der Dampfmaschine Änderungen nötig zu machen. Bei derart weiten Temperaturbereichen ist die Sorptions-Anlage wegen der Kopplung an die *Dampfdruck-Kurven* nicht mehr diskutabel — man würde untragbare Über- und Unterdrucke erhalten. Man müßte dann *andere Zwischenformen der Energie* wählen — insbesondere erscheint chemische Energie aussichtsreich — und die Fließbilder entwickeln. Da es bei dieser Wärmepumpen-Aufgabe anders als bei der Kälteanlage ja einen zusätzlichen Wärmegewinn gibt, ist wahrscheinlich der Wirkungsgrad weniger wichtig als die billige Anlage.

Ein Beispiel einer billigen *WW-Wärmepumpe* mit konvektiver mechanischer Energie als Zwischenform

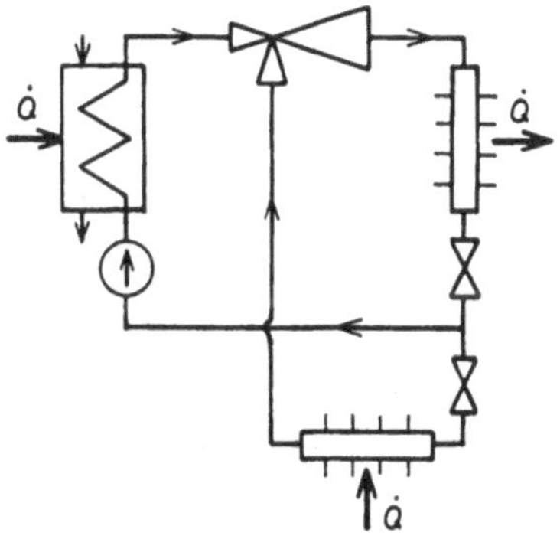

Abb. 18. Fließbild einer apparativ einfachen, degenerierten Wärmepumpen-Heizung.

zeigt Abbildung 18. Für eine *Gebäude-Heizung* wird der Dampfkessel mit verkleinerter Leistung, aber erhöhtem Druck ausgelegt. Ein Teil des Kondensates fließt in einen mit kalter Außenluft, verfügbarem Wasser oder durch Eingraben ins Erdreich „geheizten" Verdampfer, der Dampf wird in einer Strahlpumpe angesaugt und zusammen mit dem primären Kesseldampf in die üblichen Niederdruck-Heizleitungen eingespeist.

II. Thermische Trenn- und Misch-Verfahren

1. Bedeutung und Gliederung

Die Misch- und Trennverfahren haben in der Verfahrenstechnik eine so überragende Bedeutung, daß sie bisweilen schon mit der Verfahrenstechnik insgesamt identifiziert wurden. Beschränkt man etwa thermische Verfahrenstechnik im engeren Sinne auf die Umwandlungen zwischen mechanischer, thermischer und Konzentrations-Energie, so bleiben nach Abzug der in Kap. I zur Einführung benutzten 4 Felder noch 5. Von diesen werden hier, wegen gleichartiger Methodik zusammengefaßt, die 3 der WK- und KW-Umwandlungen und der KK-Transformation behandelt, während die — übrigens wirtschaftlich weniger bedeutenden — Umwandlungen MK und KM in Kap. IV eingeschlossen werden.

Hierher fällt also tatsächlich die Masse des Stoffes und muß im Sinne der aufzählenden Verfahrenslehre in einer der Bedeutung angemessenen Breite gebracht werden. Daran ändert es auch nichts, wenn sich herausstellt, daß insgesamt *nur 1 Stammfließbild* nach Abbildung 19 infrage kommt: Da nur Wärme und Konzentrations-Energie eingesetzt werden soll, dürfen bei „reinrassigen" Verfahren analog der Kryotherme keine Pumpen, Gebläse, Verdichter ect. verwandt werden, es muß sich also um *isobare Kreisprozesse* handeln, die aus den Apparaten der Abb. 14 zusammengesetzt sind. Praktisch werden wir natürlich als Hilfsgeräte für den Stofftransport Pumpen und Gebläse ebenso zulassen, wie oben bei den WW-Transformationen.

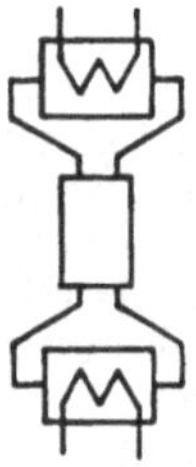

Abb. 19. Stammfließbild der thermischen Trennverfahren, vereinfacht.

In der thermischen Verfahrenstechnik bedeutet „Umkehrung“ die Richtungsumkehr der Ströme konvektiver Energien. Bei der Trennung wird Wärme zu- und Konzentrations-Energie mit den getrennten Produkten abgeführt, demnach muß bei der Umkehrung zum *Mischverfahren* nutzbare *Wärme (-Exergie) zu gewinnen* sein. Da jedoch Konzentrations-Energie eine „schwache“ Energieform ist, ist die Exergie der anfallenden Wärmemengen praktisch so klein, daß der Energie-Gewinn beim Mischen i. a. wirtschaftlich nicht lohnt. Man mischt dann z. B. Kristalle und Lösungsmittel zur Lösung nicht unter Arbeitsgewinn, wie es möglich wäre, sondern unter Arbeitsaufwand mit dem Verfahrungsschritt der mechanischen Verfahrenstechnik im Rührwerk etc., was einen negativen Wirkungsgrad bedeutet.

Die echte Umkehrung zum Mischverfahren wird sinnvoll, wenn die mischbaren Stoffe in großen Mengen und ganz oder nahezu kostenlos verfügbar sind. Das ist insbesondere mit Luft und Wasser der Fall und tatsächlich werden die Umkehrverfahren hier auch als *„Verdunstungskühlung“* angewandt. Wir benutzen daher diesen Misch- und Trenntyp und bevorzugt dieses spezielle System, um alle Varianten der Fließbild-Familie in beiden Richtungen und in der Transformation zu entwickeln und mit praktizierten Beispielen zu belegen.

Die damit erreichte formale Vollständigkeit bedeutet eine Prüfung und Übung der Fließbild-Theorie, die dem Leser sicherlich nützlich, prinzipiell jedoch für die Lehre — insbesondere dann für die späteren Teile — entbehrlich ist. Wichtigster Bestandteil der Lehre ist vielmehr die *Übermittlung technologischer Erfahrung*, was zunächst am konkreten Fall aufgezeigt werden muß, ehe dann im Kap. III versucht werden kann, hieraus gemeinsame betriebstechnische Gesichtspunkte und Auswahlregeln zu bilden. Damit stehen wir aber wieder, wenn auch abgeschwächt und eingeschränkt, vor dem Grundproblem, *die Fülle des Stoffes übersichtlich zu gliedern.*

getrennte (reine) Phase:

<table>
<tr><th></th><th>gasförmig</th><th>flüssig</th><th>kristallin</th></tr>
<tr><td>Gemisch:
gasf.</td><td>Thermodiffusion</td><td colspan="2">Kondensation</td></tr>
<tr><td></td><td></td><td>Absorption</td><td>Adsorption</td></tr>
<tr><td>flüssig</td><td>Destillation
Rektifikation
Ausdampfen</td><td>Fl-fl-Extraktion
(mit Mischungs-
lücke)</td><td>Kristallisation
Zonenschmelzen</td></tr>
<tr><td>fest</td><td>Sublimation
(Gefrier-)-
Trocknung</td><td>Fest-fl-Extrak-
tion</td><td>—</td></tr>
</table>

Abb. 20. Tabelle der Kombinationen der Aggregatzustände mit den einschlägigen Trennverfahren. .

Die Gliederung der *Unit Operations* geht auch hier, wie allgemein, von den Aggregatzuständen aus; da die eigentliche Trennung immer eine Phasentrennung ist, kommen die Kombinationen zweier Aggregatzustände infrage. In der Tabelle Abbildung 20 ist unterschieden die Mischphase als Zeile von der ganz reinen oder angereicherten Phase als Spalte. Das sind logisch 2 verschiedene Fälle, man käme also auf $2.3^2 = 18$ Kombinationen und müßte den Ausschluß der unbesetzten logisch begründen. Weiter findet man z. B. unter *„Kondensation"* eine Zusammenfassung, indem es bei der Abscheidung von Wasser aus feuchter Luft von untergeordneter Bedeutung ist, ob sich das Wasser flüssig oder als Eis abscheidet. Andererseits findet man z. B. *Rektifikation* und *Destillation* nebeneinander aufgeführt, was offensichtlich Glieder derselben Degenerations-Reihe sind.

Wir wollen ausgehen von den *Phasen-Übergängen* statt von den Phasen-Kombinationen. Das sind zunächst 3, zwischen Gas und Flüssigkeit durch Tau- und Siedelinie, zwischen Flüssigkeit und Kristall durch Liquidus- und Solidus-Linie und zwischen Gas und Kristall durch die — sprachlich nicht mit gleicher Präzision unterschiedenen — Sublimationslinien gekennzeichnet. Das Überschreiten der Phasengrenze kann nun vom Gemisch her mit praktisch ausreichender *Selektivität* nur einer Komponente oder zugleich allen — wenn auch in verschiedenem Maße — möglich sein. Die Grenze zwischen den beiden Fällen hoher oder niedriger Selektivität ist praktisch eindeutig, theoretisch exakt aber nur mit ziemlichem Aufwand festzulegen, wir können sagen, daß es ein Übergangsgebiet gibt, in dem die Zuordnung von der Reinheits-Forderung abhängt.

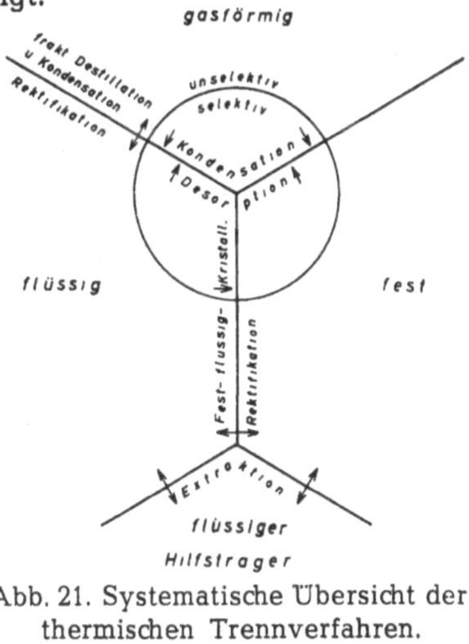

Abb. 21. Systematische Übersicht der thermischen Trennverfahren.

In der Abbildung 21 ist der Zusammenhang graphisch dargestellt, ein Kreis trennt die *selektiven Trennungen* innen von den nur *graduellen* außen. Daraus ergeben sich 6 Trennlinien mit je 2 Übergangsrichtungen, also 12 Fälle. Mit der schon oben gegebenen Begründung kann man die selektiven Trennungen an der Gas-Grenze zusammenfassen. Die physikalisch naheliegende Unterscheidung zwischen Ab- und Adsorption ist angesichts der Absorption im Kristall und der Mischsysteme mit fester Schwammstruktur — z. B. Rübenschnitzel — technologisch unbefriedigend. Die Abtrennung der flüssigen Phase aus den festen Mischsystemen — wieder Beispiel Rübenschnitzel — ist nicht mit thermischen, sondern nur mit mechanischen Methoden — z. B. Pressen — und auch dann nur unbefriedigend lösbar. Das fällt also aus, ebenso die unselektive Trennung zwischen Gas und Kristall, weil hier der Struktur-Unterschied so groß ist, daß es immer eine selektive Trennung gibt. Die verbleibenden beiden unselektiven Trennungen sind von der Richtung unabhängig, es bleiben also insgesamt zunächst 5 Rubriken.

Nun aber muß die physikalische Gliederung der Phasen-Übergänge noch um den des *Lösens* mit Löslichkeitsgrenze als Trennlinie erweitert werden. Praktisch gesehen handelt es sich dabei i. a. um einen dritten *Hilfsstoff,* physikalisch kann man etwa wie folgt argumentieren: Die beiden Grenzlinien — z. B. Tau- und Siedelinie — der klassischen Übergänge werden in Enthalpie-Diagrammen infolge der Umwandlungswärme auseinandergezogen. Diese tritt aber beim Lösen nicht oder nur in unbedeutendem Umfang auf: Bei der *Flüssig-Flüssig-Extraktion* bleibt ja der Aggregatzustand des gelösten erhalten, bei der *Fest-Flüssig-Extraktion* steht jedoch der „Schmelzwärme" einerseits die nach Betrag und physikalischem Sinn vergleichbare Bindungswärme der Solvathülle gegenüber. Indem wir auch hier wieder beide Richtungen —

da die Übergänge unselektiv sind — und die Fest- und Flüssig-Grenze zusammenfassen, ergibt sich eine 6-te Rubrik.

Hier für die Lehre kommt es ja viel stärker auf allgemeine Gesichtspunkte an, als etwa bei der Gliederung eines Handbuches oder einer Verfahrens-Kartei, es erscheint daher zweckmäßig, wenn wir uns im Folgenden an diese 6 Rubriken halten.

2. Kondensations-Verfahren

Die hierunter zu trennenden Systeme sind dadurch gekennzeichnet, daß der Temperaturbereich der Verdampfung bzw. Sublimation der *Dampf-Komponente* noch weit über der kritischen Temperatur der *Gas-Komponente(n)* liegt. Beispiele sind N_2 und H_2 in Ammonik-Synthesegas (deren Trennung für die D_2-Gewinnung interessiert), höhere Kohlenwasserstoffe in Schwel-, CO_2 in Rauch-, SO_2 in Röst-Gasen und schließlich alle „Dämpfe" in Luft. Die quantitative Behandlung erfolgt für das hier auch der Einfachheit halber bevorzugte *System Luft-Wasserdampf* in dem bekannten h-x-Diagramm nach Mollier-Merkel, womit auch eine übersichtlich-qualitative Darstellung aller Verfahrens-Varianten und Zustandsänderungen erreicht wird, die das Verständnis erleichtert. Für andere Gemische können natürlich die entsprechenden h-x-Diagramme gleichfalls gezeichnet werden, durch die Anwendbarkeit der idealen Gasgesetze ist das einfach und i. a. zweckmäßiger, als die direkte analytische Lösung. Insgesamt sind die *Verfahren der Gas-Dampftrennung* recht vielseitig und können am leichtesten quantitativ behandelt werden, weshalb sie hier als grundlegende Einführung bevorzugt werden.

Der Dampf ist die weniger flüchtige Komponente, der zugehörige Trennteil arbeitet jedoch mit der tieferen Temperatur, im Gegensatz zur Rektifikation, wo die schwerer flüchtige Komponente in der Abtriebssäule bei höherer Temperatur gewonnen wird. Um keine Verwirrung zu schaffen wird im Folgenden von *Reindampf-* oder *Kondensat-Teil* bzw. *Reingas-Teil* gesprochen. Übrigens enthält das Kondensat genaugenommen etwa 10^{-3} gelöstes Gas, das erforderlichenfalls durch Auskochen abgetrieben werden muß.

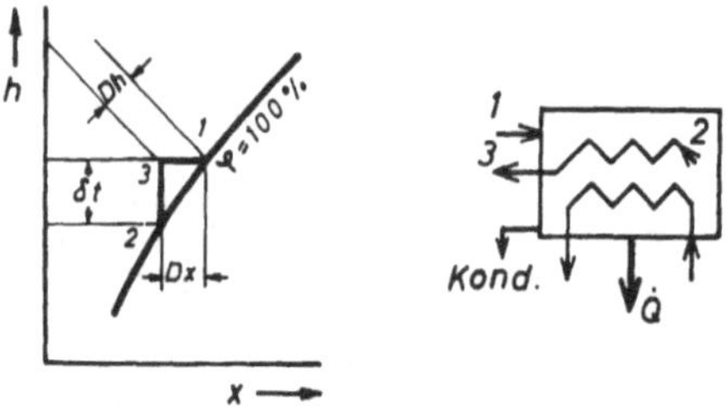

Abb. 22. Trennung gesättigter Gas-Dampf-Gemische durch Kondensation. Links Zustandsverlauf im *h*-x-Diagramm, rechts Apparat mit innerer Rückführung und Kälte-Rückgewinn, umkehrbar.

In Abbildung 22 ist der Spezialfall eines *dampfgesättigten Gemisches* (1) mit dem Gerät der Nebenreihe, Abbildung 14, (s. auch Bd. 2, VII) als *Teiltrennung* gelöst. Im links skizzierten *h*-x-Diagramm ist die Wasserabscheidung *D*x von (1) nach (2), die dabei zu überbrückende Temperaturdifferenz *Dt* mit Kälteleistung bei gleitender Temperatur und die aufzuwenden Kälteleistung *Dh* abzulesen. Es wird mit *D der Bereich einer Änderung,* mit *Δ* die *Friktionsdifferenz der Übertragung* und mit δt die Differenz bezeichnet, die in den *Carnot*-Faktor eingeht. Durch die *Rückführung* von (2) nach (3) auf die Anfangs-Temperatur wird Kälteleistung gespart — ohnedem wäre $h_1 - h_2$ statt $h_1 - h_3$ aufzuwenden — es bleibt nur die *reine*

Kondensationswärme übrig, sie ist aber im ganzen Temperaturbereich bis herunter zu t_2 aufzubringen.

Quantitative Nachrechnung ergibt, daß die Kondensation an und längs der Taulinie verlustlos ist hinsichtlich des inneren Wirkungsgrades (jedoch nur bei verschwindendem *Dx, Dt*). Die Verbesserung der Verfahren kann daher unter den Gesichtspunkt gestellt werden, das i. a. ursprünglich ungesättigte Gemisch durch den „inneren" Übertrager im Stammfließbild auf einen *Zustand an der Taulinie* zu bringen.

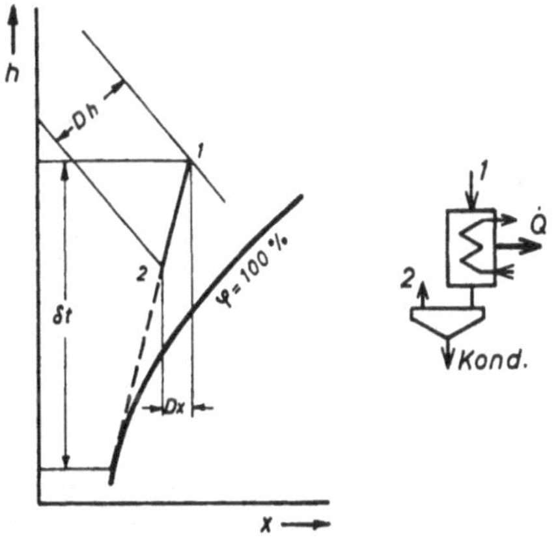

Abb. 23. Dampf-Abscheidung durch „Trocknung", hier „optimal" entsprechend der Tangenten-Konstruktion im *h*-x-Diagramm.

In Abbildung 23 ist für allgemeine Lage des Anfangszustandes (1) die einfache *„Kondensation"*, der Vorgang der *optimalen Trocknung* dargestellt. Seine Ausführung nur mit Wärmeübertrager endlicher Temperaturdifferenz als praktisches Verfahren der Klimatechnik wurde bereits in Bd. 1, II, 8 erklärt und die *Tangentenkonstruktion* im $h - x$-Diagramm begründet. Bei gleichem Dx wie in Abbildung 22 ist nun Dh und vor allem δt erheblich größer geworden, die Kälteleistung muß zudem gänzlich bei der konstanten tiefsten Temperatur aufgebracht werden.

Der Vergleich mit dem Stammfließbild zeigt, daß in beiden Fällen nur der *Kondensat-Teil* mit gänzlich degenerierten innerem Übertrager benutzt wird. In Abbildung 22 ist statt des Wärmeübertragers das bessere Gerät benutzt, das gleiche bei der allgemeinen Lage von Punkt (1) führt aber theoretisch und vor allem praktisch auf das *Fließbild mit Wärmeübertrager* als innerem Gerät entsprechend Abbildung 24.

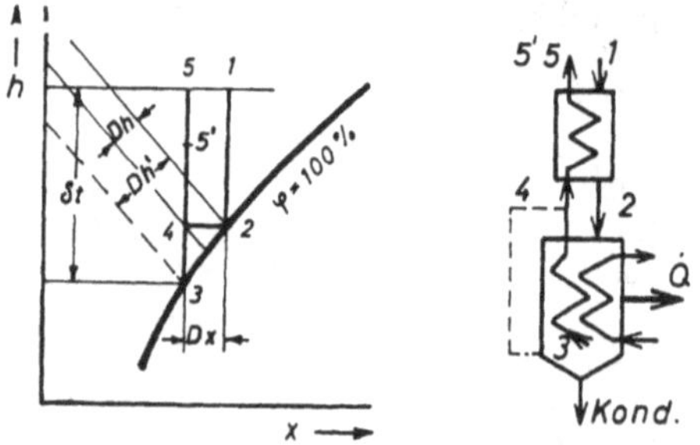

Abb. 24. Fließbild der Kondensation mit innerem Wärmeübertrager. Abscheider mit oder ohne (gestrichen) innere Rückführung.

Hier erfolgt die Wasserabscheidung wieder an der Taulinie, der Weg dahin (1) — (2) wird aber im Wärmeübertrager senkrecht zurückgelegt, (2) ist also der *Taupunkt* zu (1). Damit wird auf alle Fälle die Temperaturdifferenz δt verkleinert und die Kälteleistung wieder über den Bereich von (2) nach (3) verteilt benötigt. Im einzelnen kann man mit idealisierten Geräten die Lösung nach Abbildung 22 hinter den Gegenstrom-Wärmeübertrager setzen, womit auch Dh wieder auf die reine Kondensationswärme reduziert wird. Praktisch würde man die bei der Wasserabscheidung entstandene Temperaturdifferenz im Wärmeübertrager beibehalten, also mit dem Luftzustand (5′) enden, immerhin wäre bei großen *D*x eine bessere Lösung mit Luftaustritt zwischen (5′) und dem idealisierten (5) zu erwägen. Man erreicht das einfach durch Verbesserung des Wärmeübertragers, wodurch in diesem schon die Kondensation beginnt.

Grundsätzlich könnte man beim Wärmeübertrager an die Verwendung eines *Regenerators* denken, müßte sich dann aber an die Grenzgüte entsprechend (5′) halten, da andererseits die Kondensation im Regenerator nach dem Umschalten zu einer Rückbefeuchtung der Luft führen würde: Die Wasserabscheidung *D*x müßte sich nach der Temperaturdifferenz im Regenerator einstellen, die gleich $t_2 - t_3$ bleibt unter Verschiebung von Punkt (3).

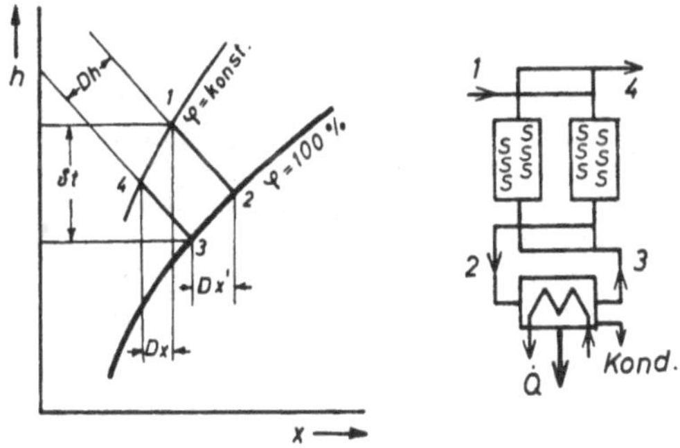

Abb. 25. Kondensation mit adiabatem Sorptiv-Regenerator als innerem Übertrager. Im Diagramm ist Abweichung von Parallelogramm-Bedingung erkennbar.

In der nächsten Stufe, mit *Stoffübertrager* als innerem Gerät, kann die kondensierte Phase nur durch einen Hilfsstoff geliefert werden. In Abbildung 25 ist die Lösung mit festem Hilfsstoff als Adsorbens, also mit *Sorptiv-Regeneratur* dargestellt. Der Temperaturbereich der Kühlung wird hier weiter angehoben und beginnt nun statt am Taupunkt an der *Feuchtkugeltemperatur* t_2 — wegen der Abhängigkeit von der Sorptions-Wärme genaugenommen an einer anders zu definierenden, aber in der Nähe liegenden Temperatur —. Jedenfalls ist δt weiter verringert, dafür muß die Kondensation nun längs der Taulinie, also mit mehr Aufwand als der reinen Kondensationswärme erfolgen. Die Kühlleistung *Dh* ist jedoch entsprechend dem flacheren Verlauf der Taulinie bei der angehobenen Temperatur etwas kleiner, als im Falle der Abbildung 24 mit Luftaustritt bei (5′).

Die Zustandsänderungen (1)··(2) und (3)··(4) verlaufen längs Sorptions-Adiabaten, je nach Material-Kombination etwas von der Richtung der Isenthalpen abweichend. (2) und (3) müssen auf der Taulinie, (1) und (4) jedoch im Grenzfall auf einer Linie φ=konst liegen. Die tatsächliche Wasserabscheidung ergibt sich aus der Differenz $Dx = x_1 - x_4$; damit die Differenz $Dx' = x_2 - x_3$ auf der Taulinie gleich groß wird, müssen die Punkte (1) (2) (3) (4) Eckpunkte eines *Parallelogramms* sein. Infolge der Krümmung der Linien φ=konst und $\varphi = 100\,\%$ gibt es einander parallele Stücke, die durch *Drehung der Sorptions-Adiabaten* mit diesen zum Parallelogramm verbunden werden können. Die Drehung läßt sich im *diabaten Sorptiv-Regenerator* durch entsprechenden Kühl- bzw. Heizstrom realisieren, die Bedingung ist also in der höchsten Stufe des Gerätes erfüllbar. Die adiabate Stufe bringt mit mehr oder weniger großen Abweichungen vom Parallelogramm einen schlechteren Wirkungsgrad.

Unter den diabaten Betriebsweisen stellt der *isotherme Betrieb* noch einen bemerkenswerten Sonderfall dar, der zudem relativ einfach und genau realisiert werden kann, indem man in den Kühl- bzw. Heizrohren Kältemittel verdampfen bzw. kondensieren läßt. Abbildung 26 zeigt Diagramm und Fließbild hierfür — das Fließbild entspricht dem zu Abbildung 25 mit diabatem Übertrager. δt ist nun zu einem beliebig kleinen Rest zusammengeschrumpft, dafür ist *Dh* erheblich vergrößert.

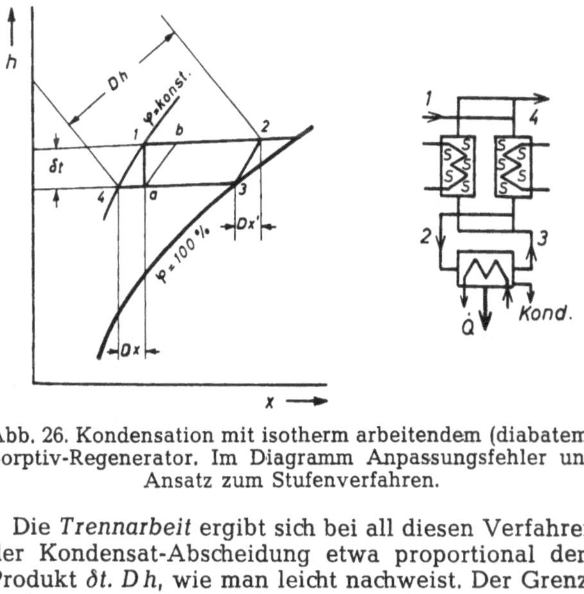

Abb. 26. Kondensation mit isotherm arbeitendem (diabatem) Sorptiv-Regenerator. Im Diagramm Anpassungsfehler und Ansatz zum Stufenverfahren.

Die *Trennarbeit* ergibt sich bei all diesen Verfahren der Kondensat-Abscheidung etwa proportional dem Produkt $\delta t. Dh$, wie man leicht nachweist. Der Grenzwirkungsgrad der idealisierten Verfahren nach Abbildung 24 und 25 (mit diabatem Gerät) ist gleich 1, der nach Abbildung 25 mit gewöhnlichem adiabatem Sorptiv-Regenerator kommt der 1 jedoch sehr nahe; das ist jedenfalls praktisch die beste Trennmethode [216]. Das letzte Verfahren nach Abbildung 26 bringt auch bei Idealisierung noch Verluste, die sich wie folgt erklären:

Hier, bei der Kondensat-Abscheidung, muß der Luftstrom im Übertrager konstant bleiben, die Stoffbilanz im Übertrager erfordert aber auch gleiche ad- und desorbierte Menge, bei gleichem Luftstrom also gleiche Dx. Das Diagramm Abbildung 26 zeigt aber, daß die *Parallelogramm-Bedingung* hier nicht erfüllt ist, daher die Verluste. Es liegt am Diagramm, d. h. an den Stoffeigenschaften, die Abhilfe kann nur ein *Stufenverfahren* bringen. Man muß von (*1*) einen Teilstrom abkühlen und bei (*a*) in den Rückstrom einspeisen. (*b*) hat mit (*a*) wieder gleiches φ, die Teilstromstärke ist so zu wählen, daß $\dot{m}_1 (x_b - x_1) = \dot{m}_a (x_a - x_4)$ wird. Im Punkt (*b*) ist ein neuer Teilstrom abzuzweigen und so fort. Durch passende Wahl von δt erreicht man, daß der letzte Teilstrom mit x_3 abzweigt und in (*3*) mündet, das Stufenfließbild also aufgeht. Speziell könnte man auch mit einer Stufe, $x_1 = x_3$ arbeiten.

Damit ist die erste Teilaufgabe: Kondensat-Abscheidung in allen Fließbild-Varianten behandelt, praktisch kommen bei hohen φ und geringen Dx wegen der Anlagekosten die degenerierten Fließbilder in Frage, etwa ab $\varphi_1 = 40\,\%$ ist deren Grenzwirkungsgrad jedoch soweit abgesunken, daß die Anlagen mit Sorptiv-Regenerator sogar von den Anlagekosten her überlegen werden.

Für die Aufgabe der *Teiltrennung* ergibt die Wirkungsgrad-Untersuchung schon abgesehen von den Zahlenwerten die einfache Bedingung, daß bei Verkleinerung der Konzentrationsunterschiede die *Trennarbeit quadratisch gegen Null* gehen muß; mit der auch hier brauchbaren Darstellung $\delta t \cdot Dh$ müssen also beide Faktoren gegen Null gehen. In der Klimatechnik interessiert ja gerade diese Aufgabe und man stellt fest, daß die üblichen Verfahren dieser Forderung keineswegs genügen. Bestenfalls geht die Trennarbeit etwa *linear gegen Null,* beim alten *Taupunkt-Verfahren* bleibt die Aufbereitungsarbeit als *Leerlaufarbeit* sogar unverändert, wenn der Außenluft-Zustand mit dem Innenluft-Soll-Zustand zusammenfällt.

Da man hier im mittleren Bereich der relativen Feuchten zu arbeiten hat, kommen nur *Verfahren mit Hilfsstoff* in Frage, also Ad- oder Absorption. Nachdem der Sorptiv-Regenerator oben schon benutzt war, kann die Übertragung seiner Anwendung hierher dem Leser überlassen werden, dagegen sei die Lösung mit *Absorber* nach Abbildung 27 gezeigt. Wegen der Schwer-

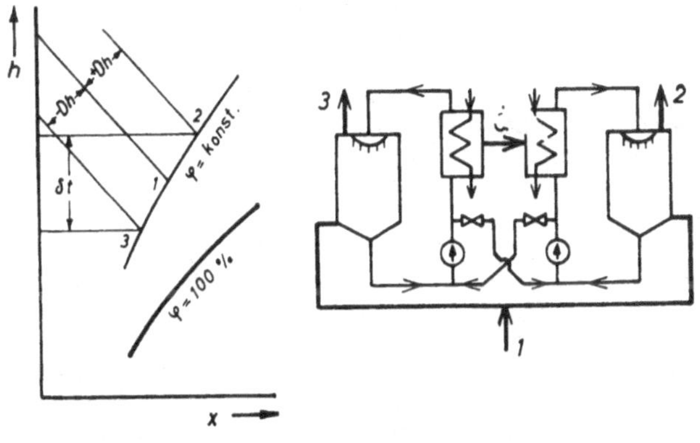

Abb. 27. Teiltrennung mit Absorber-Kombination. Im Diagramm ist der symmetrische Fall mit gleichem Nutz- und Abluftstrom dargestellt.

kraft-Wirkung muß das Fließbild so gezeichnet werden, daß es gegenüber dem Schema des Stammfließbildes verzerrt erscheint, man erkennt aber unschwer die beiden „äußeren" Wärmeübertrager, die hier die Soleströme von der gemeinsamen Austrittstemperatur t_1 aus den Strippern (mit Kühl- bzw. Heizleistung bei gleitender Temperatur) auf t_2 bzw. t_3 bringen. Die

Teilströme der Luft durchlaufen nur die Stripper, die Zustandsänderung erfolgt entsprechend dem *Anpassungsfall* im Absorber längs φ = konst.

Der „Kreisprozeß" wird hier von der *Sole* durchlaufen. Praktisch ist die Kapazität der Soleströme für Stoff viel größer als für Wärme, man braucht daher die Soleströme nicht völlig übers Kreuz führen, sondern kann sie im Wesentlichen je im warmen bzw. kalten Stripper nebst Wärmeübertrager umlaufen lassen, wenn nur ein Teilstrom gegenseitig ausgetauscht wird.

Die Nachrechnung zeigt, daß der *„Nutzstrom"*, z. B. Zustand (3), hier bei symmetrischem Aufbau ebensoviel Exergie gewinnt, wie die zum Ausgleich der Stoffbilanz erforderliche *Abluft,* der Grenzwirkungsgrad wäre also nur 50 %. Indem man den Teilstrom (1) . . (2) vergrößert und dafür sein δt, Dx verkleinert, geht seine Exergie linear gegen Null, mit unendlichem Abluft- oder Spül-Strom wird also der Wirkungsgrad 1 erreichbar.

Die häufigste und — nicht nur für den Anfänger — verwirrendste Degeneration von Fließbildern bei den sogenannten „offenen" Prozessen der Verfahrenstechnik ist die *Öffnung der Kreisläufe.* Öffnet man in Abbildung 27 den Solekreis, läßt also die eine Hälfte der Anlage weg, so wird die Sole verdünnt, man arbeitet mit *Verbrauch an Sorptionsmittel.* Das ist zwar im Labor — z. B. Exsiccator mit Schwefelsäure — üblich, in der technischen Anwendung aber i. a. sehr unbefriedigend. In älteren Darstellungen wird diese zum *Verfahrensschritt* degenerierte Stufe als unit operation *„Absorption"* eingeordnet. Immerhin brauchbar, wenn auch energetisch sehr viel ungünstiger, als die oben beschriebenen Verfahren, ist die Lösung nach Abbildung 28. Hier wird die Desorption bei hoher Temperatur als Auskochen von reinem Dampf ohne Trägergas aus der Lösung erreicht. Da man den Dampf na-

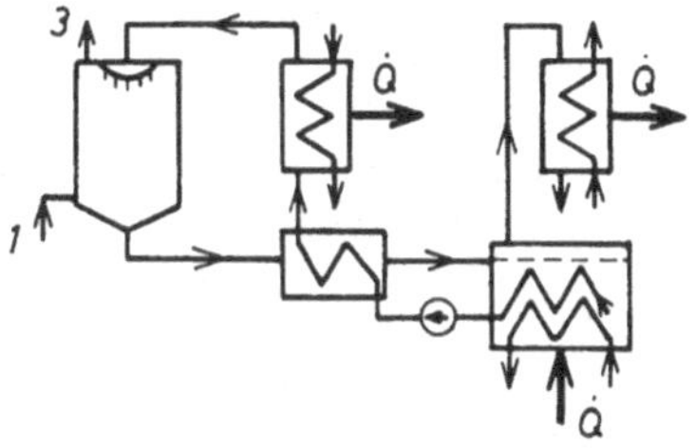

Abb. 28. Fließbild der Kondensation mit Absorber, Ausdampfen und Kondensieren der Dampf-Komponente.

türlich anschließend kondensieren kann, erhält man daraus ein Verfahren der *Kondensation* mit Hilfe des Absorbers, das zu den oben angeführten noch nachzutragen wäre. Praktisch überträgt man übrigens den Absorbern zugleich die Aufgabe des *„Waschens"*, d. h. der Staubabscheidung aus den Gasströmen. Der Staub bildet dann Schlamm, der aus der flüssigen Phase meist einfacher abzutrennen ist, als direkt aus der Gasphase. Um die Aufbereitung nicht unzulässig zu komplizieren, nimmt man i. a. in Kauf, daß mit dem Schlamm Lösung verloren geht, die ersetzt werden muß.

Es bleiben die Aufgaben der Totaltrennung und der *Reingas-Erzeugung* zu behandeln. Wie man das Absorptionsverfahren der Teiltrennung nach Abbildung 27 zur Kondensation hin nach Abbildung 28 ausdehnen kann, so kann man auch alle anderen Verfahren mehr oder weniger schlecht bis zum reinen Gas hin ausdehnen. Man muß dabei wachsende Verluste in Kauf nehmen und/oder zu Stufenverfahren übergehen bzw. besondere Betriebsbedingungen einhalten, z. B. die Lage der ausgezeichneten Sorptions-Adiabate nach Bd. 2, VI, 7 beachten. *Kondensation* längs der Taulinie oder angepaßte *Absorption* längs eines beliebigen

φ-konst. ist wegen der nur *assymptotischen Annäherung* dieser Kurven an den linken Diagrammrand mit $x = 0$ grundsätzlich *ungünstig.*

Mit der *Absorption* nach Abbildung 28 kommt man auf $x = 0$, wenn man den Anpassungsfall verläßt und die Lösung durch Auskochen *gänzlich wasserfrei* — bzw. allgemein frei von dem betreffenden Dampf — macht. Für Wasser geht es mit Flüssigkeits-Gemischen, z. B. Lösungen von Schwefelsäure, Glycerin, Äthylenglykol etc., man hat dann aber außer den exergetischen Verlusten im Absorber nach Bd. 2, V auch mit Substanz-Verlusten beim Auskochen zu rechnen bzw. muß hierfür eine Rektifikation statt des einfachen Kochers einsetzen. Technologisch sind dann feste, lösliche Sorbentien wie $CaCl_2$ noch günstiger. Man kalziniert das „Trockenmittel" im Kocher und gibt es auf ein Sieb im oberen Teil des Absorbers auf. Beim Abwärtsrutschen geht es zunächst in die kristallwasserhaltigen Modifikationen über, wird dann gelöst und tropft als gesättigte Lösung vom Sieb in die eigentliche Absorptionskolonne. Bei dieser Betriebsweise müssen evtl. gekühlte Böden benutzt, also zum diabaten Gerät übergegangen werden. Bei der Hochdruck-Luftverflüssigung wendet man KOH an, das dann gleichzeitig das CO_2 bindet.

Offenbar darf man aber erwarten, daß es typische Fließbilder für die Reingas-Erzeugung gibt, die dann mit den oben behandelten für Kondensation kombiniert die *Totaltrennung* mit Grenzwirkungsgrad 1 ermöglichen. Die benutzten Zustandsänderungen müssen zum linken Diagrammrand laufen und ihn schneiden, das leistet die *Sorptions-Adiabate* und die *Isotherme,* es kommen also praktisch Verfahren mit adiabatem oder diabatem Sorptiv-Regenerator in Frage.

Abbildung 29 zeigt das Fließbild mit adiabatem Adsorber. Hier, auf der Reingas-Seite, muß der Dampfstrom in Zu- und Rückleitung gleich, der Gasstrom

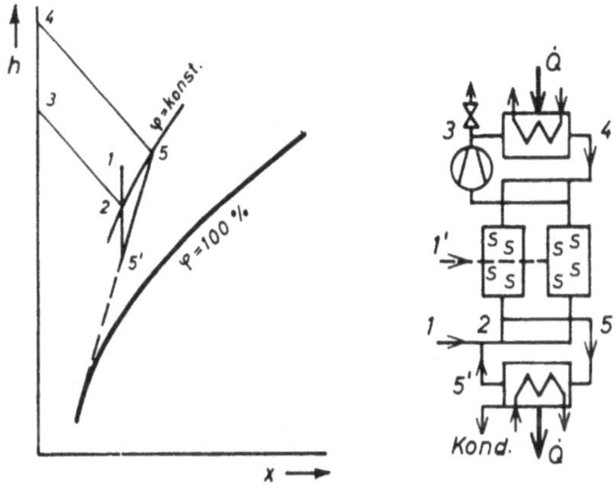

Abb. 29. Reingas-Erzeugung mit adiabatem Sorptiv-Regenerator und Teilstrom-Spülung (3..4..5). Reingas-Seite allein 2.....5. Angekoppelt ist Kondensation durch Trocknung (entsprechend Abb. 23) und Rückmischung ,so daß verlustreiche (!) Totaltrennung entsteht.

wegen der Entnahme am trockenen Ende ungleich sein, wesentlich ist aber, daß ein *Teilstrom* des trockenen Gases die *Regenerierung* des Absorbers besorgt. Damit wird wieder der *„Kreisprozeß"* erkennbar.

Vom Zustand (2) wird das Gemisch zu Reingas (3) getrocknet, der Nutzstrom hier entnommen, der Spülstrom auf (4) geheizt, sodaß der kleinere Spülstrom bei der Änderung nach (5) das eingetragene Sorbat vollständig desorbieren kann. Je höher die Temperaturdifferenz t_4-t_3, desto kleiner der Spülstrom. (5) und (2) haben wieder gleiches φ.

Das Verfahren ist apparativ sehr günstig und liegt im Grenzwirkungsgrad nahe 100 %. Der kleine restliche Verlust liegt darin begründet, daß die Zunahme der Dx zwischen Ad- und Desorptions-Adiabate nicht überall im gleichen Verhältnis steht, sondern bei $x=0$

am größten ist. Die Teilstrom-Festlegung geschieht nach der Gesamt-Differenz, es bleibt dann aber am trockenen Ende eine *Reserve* an Trockenkapazität des Spülstromes übrig, die zu kleinen exergetischen Verlusten, andererseits aber zu schnellem Anlauf und *steiler Front* im Adsorber führt, also den Gebrauchswert erhöht.

Soweit handelt es sich um die Reingas-Seite mit Rückführung eines Teilstromes zur Spülung. Den austretenden Spülstrom (5) kann man abblasen — dann ist (2) der Anfangszustand — oder man kann das Reingas-Fließbild auch nach der Kondensat-Seite ausdehnen, indem man (5) in einen Kondensator führt. Das nach Abscheidung daraus austretende Gemisch (5') würde sich mit dem Anfangszustand (1) zum Mischzustand (2) vereinigen. Die Anlage würde sich auf den günstigst-möglichen Betriebszustand einfahren, es bleibt aber der *Mischverlust,* der nur durch Einspeisung des Anfangsgemisches (1) in passender Stelle (1') in der Mitte des Adsorbers vermieden werden kann. Damit ist man aber wieder bei der Kombination von Reingas- und Kondensat-Fließbild, beide mit adiabatem Sorptiv-Regenerator.

Der oben erwähnte kleine Verlust im adiabaten Betrieb kann hier durch Übergang zum diabaten, speziell *isothermen Betrieb* vermieden werden, das *Stammfließbild* in praktischer Ausführung mit Sorptiv-Regeneratoren würde also hier *unsymmetrisch* sein: *Isotherm* auf der *Reingas-Seite* und nach der *Parallelogramm-Bedingung* nahezu adiabat auf der *Kondensat-Seite.*

In der Praxis wird meist statt der vorstehend beschriebenen Teilstrom-Spülung mit dem *degenerierten offenen Kreis* und *Fremdstrom-Spülung* gearbeitet: Bei der Adsorptions-Trocknung von Luft wird Frischluft entsprechend dem Zustand (1) Abb. 29 so hoch erhitzt, daß φ unter die für Trockenluft geforderte Toleranzgrenze sinkt. Abgesehen davon, daß auch hier $\varphi = 0$, $x_3 = 0$ nur assymptotisch mit unendlich hoher Temperatur erreicht werden könnte, sind die praktischen immerhin recht *hohen Desorptions-Temperaturen* energetisch und vor allem *technologisch ungünstig.* Die Sorbentien werden nämlich durch die hohe Temperatur geschädigt, wahrscheinlich zum großen Teil durch Cracken der mit der Frischluft eingetragenen Kohlenwasserstoff-Spuren oder andere Reaktionen. Die *Kapazität des Sorbens läßt daher nach,* die Regenerations-Periode muß verkürzt und nach einiger Zeit das Sorbens erneut werden.

Ein technologisch günstiges, aber energetisch aufwendiges Verfahren wurde von der *Lurgi* entwickelt. Dabei erfolgt die *Desorption* z. B. von organischen Lösungsmitteln *mit Wasserdampf.* Das Dampfgemisch wird anschließend total kondensiert und trennt sich bei gegenseitiger Unlöslichkeit in 2 flüssige Phasen. Vorteilhaft ist dabei, daß höhere Konzentrationen der organischen Dämpfe höchstens in Wasserdampf, aber nicht in Luft auftreten — das könnte im mittleren Bereich des Desorbers explosive Gemische ergeben. Nachteilig ist der hohe Wärmeaufwand für Verdampfung und Kondensation des Wassers, die Kosten der Wärmeübertragungsflächen bleiben allerdings dank der guten Wärmeübergangszahlen dabei in tragbaren Grenzen.

In diesem Zusammenhang sei darauf hingewiesen, daß auch *Aktiv-Kohle* selbst als Adsorberfüllung mit Luft oder O_2-haltigen Gasen sehr leicht brennbar und unter Umständen in offen abgestellten Adsorbern sogar selbstentzündlich ist. Man muß dann Sicherheitsvorkehrungen gegen die Entstehung und zum Erstikken von *Adsorber-Bränden* treffen, womit man auch die Brand- und (in der Schüttung übrigens geringe) Explosions-Gefahr bei brennbaren Dampfgemischen unterdrücken kann.

Abschließend bleibt noch übrig die Frage nach dem am stärksten degenerierten Grenz-Verfahren, das nach Voraussetzung nur noch auf einem *irreversiblen Effekt* beruhen soll. Der hier einschlägige Effekt ist die *Thermodiffusion,* das zugehörige Gerät, *Trennrohr* genannt, zeigt Abb. 30.

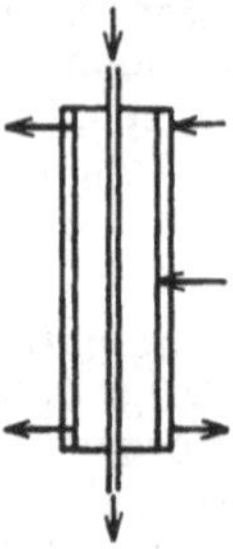

Abb. 30. Trennrohr für Thermodiffusion.

Nach dem Thermodiffusions-Effekt geht i. a. das schwerere Molekül in einem Temperaturfeld bevorzugt zur kalten Wand — z. B. Staub = „Riesen-Moleküle“ zur Wand hinter Heizkörpern. Während nach klassischen Vorstellungen Trenneffekte nur an Phasengrenzen und halbdurchlässigen Membranen (die ja auch Phasengrenzen darstellen) zu erwarten sind, genügt danach die bloß makroskopische Orientierung eines Temperaturfeldes.

Das Trennrohr wird meist mit geheiztem Kernrohr oder Draht und gekühltem Mantel ausgeführt, es entspricht einem *diabaten Stoffübertrager* mit gleichzeitiger Heizung und Kühlung, wie er etwa für Vakuum-Rektifikation bisweilen benutzt wird (dort Verdampfung am Mantel, Kondensation am Kernrohr und Abschleudern des Kondensats zum Mantel durch Rotation des Kernrohrs). Das zwar seltene, aber im Prinzip bekannte einschlägige Gerät der höchsten Stufe realisiert also hier allein das ganze Verfahren.

Das Gas-Gemisch wird in der Mitte eingespeist, es entsteht eine *Konvektionsströmung,* am Heizer aufsteigend, am gekühlten Mantel abwärts, worin im Normalfall die leichten Moleküle in die auf-, die schweren in die absteigende Strömung diffundieren und mit der Strömung transportiert oben und unten getrennt oder wenigstens angereichert entnommen werden können. Da die Trennfaktoren klein sind, braucht man sehr lange bzw. praktisch *unterbrochene, zu Batterien zusammengeschaltete Trennrohre*, hat also immerhin beachtliche Anlage- und sehr hohe Betriebskosten, sodaß bezeichnenderweise die starke Verwendung des Verfahrens zur *Isotopen-Trennung* bei größeren Mengen allmählich wieder durch klassische Verfahren mit höherem Wirkungsgrad verdrängt wird.

Fragt man, ob besser mit konstanter oder mit gleitender Temperatur geheizt und gekühlt wird, so stellt sich heraus, daß die starke, zur Längsvermischung führende Konvektionsströmung durch *gleitende Temperatur*, oben wärmer als unten, gebremst und damit der Diffusions-Effekt voll ausgenutzt werden kann.

3. Umkehrverfahren der Gas-Dampf-Mischung

Die meisten der oben behandelten Verfahren und weitere, nicht ausdrücklich erwähnte Variationen der Fließbilder sind *technisch umkehrbar*, die allgemeine Diskussion der Umkehrungen, insbesondere der Reinluft-Zumischung, sei dem Leser als Übungsaufgabe empfohlen. Im Folgenden soll nur die praktisch interessierende Aufgabe behandelt werden: Mischnug von Wasser mit Außenluft zum Zwecke der *Verdunstungskühlung*.

Abgesehen von Anlage- und sonstigen Betriebskosten der Anlagen, die in üblicher Weise zu optimieren sind, interessieren bei der Verdunstungskühlung vor allem 2 Einflußgrößen:

1. *Wasserausnutzung*, d. h. effektive Kühlleistung pro kg (bzw. m^3) verbrauchten Wassers. In der Praxis kann man nur einen Teil des Wassers verdunsten; wegen der Anreicherung gelöster Salze und der Ver-

schlammung durch ausgewaschenen Staub muß ein Teil als Schmutzwasser abgelassen werden. Trotzdem ist die Wasserausnutzung der *effektiven Verdunstungswärme* q proportional, die sich von der *Verdampfungswärme* r unterscheiden kann.

2. *Kühltemperatur.* Diese ist natürlich vom Außenluft-Zustand abhängig und auf diesen zu beziehen. In der Praxis wird erreicht und meist auch gefordert ein Temperaturbereich der Kühlung mit gleitender Temperatur, dessen Größe sich wiederum aus Optimierungsbedingungen ergibt (großer spezifischer Luftdurchsatz gibt hohe Anlage- und Betriebskosten, aber kleinen Temperaturbereich und umgekehrt). Für die Diskussion beschränken wir uns auf die *Grenztemperaturen,* d. h. untere Bereichs-Grenzen bei großem Luftdurchsatz.

Die Bedeutung der Kühltemperatur ergibt sich aus der Hauptanwendung zur Kühlung der Kondensatoren von Dampf- und Kälteanlagen. Die angeschlossene Anlage arbeitet energetisch um so günstiger, je tiefer die Kühltemperatur ist.

Beim üblichen degenerierten Verfahren wird nur ein Stripper benutzt, als *„Kühlturm"* mit freier Konvektion oder — konstruktiv sehr viel kleiner — mit Ventilator und erzwungener Konvektion. Beim *„Verdunstungs-Verflüssiger"* liegen die Rohre des angeschlossenen Kondensators direkt — statt Füllkörper — im Apparat, bei freier Konvektion oft als berieselte Register waagrechter, senkrecht übereinander angeordneter Rohre ohne Hüllwände, sodaß die Belüftung vom Wind besorgt wird. In der Ventilator-Ausführung verhindert man den *Wasserauswurf* (Nebel, Glatteis!) indem man die obersten, z. T. überhitzten Rohre oberhalb der Sprühdüsen anordnet.

Im h-x-Diagramm erkennt man nach Abbildung 31, daß als tiefste Temperatur hierbei die *Kühlgrenze des Feuchtkugelthermometers* t_2 erreichbar ist. Die zugehörige *Wasserausnutzung* kann auf dem Randmaßstab

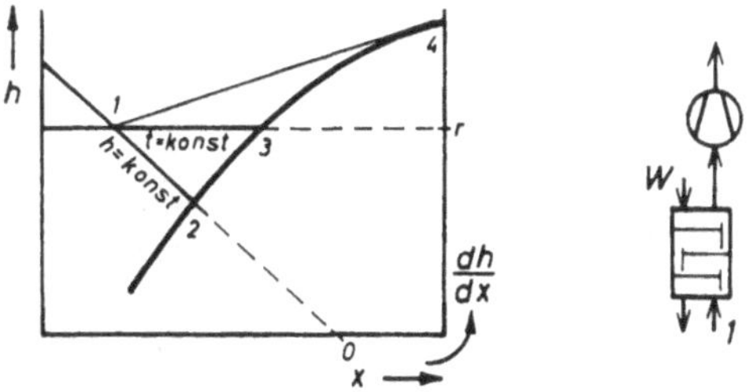

Abb. 31. Einfacher, degenerierter Verdunstungskühler. Im Diagramm die Standard-Fälle der Brutto-Zustandsänderung mit Wasser-Ausnutzung dh/dx.

abgelesen werden, zu t_2 gehört q=0, die Verdampfungswärme r wird restlos zur Abkühlung der Luft verbraucht, es ist der Grenzfall des leer laufenden Gerätes. q=r erreicht man bei isothermer Verdunstung, $t_3 = t_1$. Für $t_4 > t_1$ wird auch q>r, zu der Verdampfungswärme des Wassers kommt die aus der Erwärmung der Luft gewonnene hinzu. Das ist die meist gewählte Betriebsweise, für die natürlich der Bedarf an Austauschfläche im Apparat am kleinsten ist. Beim Übergang zum Temperaturbereich der Kühlung sind hierbei die Austrittstemperaturen der Luft aus dem Stripper der Bestimmung der Wasserausnutzung zugrundezulegen, während die Austrittstemperaturen des Wassers erheblich tiefer, aber immer über der Feuchtkugeltemperatur liegen können.

Koppelt man den Stripper über einen *Wärmeübertrager* nach Abbildung 32 an die Außenluft an, so erhält man in der Zustandsänderung 2..4 die *Wasserausnutzung* q=r, als *Kühltemperatur* t_4 jedoch nahezu *den Taupunkt* t_3 der Außenluft. Durch Benutzung des verbesserten Verdunsters (Bd 2, VII) wird die Kühlleistung über den Bereich $t_3 \ldots t_4$ verteilt gewonnen, also exakt mit der Taupunkt-Temperatur als Grenze.

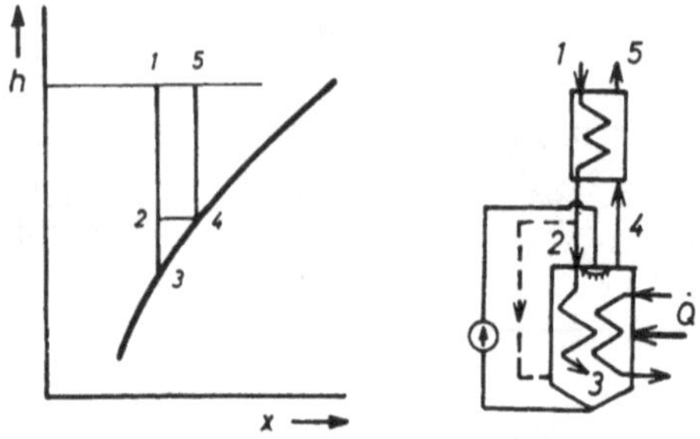

Abb. 32. Verdunstungskühlung mit Wärmeübertrager — Umkehrung von Abb. 24 — mit Wasserausnutzung *r* nahe Taupunkt.

Die im Wärmeübertrager auftretende Temperaturdifferenz Δt ($t_1 > t_5$, $t_2 > t_4$) führt zu einer Verkleinerung der Wasserausnutzung $q < r$; um sie gering zu halten, wird man aus Kostengründen bevorzugt den Regenerator einsetzen. Verglichen mit der degenerierten Ausführung erhält man mit Wärmeübertrager natürlich höhere Anlagekosten und Ventilatorleistung, aber bei nur wenig verkleinerter Wasserausnutzung erheblich gesenkte Kühltemperatur.

Benutzt man als Kopplungsglied statt des Wärmeübertragers einen *Sorptiv-Regenerator* nach Abbildung 33 — wobei hier im Umkehrverfahren wohl nur der adiabate in Frage kommt — so wird nun umgekehrt die normale *Kühlgrenze der Feuchtkugel-Temperatur* (bzw. die in deren Nähe liegende des Schnittpunktes der Sorptions-Adiabate 1 ... 2 mit der Taulinie) erreicht, aber nun nicht mit der Wasserausnutzung 0, wie beim degenerierten Verfahren, sondern mit der *größtmöglichen*, größer als *r* und größer als q_{max} beim degenerierten Verfahren, da die Taulinie selbst immer steiler als die Tangente von (1) an die Taulinie verläuft. Die *Parallelogramm-Bedingung* wirkt sich hier dahingehend aus, daß bei verschiedener Steilheit von Taulinie und φ_1=konst die flachere für die Wasserausnutzung q maßgebend ist. Wegen der hohen Wasserausnutzung dürfte dieses letzte Verfahren technisch am vorteilhaftesten sein.

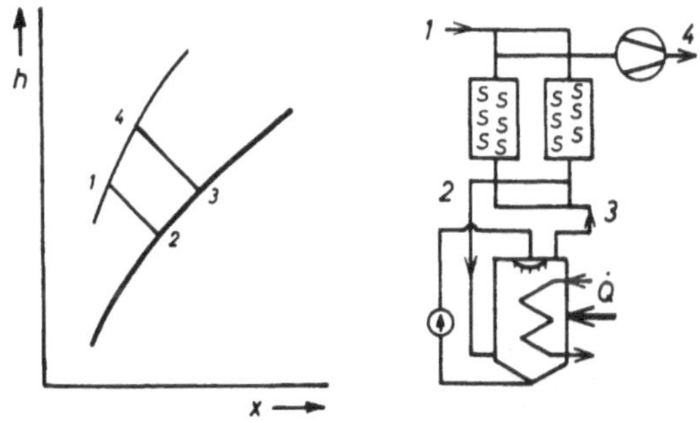

Abb. 33. Verdunstungskühlung mit Sorptiv-Regenerator als Übertrager. Wasserausnutzung $>r$, maximal, nahe Feuchtkugel-Temperatur (Kühlgrenze).

Die gewonnene Exergie, proportional $q.\delta t$, ist mit Wärmeübertrager und Sorptiv-Regenerator nahezu gleich — bei gerader Taulinie läßt sich die Gleichheit leicht beweisen.

4. Konzentrations-Transformation

In das Feld KK fallen zunächst wieder die trivialen Übertragungen als degenerierte Fälle anderer Trennverfahren, vor allem die natürliche *Luft-Trocknung*, z. B. von Holz, Heu, aber auch z. B. Ölfarbe. Was aber eigentlich interessiert, ist die Konzentrations-Transformation. Wir entledigen uns dieser — technisch ziemlich bedeutungslosen — Vorhabens zunächst in Anwendung auf die Gas-Dampf-Gemische, weil die

Lösung hier, nach dem oben Gesagten, am einfachsten und übersichtlichsten dargestellt werden kann und die Anwendung: *Trocknung mäßig feuchter Außenluft mit Wasser*, zwar zunächst paradox, aber immerhin auch wirtschaftlich nicht sinnlos erscheint.

Nach I, 9 sind wieder 2 Kreisläufe zu erwarten, wovon der eine die verfügbare Konzentrations-Energie in eine andere Form, hier Wärme mit einer nutzbaren Temperaturdifferenz, umwandelt, während der zweite dann mit dieser Temperaturdifferenz die Trennung ausführt, hier in Umkehrung des Vorzeichens naß — trocken.

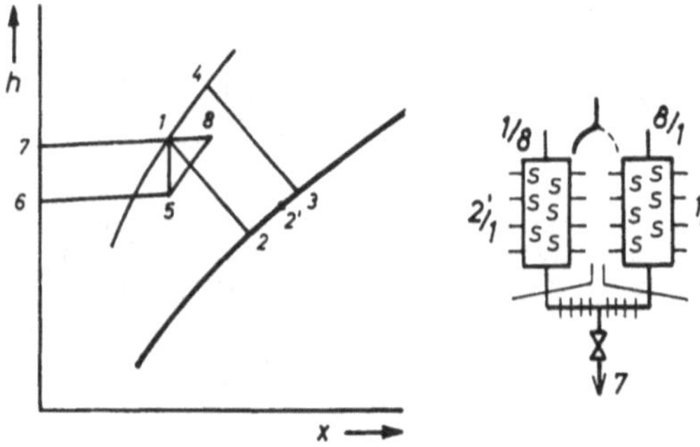

Abb. 34. Trocknung mit Wasser. Luftkreis 1..5..6..7..8 mit isothermem Sorptiv-Regenerator, Kühlkreis entsprechend Abb. 33 möglich, jedoch entsprechend Abb. 31 nach 2' realisiert.

In Abbildung 34 ist der Vorgang links im h-x-Diagramm dargestellt. Die Temperaturdifferenz wird durch Verdunstung erzielt, am günstigsten mit Sorptiv-Regenerator nach Abb. 33, also entlang der Zustandsänderung (1)-(2)-(3)-(4) in Abb. 34. Da aber angesichts der Kostenlosigkeit von Luft und Wasser „Ausbeute" und Wirkungsgrad hier keine Rolle spielen gegenüber den Rücksichten auf billige Anlage und Vermeidung zusätzlicher Lüfter-Antriebe, beschränken wir uns auf die *degenerierte Verdunstungskühlung,* die mit geringer Wasserausnutzung eine Kühltemperatur (2') liefern möge. Wir verzichten also vorab auf den Entwurf eines Stammfließbildes und stellen dafür die Forderung, daß keine Antriebsleistung — außer Wasser-Zufluß und Wind — benötigt wird.

Die geringe Temperaturdifferenz kann am besten mit *isothermen Adsorbern* ausgenutzt werden über die Zustände (1)-(5)-(6)-(7)-(8). *Trockenluft* ist bei (6) und (7) verfügbar und kann als *Teilstrom* entnommen werden.

Einen *Konstruktions-Vorschlag* gibt die Skizze. Die beiden Adsorber sind als dünne Rohre mit äußeren Kühlrippen zu denken, so daß der Betrieb von den Kühlrippen her isotherm gehalten wird. Beide Rohre liegen im Wind, das eine nimmt Lufttemperatur an, das andere wird berieselt und erreicht durch Verdunstungskühlung die Temperatur t_2'. Im jeweils berieselten Rohr ist die Luft kühler und auch zufolge kleineren Wasserdampf-Gehaltes schwerer, sinkt also in dem senkrechten Rohr abwärts und verdrängt die Luft im anderen nach oben. Unten wird ein Teilstrom ganz trockener Luft als Produkt entnommen, der Rest regeneriert den anderen Adsorber. Das Umschalten erfolgt durch Schwenken des Berieselungs-Rohres.

Der gebläselose Trockner wurde von Altenkirch [223] erfunden und auch praktisch erprobt, wobei allerdings anstelle der Verdunstungskühlung die periodische *Heizung durch Sonnenstrahlung* (Ost/West-Wände!) benutzt wurde. Dort kann es auch sinnvoll sein, das Verfahren zum Befeuchter umzukehren, indem einfach das Verbindungsrohr nach oben verlegt wird. Dort scheidet sich dann Wasser ab.

Mit der in dieser oder ähnlicher Weise scharf getrockneten Luft lassen sich dann durch Rückmischung im Taupunkt-Verfahren beliebig tiefe Verdunstungs-Temperaturen erzielen, man kann also *mehrstufige Verdunstungs-Kühlanlagen* entwerfen. Daß man mit der einstufigen Form, noch dazu in degenerierter Ausführung, bereits ganz trockene Luft, also Totaltrennung erreicht, kann man wiederum als Anzeichen dafür ansehen, daß Konzentrations-Energie eine „schwache" Energieform ist.

Derartige Konzentrations-Transformationen sind offensichtlich nur sinnvoll, wenn die Ausgangsstoffe im Überfluß, also in großen Mengen kostenlos zur Verfügung stehen. Neben Luft/Wasser gibt es als Beispiel dafür noch das *System Meerwasser schmutziges Fluß- bzw. Brack-Wasser* mit der Aufgabe, *reines Trinkwasser* zu erzeugen.

Diese Aufgabe, die immerhin starkes Interesse findet, kann z. B. mit der in Abbildung 35 skizzierten Transformations-Anlage gelöst werden: In einem, wegen des besseren Stoffübergangs zweckmäßig evakuierten, Kessel sind 2 Rohr-Reihen angebracht. Die linke wird auf der Außenseite mit Meerwasser, die rechte mit Brackwasser berieselt. Wegen des Konzentrations-Unterschiedes entsteht ein Wasserdampf-Strom von rechts nach links und demzufolge eine Temperaturdifferenz: links warm, rechts kalt. Im Brackwasser evtl. gelöste flüchtige Stoffe und Gase gehen ebenfalls über bzw. werden mit der Vakuum-Pumpe

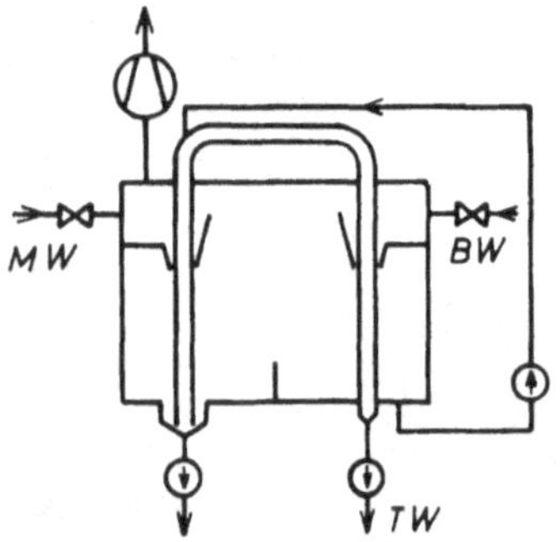

Abb. 35. Trinkwasser-Gewinnung durch Transformation aus Brack- (BW) und Meerwasser (MW). Kombination diabater Stoffübertrager in konstruktiver Skizze dargestellt.

abgesogen. Das entgaste Brackwasser — falls keine störenden Gase vorhanden sind, kann auch frisches genommen werden — wird nun in das Innere der linken, warmen Rohre gepumpt, wo ein Teil beim Herabrieseln verdampft. Der Dampf strömt nach rechts, wo er auf der Innenseite der kalten Rohre als Trinkwasser kondensiert.

Die Salzkonzentration des Brackwassers darf höchstens ½ von der des Meerwassers erreichen, bei sehr kleinen Konzentrationen könnte etwa die Hälfte des Brackwassers als Trinkwasser gewonnen werden, der Rest und das verdünnte Meerwasser gehen als Abfall fort.

Da, wie gesagt, Konzentrations-Energie eine schwache Energieform ist, würden die hier behandelten Verfahren relativ *hohe Anlagekosten* ergeben und kommen daher nur selten wirtschaftlich in Frage. Ihre Behandlung sollte in erster Linie die Anwendung der Fließbild-Theorie üben und dem Irrtum begegnen, Umkehrung und Transformation sei nur in den Feldern der klassischen Thermodynamik möglich und die technisch praktizierten Verfahren seien bereits „alle".

Legt man sich die Frage vor, woher eigentlich die Energie der zuletzt behandelten Transformations-Möglichkeiten kommt, so ergibt sich, daß man sie als *„Sonnenkraftwerke"* anzusehen hat. Daß diese — wozu ja auch *Windkraftwerke* gehören — in der modernen Technik nur noch ausnahmsweise wirtschaftlich und interessant sind, ist allgemein bekannt. Die Anlagekosten sind i. a. zu groß, die Betriebsbereitschaft zu unsicher. Grenz- und evtl. Ausnahme-Fall sind die *Wasserkraftwerke.* Verglichen mit diesen, den Strahlungs- und Wind-Kraftwerken erscheint jedoch die Wirtschaftlichkeit von *Konzentrations-Kraftwerken* gar nicht so ungünstig. Gehen wir aus von Wasser und von Luft mit 50 % relativer Feuchtigkeit, die in einander entsprechender Menge verfügbar seien. Die

Energiespeicherung erfolgt in der Atmosphäre, technisch interessiert nur die mit Luft und Wasser in das Kraftwerk eingebrachte Exergie. Diese beträgt für 1 kg Wasser etwa 20 kcal, entspricht also fast 10 000 m Fallhöhe desselben Wassers in einem Wasserkraftwerk. Die Exergie der Luft beträgt etwa 0,1 kcal/kg, was immerhin Windgeschwindigkeiten derselben Luft von 20 m/s entspricht. Dabei ist 50 % relative Feuchtigkeit ein in unserem Klima durchaus gewöhnlicher Wert, der jedenfalls unvergleichlich viel häufiger anzutreffen ist, als 20 m/s Windgeschwindigkeit. Im Licht dieser Zahlen erscheint der Gehalt an Konzentrations-Energie recht beachtlich, als „natürliche" Energiequellen werden jedenfalls noch schwächere Formen mit geringerem Energiegehalt pro kg ausgenützt. Der springende Punkt sind offensichtlich die Anlagekosten, die nur billigste Verfahren in Konkurrenz kommen lassen.

5. Desorption und Kristallisation

Die beiden, nach Abb. 21 noch verbleibenden selektiven Trennverfahren der Desorption und Kristallisation werden gemeinsam behandelt, weil die Voraussetzung dafür, daß sich aus der flüssigen Phase reine Stoffe abscheiden lassen, weitgehend darin besteht, daß eben die gemischten Stoffe beide Trennverfahren zulassen. Man kann daher Kombinationen beider — entsprechend Verstärkungs- und Abtriebssäule — bilden oder sogar aus gesättigten Lösungen *gleichzeitig Dampf und Kristall* abscheiden. Bei der *Sublimation,* also Desorption aus fester Phase, sind ohnehin beide extremen Aggregatzustände beteiligt.

Das Verhalten echter Lösungen wird im h-ξ-Diagramm nach Abbildung 36 dargestellt. Das Flüssigkeitsgebiet ist nach unten durch die *Liquidus-Linien*

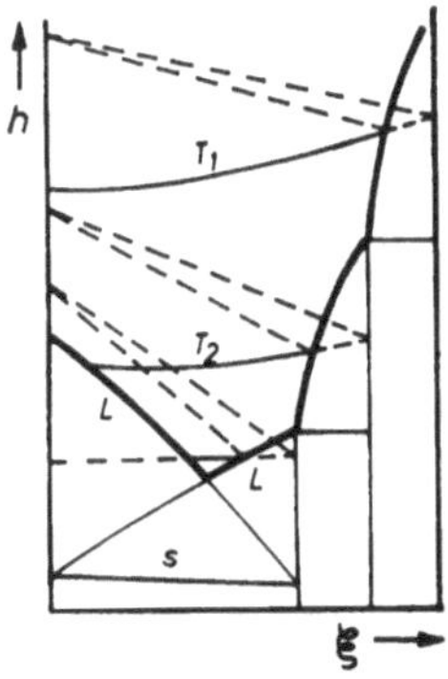

Abb. 36. h-ξ-Diagramm eines Lösungs-Systems. L (dick) = Liquidus-Linien, S (dünn) = Solidus-Linien, T = Siedelinien für verschiedene Drucke.

begrenzt, im vorliegenden Falle ist angenommen, daß sich nach links reines Lösungsmittel (Wasser/Eis) abscheidet, während nach rechts der gelöste Stoff rein am Diagrammrand oder z. B. mit 2 verschiedenen Kristallwasser-Gehalten auskristallisieren kann. Die Kristallart hängt von der Konzentration der Mutterlauge und damit von der Temperatur ab.

Nach oben ist das Flüssigkeitsgebiet durch die druckabhängigen *Siedelinien* begrenzt. Falls z. B. die Siedelinie bei der Temperatur T_2 dem Normaldruck entspricht, könnte der wasserfreie Kristall nur bei erhöhtem Druck aus der Lösung abgeschieden werden. Andererseits könnte er indirekt durch *„Brennen"*, also absublimiren der kristallwasserhaltigen gewonnen werden.

Praktisch interessiert natürlich jeweils eine bestimmte und keineswegs immer die kristallwasserfreie Modifikation, daneben aber auch die Größe und evt. Form der Kristalle; möglichst sollten die richtigen Kristalle direkt, ohne Nachbehandlung, erzeugt werden.

Die Kristall-Abscheidung an festen Kühlflächen erfordert *Kratzkühler*, außerdem besteht bei nadelförmigen Kristallen Neigung zum *Einschluß von Mutterlauge*, so daß der Rest schließlich als Eutektikum erstarrt und die Totaltrennung mißlingt.

Man vermeidet die genannten Schwierigkeiten, indem man die *Kristalle an Phasengrenzflächen* gegen Wärmeträger bildet. Abbildung 37 zeigt ein Verfah-

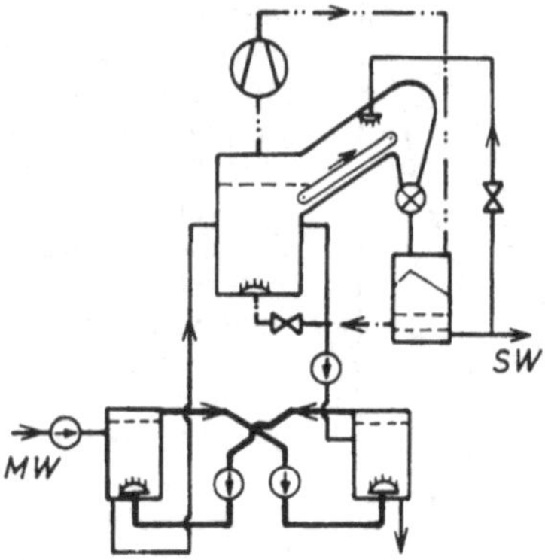

Abb. 37. Gefrier-Verfahren zur Gewinnung von Süßwasser (SW) aus Meerwasser (MW). Wärmeübertragung durch Öl-Kreis (dick), Gefrieren und Schmelzen durch Butan-Kreis (–.– flüssig, –..–.. dampfförmig).

ren zur *Meerwasser-Entsalzung*. In das vorgekühlte Meerwasser wird flüssiges Butan eingespritzt; an den verdampfenden Butan-Tropfen bilden sich die Eiskristalle, die durch den Dampfstrom so klein gehalten werden, daß Soleeinschlüsse nicht auftreten. Das Eis wird abgeschöpft, mit Rein-Wasser gewaschen und über eine Zellenschleuse in den Butan-Kondensator gegeben, wo es vom kondensierenden Butan wieder geschmolzen wird. Da beide Flüssigkeiten ineinander unlöslich sind, können sie getrennt entnommen werden.

Die für die Trennung benötigte Kälte wird hier von einer *Butan-Wärmepumpe*, also aus mechanischer Energie aufgebracht. Für die Gegenstrom-Wärmeübertragung zwischen frisch zufließendem und konzentriert abfließendem Meerwasser wird übrigens auch ein Hilfskreis mit in Wasser unlöslichem „Öl" benutzt.

Man kommt bei der Kristallisation ohne Hilfs-Strom aus, wenn man die Kristalle durch Eindampfen der gesättigten Lösung bildet, also die direkte Totaltrennung am Schnittpunkt von Siede- und Liquidus-Linie anwendet. Während man früher z. B. *Eindampf-Pfannen* benutzte, also die Kristalle an festen Flächen abschied, wird heute bevorzugt an Phasen-Grenzen kristallisiert: Man setzt die Flüssigkeit unter Druck, führt die Wärme zu und entspannt dann, worauf sich aus der überhitzten Flüssigkeit Dampf und Kristalle abtrennen lassen. Bisweilen genügt es, *Umlaufverdampfer* zu benutzen, in denen der abwärtsströmenden Flüssigkeit bei steigendem Druck Wärme zugeführt wird. Man vermeidet damit Drosselventile, die sich zusetzen könnten. Falls nur der Feststoff, aber nicht der (Wasser)-Dampf interessiert, kann man die Lösung als Tropfen in einen Heißluftstrom versprühen und das Wasser verdunsten. Damit wird z. B. Nes-Kaffee erzeugt.

Der Nachteil des technologisch einfacheren *Verdampfungs-Verfahrens* ist der hohe Wärmebedarf — viel höher als der Kühlbedarf beim *„Ausfrier-Verfahren"*, das ja evt. auch bei höheren Temperaturen abläuft.

Wenn man eine Fließbild-Darstellung der Verfahren versucht, stellt man fest, daß im Wesentlichen bisher nur *Wärmeübertrager* für die Phasen-Änderung bzw. die verbesserten Geräte *mit Rückführung* nach Bd. 2, VII, eingesetzt wurden. Mit Zufügung der *„inneren" Geräte* als Wärmeübertrager kommt man zu dem Verfahren nach Abbildung 38. Hier wird abwechselnd durch Abkühlung auskristallisiert — im Fließbild mit angedeutetem Kratzkühler — und dann die verdünnte Lösung z. T. verdampft. Man kann damit zur Erzeugung der richtigen Kristallart die Verwendung von Vakuum vermeiden, letztlich muß aber doch das ganze Lösungsmittel verdampft, also der große Wärmeumsatz aufgebracht werden.

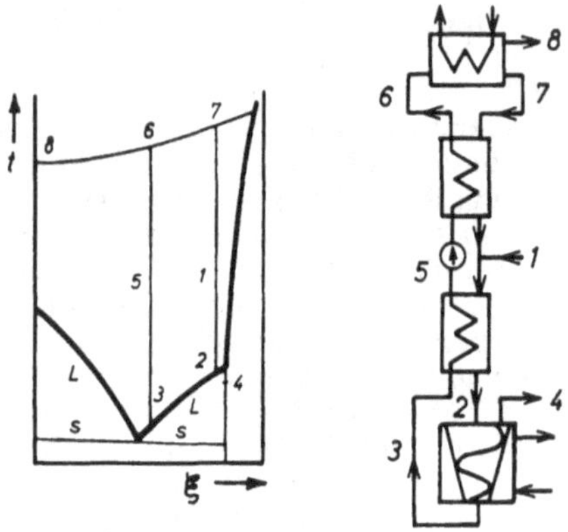

Abb. 38. Totaltrennung einer Lösung durch abwechselndes Aus-Dampfen und -Frieren. Im Fließbild unten Symbol für Kratzkühler.

Nach den Erfahrungen der vorigen Abschnitte sollte man erwarten, daß der Wärmeübertrager noch durch *Stoffübertrager* ersetzt und das Verfahren dadurch verbessert werden könnte. Da die Stoffströme flüssig und natürlich ineinander mischbar sind, käme hierfür nur der *Sorptiv-Regenerator* in Frage. Das ist eine der zahlreichen Anregungen der Fließbild-Theorie, die auf Neuland führen. Es ist nicht bekannt, wie die Gleichgewichtskurven der Sorbens-Beladung in diesem Falle verlaufen. Ein denkbares Trennschema zeigt Abbildung 39 im Diagramm, ob dergleichen aber realisierbar ist, kann nur die experimentelle Untersuchung klären.

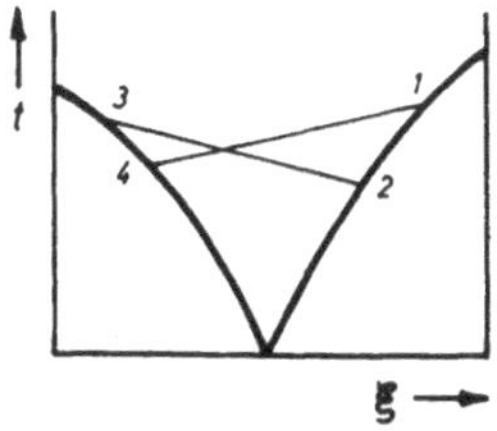

Abb. 39. t-ξ-Diagramm zur Diskussion der Einsatz-Möglichkeit von regenerativen Stoffübertragern bei der Trennung von Lösungen.

Wir hatten uns bisher auf echte Lösungen beschränkt. Der Rest, die kolloidalen Lösungen (Sole) und „festen Stoffe" ist physikalisch sehr vielseitig. Soweit es sich um die Desorption von Wasser handelt, wird das Gesamtgebiet von der *Trocknungstechnik* bearbeitet, verfahrensmäßig reicht es aber bis zu chemischen Vorgängen, z. B. der Austreibung von CO_2 beim Kalkbrennen. Die notwendige Wärme wird über Heizflächen oder — meist — einen gasförmigen Wärmeträger zugeführt, der entstehende Dampf abgeblasen oder kondensiert. Die technologische Vielfalt entsteht aus den Stoffeigenschaften, wobei insbesondere noch 2 Bedingungen zu behandeln sind: *Beschränkung der Temperatur* bei organischen Stoffen und *Verhinderung von Verkrustung und Verklebung* bei kollodialen Lösungen.

Die Temperaturbeschränkung führt zur Anwendung von Vakuum. Dabei ist es vielfach zweckmäßig, den Dampf nicht direkt abzusaugen — wegen des großen Volumens —, sondern *im Vakuum-Kessel zu kondensieren.* Bei tieferen Temperaturen geschieht das mit Kältemaschinen, wobei eben indirekt zwar dieselbe Stoffmenge mit Kälteverdichter abgesaugt werden muß, jedoch ein Kältemittel mit höherem Dampfdruck ausgewählt werden kann, so daß die Verdichter viel kleiner als entsprechende Vakuumpumpen werden. Trotzdem muß natürlich eine kleinere Vakuum-Pumpe vorhanden sein, um die eingeschleppten Gase und Luftreste abzusaugen.

In der Trocknungstechnik kann man die Temperatur vielfach durch *Gleichstrom-Führung von Heißluft und Trockengut* begrenzt halten. Die Trockengüter bestehen aus *Schwammstrukturen,* die mit Wasser gefüllt sind. Im I. Trockenabschnitt ist die Oberfläche naß, im II. steht das Wasser noch in den Kapillaren und erst im III., hygroskopischen Bereich verschiebt sich das Gleichgewicht auf $\varphi < 1$, wobei nur geringe Mengen Wasser noch abzuführen sind [36]. Daher bleibt der Bildpunkt des Trockengutes im I. Abschnitt auf, im II. nahe der Taulinie im h-x-Diagramm, die Temperatur an und nahe der „Kühlgrenze" (Feuchtkugel-Temperatur), während sich die Heißluft etwa isenthalpisch abkühlt. Der Temperaturanstieg des Trockengutes setzt daher bei Gleichstrom mit der Heißluft erst ein, wenn diese bereits abgekühlt ist.

Die *Verkrustung* von Kolloiden führt zu langen Quell- und Lösungszeiten, oft auch zu irreversibler Agglomeration. Den langen Zeiten kann man entgegenwirken durch feine Aufteilung — womit auch bereits die Trockenzeit verkürzt wird. Bei festen Stoffen kommt man dann zum *Wirbelschicht-Trockner,* bei Flüssigkeiten zum *Sprühtrockner.*

Die Agglomeration läßt sich mit dem Verfahren der *Gefrier-Trocknung* vermeiden. Da im gefrorenen Trockengut das Wasser fixiert ist, kann sich das elastische Stützgewebe nicht zusammenziehen. Es bleibt also die Größe des gequollenen Gutes erhalten. Für den Trocknungsvorgang bedeutet das, daß sehr schnell der II. Trocknungsabschnitt erreicht wird — stattdessen preßt bei der normalen Trocknung die elastisch gequollene Struktur das Wasser noch lange an der Oberfläche. Dasselbe tritt übrigens auch bei Haar-Hygrometern auf, sie versagen daher unterhalb etwa —15 °C.

Da die Trocknung aus dem gefrorenen Zustand schichtmäßig von der Oberfläche her erfolgt, wird die

Trockensubstanz natürlich auch vom Gewicht des Eises entlastet, man erhält daher auch aus eingefrorenen Lösungen wie Blutplasma i. a. — überraschend — eine feste Schwammstruktur und keinen Staub. Das Einfrieren wird zweckmäßig unter Drehung des Gefäßes (Ampulle) durchgeführt („shell freezing"), so daß ein Hohlzylinder entsteht, der eine relativ große innere Oberfläche für das Entweichen des Dampfes, entsprechend eine äußere zur Zuführung der Sublimationswärme von der Ampullenwand her bietet. Da die trockenen Partien i. a. sehr schlechte Wärmeleitung zeigen, ist die Wärmezufuhr allgemein bei der Trocknungstechnik problematisch.

Festes Trockengut, insbesondere biologisches Material, muß *schnell* eingefroren werden, damit die wachsenden Eisnadeln nicht die Zellwände zerreißen, sondern durch Überwiegen der Keimbildungsgeschwindigkeit ein feinkristallines Gefüge des Zellwassers entsteht. Man arbeitet mit Gefriertemperaturen von $-20 \cdots -40$ °C, Sublimation bei -20 °C und kondensiert den Wasserdampf i. a. im Vakuum-Kessel bei $-60 \cdots -80$ °C. Durch den wachsenden Diffusions-Widerstand im Gut und die wachsende Eisschicht auf dem Eis-Kondensator (Wärmewiderstand) sinkt die Trockengeschwindigkeit. Die *Resttrocknung* des hygroskopisch gebundenen Wassers bewältigt man nach Abtrennung des Kondensator-Raumes mit der *Hochvakuum-Pumpe* und gegen Schluß unter Erhitzung des Gutes. Selbst Eiweiß hält im Bereich geringer Restfeuchtigkeiten erstaunlich hohe Temperaturen aus.

Zu den schon genannten Vorteilen kommt die schonende Wirkung der tiefen Temperaturen. Gefriergetrocknete Güter behalten daher nicht nur Aussehen, Geschmackstoffe, biologische Wirksamkeit etc., sondern sind auch besonders leicht wieder mit Wasser zu füllen bzw. zu lösen (daher französisch: *Lyophilisation*). Dem steht gegenüber die Kostspieligkeit von

Anlage und Prozeßführung, so daß das Verfahren nur bei sehr wertvollen Substanzen (Transplantations-Material, Medikamente, Geschmackstoffe) wirtschaftlich ist. Aus wirtschaftlichen Gründen wird die Anwendung weniger tiefer Temperaturen angestrebt.

Abschließend ist zu erwähnen, daß auch die Desorption ad- und absorbierter Gase (z. B. *Vakuum-Stahlguß*) in dieselbe Rubrik fällt. Da hier allgemein die Technologie entscheident vom Stoff her bestimmt und vorgeschrieben wird, die Verarbeitung fester Stoffe in Fließverfahren nur begrenzt möglich ist und schließlich vielfach Hilfsströme, vor allem von Luft — analog wie Flüssigkeiten bei der Extraktion — benutzt werden, erweist sich eine formale Behandlung der Fließbild-Varianten, Suche nach dem Kreisschluß etc. hier als ziemlich unergiebig. Gegebenenfalls würde man auch noch Übergänge zu chemischen Reaktionen in Schacht- und Ring-Öfen und dergl. feststellen.

6. Rektifikation

Wir wenden uns der Gruppe der *Trennungen geringer Selektivität* und darin zuerst der Rektifikation und ihren Variationen als den wirtschaftlich bedeutendsten Trennverfahren zu. Die gemischten Stoffe sind nun so ähnlich, daß die Phasengrenze in beiden Richtungen von beiden durchdrungen, die Trennung also nur noch *beiderseits subtraktiv* erreicht werden kann.

Zunächst zeigt Abbildung 40 nochmals das *Stammfließbild*, nun in ausführlicher Form, wobei auch die *Misch- und Trenngeräte* extra angegeben sind. Die naheliegende Vermutung, die *Degeneration* könne hier weniger weit getrieben werden, als bei den selektiven Trennungen, bewahrheitet sich nicht, es wird lediglich quantitativ Ausbeute und Wirkungsgrad viel stärker von der Degeneration beeinflußt — und es wird auch die Berechnung schwieriger und spezieller, wie in Bd. 2, IV, VII u. VIII schon im einzelnen dargestellt. Daß der (theoretische) Boden als konstruktive Lösung und als Rechenmethode der Stufen im Diagramm nichts mit dem Fließbild-Begriff der Stufen-Verfahren zu tun hat, geht schon aus der Diskussion des Grenzübergangs in Bd. 2, VIII, 1 hervor, das *Stufenverfahren* wird vielmehr erst erreicht, wenn der diabate Stoffübertrager zur besseren Anpassung mit stufenweise wechselnden Wärmekapazitätsströmen betrieben wird.

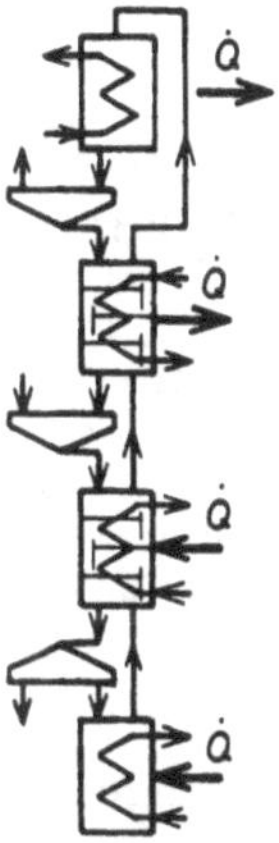

Abb. 40. Stammfließbild der thermischen Trennverfahren, komplett mit Misch- und Trenngeräten und diabaten Stoffübertragern für Totaltrennung.

Von den *periodisch* arbeitenden Geräten kommt allenfalls der Sorptivregenerator in Frage, der Vorteil liegt dann jedoch hauptsächlich in der Einführung des festen Sorbens als *Hilfsstoff* und tritt allenfalls bei der Azeotropen-Trennung in Erscheinung [217], entsprechend dem üblichen Gebrauch können wir uns daher auf die *stationär* arbeitenden Geräte der Hauptreihe aus Abb. 14 beschränken. Danach gibt es folgende *Degenerationsstufen:* Diabate und adiabate (gewöhnliche) Rektifikation sowie Destillation mit und ohne Wärmeübertrager.

Die am stärksten degenerierte Stufe der *Destillation bzw. (fraktionierten) Kondensation* wird meist *chargenweise* betrieben. Die Einspeisung des meist unterkühlten Gemisches über einen Wärmeübertrager im Gegenstrom mit Dampf (und Sumpfprodukt) kommt nur bei kontinuierlichem Fließbetrieb zur Wirkung.

Dabei bleibt dann der Wärmeaufwand in der Blase etwa unverändert, durch den im Wärmeübertrager aus dem Dampf entstehenden Rückfluß wird aber die Siedelinie im h-ξ-Diagramm dann nicht senkrecht über dem Einspeise-Zustand, sondern in Konoden-Richtung erreicht, die Trennung also verbessert.

Bei unreinem Kopf- bzw. Sumpf-Produkt bringt der Einsatz der nicht-isothermen Apparate nach Bd. 2, VII statt der einfachen Wärmeübertrager in Kopf und Sumpf eine Verbesserung. Im Kopf wird vielfach konstruktiv und funktionell der *„Dephlegmator"* zur Rückflußerzeugung mit mehr oder weniger ausgeprägter zusätzlicher Trennwirkung vom Kondensator des Kopf-Produktes getrennt. Man kann noch einen Schritt weiter gehen und den ganzen Wärmeumsatz in die diabaten Stoffübertrager: Dephlegmator oben, Geräte entsprechend dem *„Dünnschichtverdampfer"* unten, verlegen, wobei das Kopfprodukt dampfförmig anfällt.

Zu diesen formalen Varianten kommt der sehr interessante Einsatz eines zusätzlichen *Hilfsstoffes.* Wegen der einfacheren Technologie werden meist flüssige Stoffe bevorzugt, bisweilen aber auch körnige Adsorbentien benutzt, die dann als *„moving bed"* in der Kolonne abwärts rutschen und quasi Füllkörper bilden. Statt der flüssigen tritt dann die quasi fest adsorbierte Phase auf.

Vom Zweck her kann man 3 Einsätze des Hilfsstoffes unterscheiden: Bei dem Typ der *„Wasserdampf-Destillation"* dient der Wasserdampf nur als Füllmittel und erniedrigt den Partialdruck der destillierten Stoffe. Man kann dann bei Normaldruck und mäßigen Temperaturen arbeiten, vermeidet also die aufwendige Vakuum-Kolonne und/oder erniedrigt die Temperatur — z. B. bei der Trennung von Fettsäuren.

Bei der *„azeotropen Rektifikation"* setzt man einen Stoff zu, der mit einer Gemisch-Komponente ein Azeotrop bildet, das sich dann leichter von der anderen Komponente trennen läßt, als es direkt mit den beiden Komponenten möglich wäre. Die Auswahl des Hilfsstoffes richtet sich vor allem danach, daß die nachfolgende Trennung des Azeotrops einfach ist.

Schließlich bezweckt die *„extraktive Rektifikation"* umgekehrt die Trennung eines azeotropen Gemisches mit Hilfe eines zusätzlichen Sorbens. Durch den Hilfsstoff kommt ein Freiheitsgrad hinzu — Variation der Temperatur oder auch des Druckes bzw. der Beladung —, der eine Umgehung der Azeotropie erlaubt. Im übrigen ist es von vornherein wenig wahrscheinlich, daß die Untrennbarkeit der Azeotropie zugleich auch hinsichtlich der Sorption besteht.

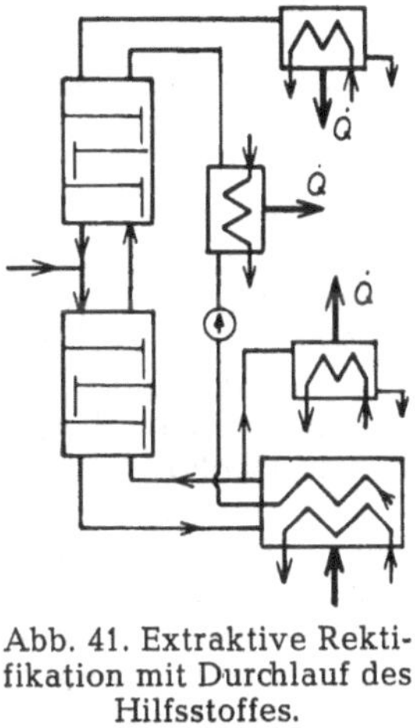

Abb. 41. Extraktive Rektifikation mit Durchlauf des Hilfsstoffes.

Im Fließbild der Abbildung 41 ist der Vorgang dargestellt. Das im Sorbens gelöste Sumpfprodukt wird ausgekocht und zum Teil als Dampf in die Abtriebssäule gegeben, zum Teil als Produkt kondensiert. Das ausgekochte Sorbens wird gekühlt und als Rückfluß auf den Kopf aufgegeben, wo es sogleich den eigentlichen *Rückfluß absorbiert*. Der verbleibende Dampf wird als Kopfprodukt kondensiert.

Beladung, Sorptionswärme und spezifische Wärme bestimmen im einzelnen den Wärmeaufwand. Apparativ ist das Verfahren nicht sehr günstig, energetisch liegt der Mangel offenbar darin, daß das Sorbens zunächst gänzlich gereinigt werden muß — andernfalls würde die Restbeladung das Kopfprodukt verunreinigen — und dann vom unbeladenen in den mit Rücklauf beladenen Zustand übergeht, wobei ein *Mischverlust* auftritt. Man könnte den Mischungsverlust verringern oder sogar beseitigen, indem man außer dem flüssigen Sorbens und im Gegenstrom dazu noch ein Inertgas durch das Fließbild schickt. Dabei würde die Desorption des Sumpfproduktes und die Absorption des Kopfproduktes in Strippern zwischen Sorbens und Gas-Dampf-Gemisch erfolgen. In der eigentlichen Kolonne würde das Inertgas lediglich den Partialdruck der Dämpfe senken — analog dem Effekt bei der Wasserdampf-Destillation — und dadurch insgesamt auf tiefere Betriebstemperaturen führen. Die Ausführung des Fließbildes sei dem Leser als Übungsaufgabe empfohlen, für die Praxis dürfte es zu teuer werden. Übrigens sind die damit angeschnittenen Probleme der *Misch-Sorption* noch keineswegs erschöpfend geklärt.

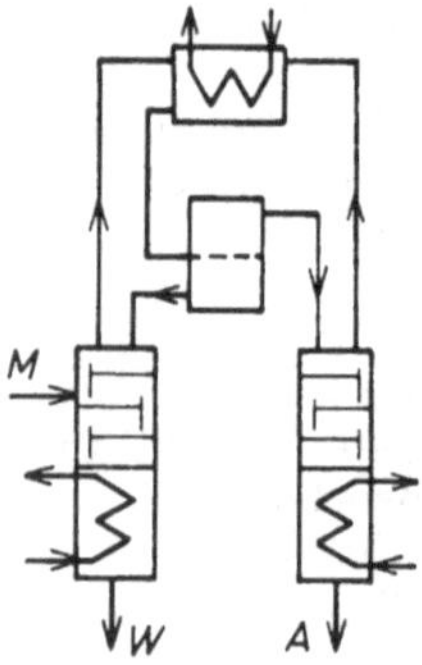

Abb. 42. Extraktive Rektifikation ohne Durchlauf des Hilfsstoffes, der hier mit den Kopfprodukten Mischungslücke besitzt.

Sehr elegant ist das Verfahren der *Azeotropen-Trennung* nach Abbildung 42 mit einem Hilfsstoff, der mit dem Azeotrop in 2 flüssige Phasen zerfällt, also eine *Mischungslücke* hat. So wird z. B. Alkohol und Wasser durch Zugabe von Benzol getrennt. Das Alkohol-Wasser-Azeotrop mit Minimum-Siedepunkt kommt *in beiden Kolonnen am Kopf* als Dampf an und bildet durch die Benzol-Beigabe nach der gemeinsamen Kondensation eine leichtere benzol- und alkoholreiche und eine schwerere wasserreiche Phase im Flüssigkeitsabscheider. Die leichte Phase geht in die Alkohol-

Kolonne. Das Alkohol/Wasser-Verhältnis liegt in der leichten Phase über, in der schweren unter dem des azeotropen Gemisches. Der Hilfsstoff (Benzol) bleibt hier, *einmal eingesetzt,* immer nahe den Kolonnen-Köpfen, durchläuft also die Apparatur nicht, im Gegensatz zum Verfahren nach Abbildung 41.

Ein ähnliches Prinzip liegt der *Trennung azeotroper Gemische* sogar ohne Hilfsstoff zugrunde, wenn die *Druckabhängigkeit* der azeotropen Konzentration ausgenutzt wird. Man arbeitet mit 2 Kolonnen bei verschiedenen Drucken und speist die in der einen Kolonne gewonnenen Produkte, die in dieser knapp diesseits, in der anderen jedoch jenseits der azeotropen Konzentration liegen, jeweils in die andere Kolonne ein.

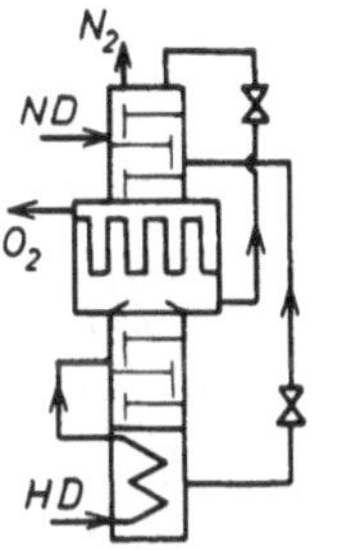

Abb. 43. Linde'sche Doppelsäule. Untersäule mit Hochdruck (HD), Obersäule mit Niederdruck (ND-Leitung aus Turbine) betrieben.

Abbildung 43 zeigt das konstruktive Fließbild der Linde'schen *Doppelsäule* für die *Luftzerlegung.* Die Luft muß soweit komprimiert werden, daß die Kondensations-Temperatur des Hochdruck-Stickstoffs über der Siedetemperatur des Sauerstoffs bei Niederdruck liegt — üblicherweise etwa 6 ata. Die vorgekühlte Hochdruck-Luft kocht zunächst im Sumpf der unteren Hochdruck-Kolonne den unreinen Sauerstoff aus und wird, dadurch teilweise verflüssigt, in die Untersäule eingespeist. Im Kopf der Untersäule wird reiner Stickstoff gewonnen, der als Rückfluß auf die Obersäule entspannt wird. Der unreine Sauerstoff vom Sumpf — Naßdampf — wird entspannt in die Obersäule eingespeist. Zur Deckung der gesamten Kälteverluste wird beim Linde-Fränkl-Verfahren ein Teil der Luft über eine Turbine entspannt und in die Obersäule eingegeben. Beim älteren „Hochdruck-Verfahren" wurde ein entsprechender Teilstrom der Luft auf etwa 160 ata komprimiert und lieferte die nötige Kälte bei Entspannung in die Untersäule durch Joule-Thomson-Effekt. Beim Heyland-Verfahren wurde eine einfache Kolonne benutzt, der Rückfluß-Stickstoff für den Kopf durch fraktionierte Kondensation der ankommenden Luft in der Heizleitung des Sumpf-Kochers gewonnen, allerdings mit nur mäßiger Reinheit des Rückfluß- und entsprechend auch des Produkt-Stickstoffes. Die Schwierigkeit bei der Gaszerlegung liegt in der *Kombination von Kälte- und Trennanlage,* die bei knapper Kälteleistung eben knappen Rückfluß liefert. Bei separater Kühlung — z. B. mit der *Philips-Maschine* — kann die Trennanlage isobar arbeiten [120].

Über die Trennung von *Mehrstoff-Gemischen* ist schon in Bd. 2, IV, 5 das Wesentlichste gesagt. In der Reihe der Komponenten von A (wenigst flüchtig) über BC bis D (flüchtigst) muß als erste Komponente D oder A — wie in Abbildung 44 dargestellt — abgetrennt werden, es kann nicht (A+B) von (C+D) sauber getrennt werden. Nur wenn die exakte Trennung nicht interessiert, wie bei den Erdöl-Derivaten, kommt gruppenweise Fraktionierung und deren Berechnung mittels *„Schlüssel-Komponenten"* infrage [224].

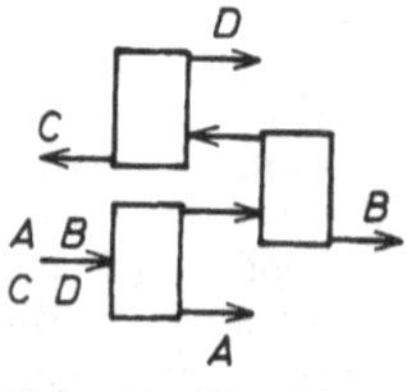

Abb. 44. Kombination von Rektifizier-Kolonnen zur Trennung eines 4-Stoff-Gemisches.

In der Anordnung nach Abbildung 44 kann z. B. der Sumpf der 3-ten Säule mit dem Kopf der 1-ten in Wärmekontakt gebracht werden — wie in der *Doppelsäule* Abb. 43 — und damit *Dampf und Kühlwasser gespart* werden. Auch das Gemisch selbst kann zuerst als Kühlflüssigkeit benutzt und damit aufgeheizt werden, der umgekehrte Fall trat oben bei der Luftzerlegung in Erscheinung. Wenn andererseits die eigentlich bei verschiedenen Temperaturen benötigten Wärme- und Kälte-Ströme ohnehin nur aus billigem Kühlwasser und aus Dampf eines Druckes, d. h. einer Heiz-Temperatur gedeckt werden, baut man eine derartige Mehrstoff-Zerlegung auch oft als *Haupt-Kolonne mit seitlich angekoppelten Neben-Kolonnen.* Dann wird z. B. nur im Sumpf der Haupt-Kolonne geheizt und der gesamte Dampf, auch für die Neben-Kolonnen, dort erzeugt.

Die übliche Kostenstruktur führt dazu, daß an der höchsten Stufe mit diabaten Übertragern i. a. kein Interesse besteht. Die Trennung des Nutzstromes setzt ja voraus, daß ein bestimmter *Kreisstrom* — entsprechend dem Rückflußverhältnis der üblichen Ausdrucksweise — erzeugt wird. Dessen Verdampfung und Kondensation könnte mit diabaten Übertragern z. T. bei kleinerer Temperaturdifferenz, also mit kleinerer *Exergie* geschehen. Da die kostenmäßig allein entscheidenden Wärmeströme ungeändert bleiben, leuchtet es übrigens auch ein, daß das diabate Gerät hier kein „äußeres" ist, also degenerieren darf.

Die *Pumpleistung* wird hier thermisch aufgebracht, die Verdampfung des aufsteigenden Stromes erfolgt im Sumpf bei etwas erhöhter Temperatur, wofür geringfügig die Hubhöhe im Schwerkraftfeld und stark die Strömungswiderstände der Kolonne verantwortlich sind.

Die *Umkehrung des Trenn- zum Mischverfahren* interessiert zwar praktisch nicht, wegen des geringen Wertes der Wärme-Exergie, wäre jedoch durchführbar. Man würde zweckmäßig die flüchtigere Komponente unten einspeisen und unter Aufnahme von Wärme bei tieferer Temperatur verdampfen lassen. Im Kopf käme der Dampf, durch die abwärts fließende schwerflüchtige Komponente ebenfalls schwerflüchtig geworden, an und gäbe die Kondensationswärme bei höherer Temperatur ab. Das unter Ausnutzung der Arbeitsfähigkeit erzeugte Gemisch würde in der Mitte entnommen werden.

7. Fest-Flüssig-Rektifikation

Der an Tau- und Siedelinie erfolgenden normalen Rektifikation entspricht das analoge Trennverfahren mit fester und flüssiger Phase an Liquidus- und Solidus-Linie [221]. Da die Löslichkeit in der festen Phase i. a. gering, die Mischkristall-Bereiche von breiten Mischungslücken getrennt sind, ist der *Trennfaktor meist recht groß*. Dies, der fast eine Größenordnung kleinere Wärmeumsatz bei Erstarrung und Schmelzen und die tieferen, die Substanzen schonenden Temperaturen, sollten sogar eine Bevorzugung gegenüber der normalen Rektifikation nahe legen. Tatsächlich fanden diese Trennverfahren jedoch erst in letzter Zeit technische Beachtung.

Der Grund für die Vernachlässigung liegt in der Schwierigkeit, die *feste Phase in kleinen Kristallen zu erzeugen*. Im Großen kann man natürlich Kratzkühler einsetzen, ansonsten kommen — auch im Labor — die Kristallisationsverfahren mit Kälteträger in Frage. Falls die Kristalle schwerer sind als die Lösung, also am Kopf erzeugt werden müssen, ist das Verdampfungsverfahren nach Abb. 37 anwendbar. Die Erzeugung von leichteren Kristallen im Sumpf mit dem gleichen Verfahren wäre ungünstig, da die aufsteigenden Dampfblasen starke Rührung der Kolonne und damit schlechten Austausch-Effekt hervorrufen würden. Im Labor könnte man z. B. mit gefrorenen Quecksilber-Tropfen arbeiten, für die Betriebspraxis geeignete Methoden fehlen jedoch.

Für die *optimale Kristallgröße* gelten ähnliche Zusammenhänge, wie für die Extraktion: kleine Kristalle sinken bzw. steigen zu langsam und vereinigen sich zu langsam wieder zur „reinen“ Phase, große haben geringe relative Oberfläche, und daher geht der Stoffaustausch zu langsam. Allerdings kann sich aus dem *Kristallbrei* die reine feste Phase überhaupt nicht abscheiden, es bleibt in der Schmelzzone ein Kristall-Lösungs-Gemisch übrig, das zu einem *„effektiven“ Gleichgewicht* mit kleinerem Trennfaktor führt.

Bei großem Verhältnis Kristall/Lösung — entsprechend dem Rückfluß-Verhältnis — muß der Kristallbrei durch Pulsation in Bewegung gebracht oder mechanisch gepreßt werden, was durch entsprechende Formung der Schnecke im Kratzkühler erreicht werden kann. Dann ist natürlich die Frage, was oben und unten in der Kolonne sein soll, nur noch von technologischen Rücksichten abhängig.

Im Normalfall der Schmelz-Diagramme treten *Eutektika* auf, die einer *Azeotropie* entsprechen. Die Schwerkraft-Scheidung der Kristall-Gemenge wurde bisher nur als Störeffekt bei der Kältespeicherung mit eutektischen Patronen beobachtet, praktisch wird man wie in der normalen Rektifikation Kombinationen mit anderen Trennmethoden, insbesondere Extraktion entwerfen müssen, deren Diskussion wieder dem Leser überlassen sei.

Wegen der genannten Schwierigkeiten und mangelnder Erfahrung wurde aus dieser Verfahrensgruppe bisher nur ein *Chargen-Verfahren* praktisch in größerem Umfang benutzt: Das *Zonenschmelzen.* Man beschränkt sich auf geringe, spurenweise Verunreinigungen, also verdünnte Lösungen, bei denen die Verunreinigung stark konzentriert in eine relativ schmale Schmelzzone geht, die man durch die feste Phase wandern läßt. Man benutzt die Methode, um einerseits eine schonende Anreicherung organisch-pharmazeutischer Präparate, andererseits eine extreme Reinigung von Werkstoffen der Kern- und Halbleiter-Technik auf weniger als 1 ppM (10^{-6}) Verunreinigung zu erzielen. Derselbe Vorgang wandernder Schmelzzonen transportiert übrigens auch beim o. a. kontinuierlichen Verfahren den Stoff aus dem Kristall an die Oberfläche — begünstigt durch Konzentrationsgradienten im Kristall.

Bei hohen Temperaturen entstehen Verunreinigungen durch das Material des Schmelz-Tiegels, daher ist besonders vorteilhaft das *„Tiegel-lose" Schmelzen* nach Abbildung 45. Die Heizung erfolgt hier als Induktionsheizung mit einer den Stab umschließenden Spule. Der Stab ist beiderseits eingespannt, die dünne Schmelzzone wird durch Kapillar-Kräfte festgehalten. Entsprechend der Schmelz- und Erstarrungs-Geschwindigkeit wird die Spule z. B. nach oben bewegt und nimmt in der wandernden Schmelzzone die Verunreinigungen mit. Schließlich hat man einen unreinen Kopf und einen hochreinen Stab — bei geeigneter Führung als *Einkristall.* Wenn nötig wird die Schmelzzone mehrmals durch den Stab geschoben. Die geringe Schichtdicke und die hohe Wärmeleitung im Kristall bedingen ziemlich hohen Energie-Verbrauch, zudem ist die Induktionsheizung aufwendig.

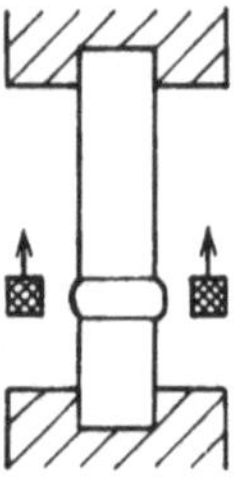

Abb. 45. Zonenschmelzen, hier tiegellos mit Induktions-Heizung.

8. Extraktion

Im verfahrenstechnischen Sprachgebrauch versteht man i. a. unter fest-flüssig- und flüssig-flüssig-Extraktion nur den *Verfahrensschritt* der Konzentrations-Übertragung — ebenso wie unter Ad- und Absorption, den analogen Vorgängen an der Gas-Phasengrenze. Die Anwendung des Verfahrensschrittes *fest-flüssig-Extraktion* ist angesichts der schwierigen Verarbeitung fester Stoffe ohne weiteres einleuchtend, zumal hier meist eine Totaltrennung des unlöslich-festen und des lösbaren Bestandteils gelingt, wenn auch dann beide mit dem Lösungsmittel vermischt sind. Oft ist dann der Extrakt sogar schon das Produkt — z. B. Tee —, sonst erfolgt die weitere Trennung mit den Methoden der Flüssigkeits-Trennung, wobei man durch passende Wahl des Extraktionsmittels eine der einfachen, selektiven Trennmethoden anwendbar machen kann.

Bei der *flüssig-flüssig-Extraktion* entfällt dieser Gesichtspunkt der primären Überführung in einen fluiden Zustand, die Vorteile sind dann nur quantitativ faßbar, etwa wie es oben bei azeotroper und extraktiver Rektifikation beschrieben war. Daneben gibt es jedoch bei der flüssig-flüssig-Extraktion Kombinationen mit anderen Zustands-Änderungen, die komplette *Trennverfahren mit Kreisschluß,* Abtriebs- und Verstärkungssäule liefern und etwa als flüssig-flüssig-Rektifikation angesprochen werden könnten.

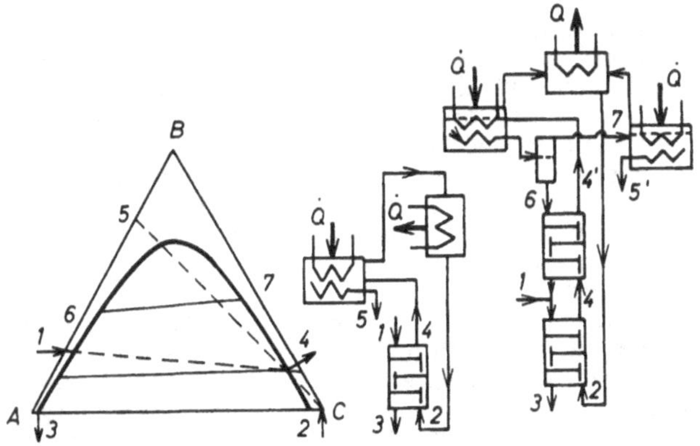

Abb. 46. Trennverfahren durch Kombination von Extraktion und Destillation.

Abbildung 46 zeigt das Verfahren im Diagramm und Fließbild. Das ursprüngliche Gemisch 1 aus A und B wird mit einem flüchtigen Lösungsmittel C, Pkt 2 im Dreieck-Diagramm, zum Extrakt 4 aus B und C mit sehr wenig A und zum Raffinat 3 extrahiert.

Nach dem im ersten Fließbild rechts neben dem Diagramm dargestellten Verfahren, das etwa der Destillation analog ist, wird anschließend das *Lösungsmittel aus dem Extrakt ausgedampft* und, wieder kondensiert, in die Extraktions-Kolonne zurückgegeben. Der Darstellungspunkt des Extrakts bewegt sich beim Auskochen auf der Geraden C . . 4 von C fort, man erhält am Ende das Gemisch 5 aus wiederum A mit nun sehr viel mehr B, also eine erhebliche Anreicherung gegenüber 1.

Die konsequente Weiterentwicklung führt zum Fließbild rechts. Analog der Rektifikation ist hier eine *Verstärkungssäule der Extraktion* angefügt. Den nötigen *Rückfluß* an konzentrierterem A-B-Gemisch entsprechend Punkt 6 im Diagramm erhält man durch zunächst *teilweises Ausdampfen* des „End-Extrakts" 4', dessen Darstellungspunkt oberhalb 4 nicht eingetragen ist. Beim Ausdampfen zerfällt das Gemisch in die Phasen 6 und 7 auf der Konode. Da mit dem Rückfluß 6 ein großer Teil des A-Gehaltes abfließt, ist das aus 7 gewonnene Endgemisch A-B nochmals erheblich an B angereichert. Man findet den Darstellungspunkt auf der Geraden C . . . 7 am Schnittpunkt mit der Seite A-B. Da mit dem Rückfluß 6 auch ein C-Anteil abfließt, wird auch der gesamte Wärmeaufwand hierbei etwas verringert.

Obwohl man i. a. kein reines B erhält, kann das Verfahren wirtschaftlich und — durch die niedrigen Temperaturen — vorteilhaft sein. Die Extraktion selbst erfordert ja überhaupt keine Temperaturerhöhung, und das Ausdampfen kann bei Wahl eines niedrig siedenden Lösungsmittels ebenfalls schonend geschehen.

III. Betriebslehre

1. Verfahrensauswahl

Die Fließbild-Theorie in Kap. I basiert u. a. auf der Feststellung, daß jedes realisierbare Verfahren durch ein Fließbild abgebildet werden kann. Dieser Satz ist jedoch nicht umkehrbar, jedes Fließbild stellt i. a. nicht nur ein *„Verfahren"* dar, wenn man Verfahren nicht ganz abstrakt, sondern im landläufigen Sinne auffaßt. Dementsprechend mußte in Kap. II unter den Gesichtspunkten des *Aggregatzustandes*, der *Selektivität* und der Verwendung von *Hilfsträgern* eine Ausbreitung des für die Verfahrenslehre notwendigen Materials gebracht werden, nachdem sich herausgestellt hatte, daß alle praktizierten Verfahren aus einer einzigen Fließbild-Familie hervorgehen.

Das *Fließbild* selbst und die in der Fließbild-Theorie erfaßten Begriffe und Funktionalzusammenhänge stellen offenbar nur eine Seite des komplexen Begriffes „Verfahren" dar, die man etwa durch das Wort *„Verfahrens-Physik"* [204] kennzeichnen kann. Eine andere Seite ist natürlich die *Wirtschaftlichkeit*. Technik bedeutet ja ganz allgemein die wirtschaftlich angewandte Physik. Es fehlt aber noch eine dritte Seite, deren Bezeichnung — entsprechend der Kapitel-Überschrift — als *„betriebliche"* Seite des Verfahrens trotz mancher Bedenken noch am treffendsten erscheint.

Man denkt bei „Betrieb" unwillkürlich an Schlosser, undichte Stopfbüchsen und die „Erfahrungen des Praktikers", die in einem Lehrbuch gar nicht und in der Laborausbildung nur begrenzt vermittelt werden können. Dennoch geht es hier gerade um den Teil der Betriebs-Praxis, der überhaupt rationell faßbar und damit lehrbar ist.

Knüpfen wir zur Illustration an Kap. II an, so wird dort im *„Feld"* WK die *„Aufgabe"* behandelt: Trennung durch Einsatz von Wärme-Energie. Das ist physikalisch eindeutig, es kommt eine definierte Auswahl von Fließbildern infrage, unter denen durch wirtschaftliche Optimierung entschieden wird. Die praktische Anwendung z. B. in der Seewasser-Entsalzung läßt aber darüber hinaus noch Wahlmöglichkeiten offen: Verdampfung oder Kristallisation als direkte, Extraktion (mit höheren Alkoholen) als indirekte Verfahren etc. Die *Freiheit der Wahl* besteht zwar praktisch nur im Stadium der *Projektierung,* nicht etwa später im laufenden Betrieb, die Entscheidung für den einen oder anderen Weg richtet sich aber wesentlich gerade nach dem zu erwartenden Betriebsverhalten der verschiedenen Möglichkeiten. Unter *„Betriebsverhalten"* meint man sicherlich kaum die richtige Konstruktion, die im Pilot-Plant erprobt werden kann, sondern Abnützung, Störungsanfälligkeit etc., also Fragen, die sich erst beim langdauernden praktischen Betrieb und mit normalem, nicht dem besonders gewitzten Versuchs-Personal klären. Da die Entscheidung bezeichnenderweise getroffen werden muß, ehe diese Betriebs-Erfahrungen direkt gewonnen werden können, muß es also möglich sein, auch hierfür allgemeine Richtlinien aufzustellen. Wenn im Prinzip auch hier letztlich die Wirtschaftlichkeit entscheidet, so handelt es sich doch bei diesem Betriebsverhalten um „Imponderabilien", die sich der Erfassung in der normalen Vorkalkulation entziehen.

Die Frage nach solchen *Entscheidungs-Richtlinien* und *Auswahl-Prinzipien* — insbesondere zwischen den Aggregatzuständen — ist zu neuartig, als daß man bereits eine erschöpfende Klärung erwarten dürfte. Aus der Spezialisierung der *Unit Operations* heraus kann das Problem überhaupt kaum und sicherlich nicht als Bestandteil der Lehre gesehen werden und auch für die Praxis ist es noch relativ jung. Vor einigen Jahrzehnten konnte grobgesprochen gelten, daß bevorzugt flüssige Stoffe einschließlich gelegentlicher Verdampfung, Kondensation und allenfalls Kristallisation mit thermischen Verfahren verarbeitet wurden, feste Stoffe, soweit nötig, mit mechanischen Verfahren, während es für Gase überhaupt nur ausnahmsweise wirtschaftliche Verfahren gab. Diese einfachen Faustformeln sind heute technisch überholt, an ihre Stelle tritt die Berücksichtigung von Zusammenhängen und Nebenwirkungen. Die zunehmende Verarbeitung von festen Stoffen im zerkleinerten Zustand (Fließbett-Technik, Pellets), von Gasen unter erhöhtem Druck erfordert Antriebsleistung für Mühlen und Kompressoren und dürfte am Steigen des *Arbeit/Wärme-Verhältnisses* in der chemischen Industrie maßgeblich beteiligt sein — ein Gesichtspunkt, der z. B. die Wahl des Aggregatzustandes beeinflussen könnte.

2. Funktionelle Harmonie

Man kann zwischen der von außen her gestellten *Aufgabe* und Belastung einerseits und dem, was die Anlage bzw. das Verfahren von sich aus, ohne Zwang leistet, unterscheiden. Die Forderung nach funktioneller Harmonie meint, daß beides typenmäßig übereinstimmen soll, der Begriff bedeutet also eine Erweiterung der bei den Übertragern definierten *Anpassung* auf die Gesamtheit des Fließbildes.

Anpassungsfehler bewirken nur eine Verschlechterung des Wirkungsgrades, vielfach zugunsten einer Verringerung der Anlagekosten. *Disharmonien* dagegen führen zu Schwierigkeiten und evt. erhöhten Kosten der *Regelung und Bedienung* — speziell regelungstechnisch ausgedrückt z. B. zu Instabilität —, Notwendigkeit von Zwischenspeichern und sonstigen Dämpfungsgliedern und schließlich zu den vielerlei Ärgernissen der Betriebsstörungen, sind also die logisch faßbare Ursache ungünstigen Betriebsverhaltens. Das ist natürlich nur ein Teil aller betrieblichen Schwierigkeiten, aber eben der vermeidbare Teil, so daß es sich lohnt, der Forderung nach funktioneller Harmonie einige Aufmerksamkeit zu widmen.

Der erste hier einschlägige und schon lange allgemein erfaßte Gesichtspunkt ist die *Betriebsweise.* Man unterscheidet *Fließbetrieb, Chargenbetrieb* und sollte vielleicht im Hinblick auf Regeneratoren noch die Zwischenform des *periodischen Betriebes* im Auge behalten. Im *Chargen-Betrieb* wird jeweils eine bestimmte Stoffmenge verarbeitet, der Vorgang kann unregelmäßig nach Bedarf, oder periodisch, taktweise wiederholt werden. Im Fließbetrieb wird dagegen ein zeitlich möglichst konstanter Stoffstrom verarbeitet. Aus dem zeitlichen Nacheinander des Chargenbetriebes, oft im gleichen Apparat — z. B. Rührkessel — wird beim Fließbetrieb ein örtliches Nebeneinander in gleichzeitig, kontinuierlich betriebenen verschiedenen und für die jeweilige Aufgabe spezialisierten Apparaten. Aus dem Gesichtspunkt der gleichmäßigen hohen Güte des Produktes und der Automatisierbarkeit — also Einsparung von Bedienungspersonal — sowie der Durchsatz-Geschwindigkeit gilt der Fließbetrieb als der modernere und bessere. Schon die Fließbild-Darstellung ist ja auf den Fließbetrieb zugeschnitten, eine Begünstigung, die unbewußt zur sachlichen wird. Andererseits ist nämlich zu beachten, daß der Kapitalbedarf für eine Fließ-Anlage i. a. größer und fester gebunden ist. Der Chargenbetrieb ist daher nicht nur oft die einfachere, sondern auch die krisenfestere Methode.

Physikalisch bestehen Beziehungen zwischen den Begriffspaaren Fließ- und Chargen-Betrieb, Exergie und Motivitie, Isobare und Isochore, so daß z. B. die Isochore im Otto- und Stirling-Prozeß nur mit den periodisch arbeitenden Kolbenmaschinen realisierbar ist.

Das Merkmal der *Periodizität* tritt nun auch in den äußeren Aufgabenstellungen und Belastungen in Erscheinung, insbesondere im Tages- und Jahres-Rhythmus — von der Rohstoffseite her z. B. in der Molkereiwirtschaft, Zuckerindustrie, von der Verbraucherseite bei Heizöl, Düngemitteln etc.

Der Ausgleich von Disharmonien erfolgt hier bekanntlich über *Speicher* — vom Schwungrad bis zum Lagerbehälter. Die notwendige Größe hängt von der Länge der Periode ab, kritisch sind daher vor allem die Jahres-Perioden im Rohstoff-Anfall und im Absatz. Bevorratung für kürzere Zeiten — Tag bis Woche — ist vorteilhaft zum Ausgleich von *Betriebsstörungen*. Man kann etwa sagen, daß der Betrieb im großen gesehen durchlaufenden Fließbetrieb über das ganze Jahr anstreben muß, daß aber im einzelnen Chargen-Verfahren und Zwischen-Speicher durchaus auch Vorteile haben können. Einer dieser Vorteile besteht auch darin, daß sich *Verunreinigungen, Nebenprodukte etc. nicht anreichern* — im Fließbetrieb ist in diesen Fällen Betriebsunterbrechung in regelmäßigen Intervallen notwendig oder zumindest am einfachsten und sichersten. Man denke z. B. an die Anreicherung von Kohlenwasserstoff-Spuren im Sauerstoff-Sumpf der Lufttrennanlagen.

Der zweite Gesichtspunkt ist weit schwieriger zu fassen. Nur als Anregung für die allgemeine Formulierung sei angedeutet, daß zwischen energetischem und stofflichem *Interesse* zu unterscheiden ist, also 2 Gesichtspunkten, die praktisch nur alternativ, nicht gleichzeitig auftreten.

Unter *energetischem Interesse* wird die Kältemaschine betrachtet. Sie liefert Kälteleistung bei *gleitender Temperatur* mit Gas, bei *konstanter Temperatur* mit Verdampfung des Kältemittels. Dem entspricht als *Aufgabe* die Abkühlung eines Stoffstromes einerseits, die Kalt-Haltung eines Lagerraumes andererseits. Gegebenenfalls könnte man noch die Wechsel-Temperatur-Aufgabe [214] hinzunehmen. Die verfahrenstechnisch wichtigere Aufgabe der Abkühlung ist im Fließbetrieb mit der Gasmaschine, im Chargen-betrieb mit der Verdampfermaschine harmonisch zu lösen. Die disharmonische Kombination von Fließbetrieb und Verdampfermaschine zwingt zum Stufenverfahren. Bemerkenswert ist vielleicht noch, daß die Kombination von Verdampfermaschine und Kühlraum nur harmonisch ist, wenn der Verdampfer den Raum umschließt, wie z. B. in Kühltruhen, die Wärmeübertragung mit endlichen Luftströmen etc. bringt in das System ein disharmonisches Element. Analog ist die Leistungsschwankung, die von der Aus-Ein-Regelung der Maschine herrührt, hier harmonisch durch isotherme Speicherung von Umwandlungswärme — Eisansatz, eutektische Solen —, disharmonisch durch Temperaturschwankungen des Raumes zu überbrücken.

Die Anwendung der skizzierten Regeln auf Eis-Erzeugung — die wegen der Proportionalität von Kälte- und Eis-Menge auch als Trennverfahren unter energetischem Gesichtspunkt zu betrachten ist — und auf die Trocknungstechnik — Anstelle der Temperatur tritt der Wassergehalt; Gutstrocknung und Trocken-Lagerraum! — sei dem Leser empfohlen.

Bei den Trennverfahren gilt der *stoffliche Gesichtspunkt.* Es war zwischen *Totaltrennung, Teiltrennung, Gewinnung nur einer reinen Komponente* und *Überführung einer Komponente in einen Hilfsstrom* unterschieden worden. Das sind gleichzeitig Formulierungen spezieller *Aufgabentypen* und *Leistungstypen* bestimmter Fließbilder, so daß die Zuordnung trivial ist. Z. B. war die einfache Kondensation ein Verfahren zur Gewinnung reinen Kondensats, für das Gas-Dampf-Gemisch also nur ein Verfahren der Teiltrennung. Man kann es bis zum praktisch reinen Gas „quälen", das ist aber offensichtlich eine disharmonische, nach Anlagekosten, Wirkungsgrad und Betriebsverhalten unbefriedigende Lösung.

Die *Zuordnung* zwischen Betriebsweisen, Aggregatzuständen und Leistungsbedarf — bei konstanter oder gleitender Temperatur etc. — ist ähnlich wie oben, während die Beziehungen dieser Gruppe zu den Aufgabentypen etwas unübersichtlich werden. Als Beispiel für die Fruchtbarkeit solcher Überlegungen sei der Hinweis am Schluß von II, 2 angeführt, wonach Thermodiffussion als Gas-Verfahren mit Fließ-Betrieb bei *gleitender Temperatur* zu betreiben ist.

Bei der *Verallgemeinerung* ist zu beachten, daß Konzentrations-Energie eine schwache, Elektro-Energie offenbar die stärkste Energie-Form ist. Totaltrennung kann mit kleinen oder sogar verschwindenden Temperaturdifferenzen, sehr kleinen elektrischen Spannungen erreicht werden, während z. B. chemische Reaktionen sehr große (bis unendliche) Temperaturbereiche, aber nur elektrische Spannungen der Größenordnung Volt benötigen.

Aus diesem Grund sind gerade die thermischen Trennverfahren hier kein sehr ergiebiges Diskussionsobjekt. Man findet Chargenbetrieb nur noch selten und vorwiegend mit degenerierten Fließbildern — z. B. Destillation im Chargen- neben Dünnschichtverdampfung im Fließ-Betrieb. Daß Wärme bei der Destillation mit örtlich konstanter, im Laufe der Zeit steigender Temperatur, bei der Dünnschichtverdampfung mit gleitender, zeitlich konstanter Temperatur benötigt wird, ist praktisch uninteressant, da die Temperaturbereiche klein sind gegen die zur Wärmeübertragung benutzten Temperaturdifferenzen Δt_m.

3. Regelung

Anfahren, Betrieb und Abfahren von Anlagen erfordert eine *Bedienung*. Diese wird jedoch für den normal laufenden Betrieb wirtschaftlich zweckmäßig *automatischen Reglern* übertragen, die teilweise genauer und zuverlässiger und eben für die normalen Bedienungsfunktionen auch billiger arbeiten, so daß sich das Bedienungspersonal auf die Überwachung und das

Eingreifen nur in den relativ seltenen Störungsfällen beschränken kann. Die Einbeziehung der Störungen in die Automation führt sehr schnell zu unwirtschaftlichem Aufwand.

Arbeitspsychologisch ist die bezahlte Untätigkeit wenig befriedigend und die geforderte stete Aufmerksamkeit unsicher. Meist läßt man den einen oder anderen Schreiber fort und beauftragt stattdessen das Personal mit der Protokollierung der Meßwerte, womit gleichzeitig die Anlage und das Personal kontrolliert wird.

Die Entwicklung der Regler fällt in die Zuständigkeit von Experten, die aus ihrer eingehenden Kenntnis heraus auch bei der Auswahl und Einstellung der Regler sowie beim Entwurf des gesamten *Regelungs-Schemas* beratend und z. T. entscheidend mitwirken. Der Verfahrensingenieur muß jedoch soviel Kenntnis der Regelungstechnik besitzen, daß er seinerseits den Regelungs-Ingenieur beraten bzw. ihm Regelungs-Schema und Genauigkeit der Regelung vernünftig vorschlagen kann.

Die Abgrenzung der Kompetenzen und die Notwendigkeit der Zusammenarbeit wird vielleicht am besten erklärt, indem man zwischen der eigentlichen Regelungstechnik — Konstruktion der Regler und Funktion der Regel-Kreise — und der höheren Regelungstechnik, auch *Kybernetik* genannt, unterscheidet. Letztere beschäftigt sich mit dem teils systematischen, teils wahrscheinlichkeits-statistischen Zusammenwirken verschiedener Regelkreise in *Mehrfach-Regelungen* etc.

Echte formale *Mehrfach-Regelungen* mit gemeinsamer Einwirkung mehrerer Meßglieder auf mehrere Stellglieder über *Analog-Rechner* etc. sind nur selten erforderlich, ihre Umgehung ist gerade ein wichtiges Arbeitsergebnis des Verfahrensingenieurs. Man zerlegt das komplexe Problem nach Möglichkeit in einzelne eindeutige Zuordnungen von Meß- und Stellglied. Die Auswahl der Meßgrößen und Stellglieder ist in verschiedener Weise, ebenso ihre gegenseitige Zuordnung mit unterschiedlicher Eleganz und Zuverlässigkeit möglich, die Auswahl des besten der danach möglichen Regelungs-Schemata obliegt dem Verfahrensingenieur [225].

Um eine *Gliederung unter verfahrenstechnischen Gesichtspunkten* zu gewinnen, gehen wir wieder von der *Aufgabe* der einzelnen Regelung innerhalb des Gesamtverfahrens aus. Das ist dieselbe Methode, die schon oben zur Unterscheidung der aus dem gleichen Fließbild hervorgehenden Verfahren gewählt war, sie führt hier aber direkt zu allgemeinen Kategorien: *Funktionieren* der Anlage, *Anpassung* der Leistung an den Bedarf, Einhaltung der *wirtschaftlich* optimalen Betriebsbedingungen, *Programmregelung* und schließlich *Sicherheitsautomatik.* Die 5 Aufgaben und ihre Problematik werden wieder an dem bisher behandelten Material, vorwiegend Kältemaschine und Rektifikation als Beispielen besprochen.

Überraschend stellt man fest, daß es Verfahren gibt, die ohne *Funktions-Regelung* auskommen. Als Beispiele seien Gas-Kältemaschine, Kryotherme, Luftentfeuchter genannt. Offenbar hängt die Notwendigkeit einer Funktions-Regelung mit der Degeneration von Geräten und Fließbildern bzw. mit *Disharmonien* zusammen. Konkret handelt es sich um die Verwendung von *Regelventilen* zu dem Zweck, Füllstand, Teilströme etc. auf den richtigen Werten zu halten.

Bei *Ammoniak-Kälteanlagen* benutzt man *überflutete Verdampfer* und *Schwimmer-Ventile,* die das Niveau im Kondensator (Hochdruck-Schwimmer) oder Verdampfer (Niederdruck-Schwimmer) konstant halten. Beim Niederdruck-Schwimmer muß eine Füllungsreserve und der dafür benötigte Raum (Sammelflasche) vorhanden sein, dafür bleibt die Leistung von Füllungs-Schwankungen — hier Schwankungen der Reserve — unbeeinflußt.

Bei *Frigen-Anlagen* bevorzugt man wegen der Öl-Rückführung *„trockene“ Verdampfer* (-Rohre); die Einspritzung des Kältemittels wird nach dem Verdampfungsdruck *(pressostatisches Ventil)* oder der Überhitzung am Verdampferausgang *(thermisches Ventil*) gesteuert. Die pressostatischen Ventile sind einfacher und billiger, bei Solltemperatur arbeiten sie voll befriedigend, haben aber den Nachteil, daß der Verdampfungsdruck auch beim Anfahren auf den niedrigen, eingestellten Wert bleibt, die mögliche höhere Anfahrleistung und höherer Wirkungsgrad also nicht ausgenutzt werden können. Wird die Anlage zu kalt gefahren, so öffnet das Ventil, der Verdampfer läuft voll bzw. über, die Anlage kann Schaden leiden. Man darf daher das *pressostatische Ventil nur mit Verdampfer-Thermostat* und kann nur das thermische Ventil mit Raum-, Sole-Thermostat etc. kombinieren.

Eine fest eingestellte *Drossel* wirkt ähnlich dem pressostatischen Ventil, wird aber noch zusätzlich vom Kondensatordruck und Liefergrad des Kompressors beeinflußt, ist daher nur bedingt — bei praktisch eng begrenzten Betriebsbedingungen — und unter Inkaufnahme von Verlusten verwendbar. Übrigens wird für diese im Haushaltskühlschrank bevorzugte Methode statt Düse, Blende oder dergl. das *Kapillar-Rohr* benutzt, das bei gleichem Strömungswiderstand wesentlich größeren Querschnitt besitzt und daher praktisch unempfindlich ist gegen Schmutzpartikel, die eine Düse verstopfen würden.

Bei der Rektifikation erfüllt dieselbe Aufgabe, den Kreisstrom anzupassen an den anderweitig festgelegten Leistungsbedarf bzw. die Leistungsfähigkeit der Anlage, der *„Rückfluß-Teiler“*. Neben mechanischen Konstruktionen, die meist nur von Hand nachgestellt werden können, haben sich quasistetige Impuls-Zeit-Schaltungen bewährt, die elektrisch arbeiten und auch leicht automatisiert werden können. Das richtige Rückflußverhältnis hängt ab von der (konstant) geforderten Kopf- und der evt. schwankenden Einspeise-Konzentration — anlog etwa Kondensator- und Verdampfer-Temperatur in der Kälteanlage —, weiter aber auch von den lastabhängigen Bodenwirkungsgraden. Die Analogie geht soweit, daß die *thermischen Ventile* der Kältetechnik zur Rückfluß-Regelung in Rektifizierkolonnen — insbesondere bei Vakuum oder Überdruck — geeignet wären: Der Kopf-Zustand muß auf der Dampfdruckkurve der geforderten Kopf-Konzentration liegen. Es ist richtiger, diese Bedingung direkt physikalisch zu erfassen, als getrennte Druck- und Temperatur-Regelungen aufzubauen, die dann viel engere Toleranzen einhalten müssen.

Allerdings ist bei nahezu reinem Produkt die Temperatur eine wenig empfindliche *Steuergröße*, d. h. man müßte sehr enge Toleranzen vorschreiben. Der Ausweg, den Temperaturfühler weiter nach unten in die Kolonne zu verlegen, führt auf eine mit der Empfindlichkeit leider steigende *Totzeit*, die dann wieder die Regelung selbst schwierig macht (PID-Regler).

Etwas zwischen den oben genannten Kategorien der Funktions-, Leistungs- und Wirtschaftlichkeits-Regelung liegen die *Verbrauchs-Regelungen* — wie ja natürlich überhaupt gegenseitige Verknüpfungen bestehen. Es ist hier der Verbrauch von Kühlwasser und Dampf bei der Rektifikation gemeint, was ja auch als stark degenerierte Teil-Verfahren der (Wärme-)Übertragung eingeordnet werden könnte.

Die Heizleistung wird durch *Drosseln* des Heizdampfes mittels Reduzierventil, d. h. durch Variation der *Temperaturdifferenz* im Sumpf eingestellt. Die Kühlwassermenge für den Kopf ist üblicherweise durch fest eingestelltes Drosselventil (Wasserhahn) festgelegt, womit allerdings Störungen durch schwankende Temperaturen und Drucke des Leitungswassers möglich bleiben. Nun werden die Kolonnen meist am Kopf offen gelassen zum Druckausgleich mit der Atmosphäre; das bedeutet, daß im Kopf ein Luft-Diffusions-Polster steht, das einen Teil der Kühlfläche abdeckt. Schwankungen der Kühlleistung, d. h. Störungen vom Wasser her, aber auch die bei kleineren Kolonnen noch merkliche Kühlwirkung der Außenluft auf den Mantel, gleichen sich dann — automatisch stabil — durch Änderungen des Luftpolsters, d. h. der *effektiven Kühlfläche* aus.

Für die eigentliche *Leistungsregelung* läge es z. B. nahe, die Kolonne auf *maximalen Durchsatz* zu fahren, d. h. unter Ausnutzung möglichst vieler *Grenzwerte:* Kolonnendruck nach Festigkeit, Temperatur nach Stabilität der Substanzen, vollen Druck des Heizdampfes etc. Dann würde natürlich jede Schwankung der Zuflüsse zu Änderungen aller Betriebswerte führen, d. h. die Regelung sehr kompliziert werden. Auch die andere Aufgabe, den *Durchsatz* jeweils dem Absatz des Produktes anzupassen, wäre denkbar. Dann könnte der reduzierte Durchsatz sich in einer Verkleinerung der Betriebskosten pro kg Produkt auswirken. Praktisch ist es indessen so, daß die hier möglichen Ersparnisse i. a. gering sind, es ist wirtschaftlicher, die Anlage bei geringerem Absatz zeitweilig ganz stillzulegen — Ersparnis der *Lohnkosten* — und im übrigen auf konstanten, wirtschaftlich optimalen Betriebswerten zu fahren. Das ist zwingend notwendig, wenn die Trennung nur Teil eines Fließverfahrens ist.

Vielfach ist übrigens zur Leistungsregelung die Aus-Ein- oder Zweipunktregelung zu empfehlen. Den Regelungsexperten erscheint diese oft primitiv, sie ist aber außerordentlich billig und zuverlässig. Da man Speicher und Dämpfungsglieder kennt und i. a. billig anwenden kann, wird die Zweipunkt-Regelung auch im quasistationären Betrieb, z. B. bei Kälteanlagen meist angewandt und arbeitet voll befriedigend.

In der *Kältetechnik* hat man *stetige Regelungen* auch versucht, ihre kurze Diskussion zeigt die typischen Schwierigkeiten am konkreten Beispiel auf. Man müßte über einen Drehzahl-Regler im Kompressor-Antrieb (Gleichstrom-Motor oder Getriebe) hier einen sehr weiten Regelbereich überbrücken, da die Schwankungen zwischen Sommer- und Winter-Last sehr groß sind. Man würde sogar vom Kompressor her in Schwierigkeiten geraten, da dessen Drehzahl-Grenzen meist recht eng sind — der billigeren Konstruktion zuliebe. Die erforderliche Amortisation würde jedenfalls viel höher liegen, als mögliche Einsparungen an Betriebskosten und eventuelle Qualitätsvorteile des Kühlgutes.

Von den echten stetigen Regelungen sind die *Verlust-Regelungen* zu unterscheiden, die in der Anlage billig, aber von den Betriebskosten her eigentlich sinnlos sind. Man kann z. B. die Kälteleistung bei gleichmäßig laufendem Kompressor bis auf Null herunter regeln, indem man entweder den Ansaugdruck und damit den Kältemittelstrom durch eine *Drossel in der Saugleitung* reduziert oder einen Teil des Stromes durch einen *Nebenschluß* direkt — statt über den Verdampfer — zur Saugseite zurückführt. Bei der ersten Methode ist der Drossel-Verlust — entsprechend einer Änderung des Carnot-Faktors — geringer, dafür das entstehende tiefe Vakuum im Verdichter technologisch bedenklich (Stopfbüchse!). Nahe der Grenzleistung Null, beim 2-ten Verfahren eher als beim 1-ten, muß man durch *„Nachspritz-Ventile"*, die von der Temperatur des Kompressor-Austritts gesteuert werden, Kondensat in die Saugleitung geben, um *Überhitzung des Kompressors* zu verhindern. Man kann — und hat auch — noch kompliziertere Methoden anwenden, um letztlich doch nur Verluste zu erzeugen.

Eine echte, allerdings nur stufenweise Regelungsmöglichkeit bietet das *Abschalten* von Parallel-Anlagen, einzelner Zylinder etc.

Wir kommen nochmals auf die Kühlwasser-Regelung zurück. Statt der festen Einstellung bei der Rektifikation wird bei der Kälteanlage ein *P-Regler* benutzt, indem der Kondensatordruck über eine federbelastete Membran, Wellrohr oder dergl. das Kühlwasserventil öffnet. Durch die Proportional-Charakteristik wird sogar eine *Anpassung an das wirtschaftliche Optimum* erreicht, indem bei großem Durchsatz (Anfahr-Leistung) oder wärmerem Kühlwasser der Regelungspunkt nach höheren Drucken verschoben, ein Teil der Mehrkosten auf den Kompressor-Antrieb verlagert wird. Die Aufteilung hängt vom P-Faktor, der Federkonstante ab.

Eine *Vollautomatik der wirtschaftlich optimalen Betriebsführung* ist schon deshalb kaum möglich, weil sie die schwankenden Marktpreise berücksichtigen müßte. Das führt in die Problematik der *„operations research"* (Unternehmensforschung) und kann in größeren Werken zentral bearbeitet werden. Als Ergebnis werden dann an die Betriebe technische Richtwerte oder interne Verrechnungspreise ausgegeben, die laufend den Änderungen der Marktlage angepaßt werden.

Man kann, wie das Beispiel der Kühlwasser-Regelung zeigt, eine wirtschaftlich zutreffende Einflußrichtung einplanen und durch Wahl der Federkonstante eine quantitativ richtige Reaktion im normalen Arbeitspunkt erreichen. Da die wirtschaftlichen Optima i. a. flach sind, genügt damit ein geringer Aufwand, um im normalen Regelbereich befriedigende Ergebnisse zu erzielen. Unter Umständen muß ein Kompromiß zwischen den Einflüssen verschiedener Störungen nach deren Wertigkeit und Häufigkeit geschlossen werden.

Von den unregelmäßigen und meist kurzfristigen Schwankungen, die derart von der Regelung automatisch ausgeglichen werden, sind *langfristige und größere Änderungen* zu unterscheiden, die i. a. den Bereich linearer Zusammenhänge übersteigen — z. B. Sommer/Winter, Konjunktur/Depression etc. — Hier ist es Aufgabe des *Betriebsingenieurs,* die Anlage den geänderten Gegebenheiten anzupassen, evt. unter Verwendung der vom Rechenzentrum bereitgestellten Unterlagen. Er müßte z. B. auf eine Erhöhung des Wasserpreises durch Heraufstellen des Arbeitspunktes auf einen höheren Normaldruck des Kondensators reagieren. In der Konjunktur muß mit relativ überhöhten Betriebskosten möglichst viel produziert, in der Depression umgekehrt die Anlage so gefahren werden, daß die Betriebskosten — einschließlich Löhnen — zum Minimum werden. Man könnte z. B. an Kältemaschinen zwischen Winter und Sommer die Riemenscheiben wechseln, um im Winter bei kleinerer Spitzenleistung auch kleinere Δt und damit kleinere Betriebskosten zu erreichen.

Eine *Mehrfach-Regelung* kann man so interpretieren, daß der Soll-Wert des einzelnen Reglers nicht konstant bleibt, sondern wiederum von anderen Meßwerten abhängig verstellt wird. Erfolgt die Sollwert-Verstellung nach der Uhr, so spricht man von *Programm-Regelung.* Die zeitlichen Programme können verschiedenen Schwierigkeitsgrad haben, im einfachsten Fall kann z. B. gefordert werden, daß eine Temperatur über eine bestimmte Zeitdauer gehalten wird; die Zeit läuft dann erst vom Erreichen der Temperatur ab, Abkühlungs- und Aufheizdauer bleiben unberücksichtigt. Sehr viel schwieriger ist es, wenn auch die Dauer des Abkühl- und Aufheiz-Vorganges oder sogar die Temperatur-Änderung pro Zeiteinheit konstant bzw. nach Programm vorgeschrieben wird. Z. B. muß für die Erprobung von Raumfahrt-Instrumenten der Temperatur- und Druckverlauf während des Aufstiegs simuliert werden.

In der Verfahrenstechnik interessieren zeitliche Programme vor allem in zwei Zusammenhängen. Einmal müssen die *periodisch arbeitenden Geräte* wie Regeneratoren nach der Zeit umgeschaltet werden. Nur bei schwankender Belastung oder unregelmäßigem Betrieb kommt z. B. bei Sorptiv-Regeneratoren auch Umschaltung nach Erschöpfung beim *„Durchbruch" der Beladungsfront* infrage, dann ist aber die Regenerierung i. a. ein separater, nicht mehr die ganze Nutzungsdauer anhaltender Vorgang. Im periodischen Betrieb kommt eine evt. schwankende Belastung der *Übertragungsgüte* zugute, die Beibehaltung der Periode ist nicht nur am einfachsten, sondern auch zweckmäßig.

Zum anderen kommen bei den *chargenweise arbeitenden Verfahren* Programm-Regelungen infrage. Hier wird ja die Charge im zeitlichen Nacheinander den verschiedenen Operationen unterworfen, oft im gleichen Apparat. Eine streng zeitliche Taktgabe ist evt. aus äußeren Gründen notwendig, z. B. bei der Ausnutzung von billigem Nachtstrom. Ansonsten wird aber der Zeitpunkt für Umstellungen ja primär durch den Zustand der Charge, z. B. den Ablauf einer Reaktion, bestimmt, es ist daher grundsätzlich zweckmäßiger, die Umstellung von den *gemessenen Eigenschaften der Charge* auslösen zu lassen als von der Uhr. Der Vorteil der Chargen-Verfahren liegt ja neben der billigeren Apparatur vor allem gerade in der einfacheren *Anpassung durch Variation der Zeit.* Im Fließverfahren besteht diese Ausgleichsmöglichkeit nicht mehr, es können zwar momentane Schwankungen durch Zwischen-Speicher ausgeglichen werden, auf die Dauer muß aber natürlich der Durchsatz durch die in Serie geschalteten Geräte übereinstimmen.

Beim Chargen-Betrieb besteht demnach das Programm in einer stochastischen Folge von mehr oder weniger genau durch Sollwerte festgelegten Einflüssen und aus Meßwert-Vorgaben, deren Erreichung das Programm jeweils auf den nächsten Schritt weiterschaltet.

Als letzter, aber keineswegs unwichtiger Punkt ist die *Sicherheits-Automatik* zu nennen. Leider wird dieser Punkt vielfach übersehen, da er mit dem normalen Betrieb und dessen Regelung fast keine Berührungspunkte hat. Man sollte es sich zur Gewohnheit machen, nach Abschluß der Regelungs-Planung noch eine davon unabhängige Sicherheitsautomatik zumindest für alle kritischen Störungsfälle zu entwerfen. Da hierfür einfache Schalter, also Zweipunkt-Regler ausreichen, sind die Kosten vernachlässigbar klein und können zudem durch Einsparung an Bedienungspersonal — und an dessen Qualität! — mehr als aufgewogen werden. Von Vollautomatik darf jedenfalls ohne diese automatische Sicherheit nicht gesprochen werden.

Der Grundgedanke ist etwa folgender: Bei einer *Störung,* die zur Überlastung eines Anlagenteiles oder dessen Funktionsausfall führt, muß die Anlage automatisch abschalten und abgeschaltet bleiben. Damit gleichzeitig muß 1) die *Anlage selbst geschützt* und 2) von der Anlage versorgte *Folgeanlagen gesichert* werden.

Stellt man z. B. eine mittels Wasserstrahl-Pumpe evakuierte Anlage in falscher Reihenfolge der Ventilbetätigungen ab, so saugt sie sich voll Wasser; stellt man eine üblicherweise offene Rektifikations-Anlage ab, so saugt sie mit der Abkühlung Luft ein, was zu explosiven Gasfüllungen führen kann. Durch Folgeschaltungen mit Verzögerungen, durch Bereitstellen von Inertgas zur Spülung etc. können und müssen Gefahren und Schäden vermieden werden. Erfahrungsgemäß versagen diese Regler bei einiger Wartung und turnusmäßiger Überprüfung sehr viel seltener, als die in Störungsfällen natürlich aufgeregten Bedienungsleute.

Bei Kälteanlagen ist z. B. mit dem Kühlwasser-Regler ein *Überdruck-Sicherheits-Schalter* verbunden (statt eines Sicherheits-Ventils, das zu Kältemittelverlust führen würde), der bei Wassermangel, aber auch bei Verstopfung der Leitungen, Lufteinbruch in die Anlage etc. den Überdruck auf das zulässige Maß begrenzt, indem er die Steuerleitung unterbricht und damit den Kompressor stillsetzt. Da eine der Störungen, Wassermangel vorübergehend sein kann, bleibt die Anlage hierdurch nicht abgeschaltet sondern schaltet sich nach Abbau des Überdrucks wieder ein. Die bleibenden Störungen führen aber dann bei mehrmaligem Anspringen und Abschalten zum Ansprechen des *Überlastungsschutzes im Motor-Schütz.* Dieser bleibt dann ausgeschaltet, bis der Bedienungsmann die Störungs-Ursache beseitigt und den Schütz wieder in Betriebsstellung bringt. Die logische Analyse zeigt, daß diese Schaltung für den Schutz der Anlage hinreichend, aber nicht notwendig ist, es werden endgültige Abschaltungen z. B. beim vorübergehenden Ausfall einer Phase des Drehstromnetzes ausgelöst. Der Aufbau einer Schaltung für hinreichenden und notwendigen Schutz wäre aber sehr viel teurer und unwirtschaftlicher als die gelegentliche Alarmierung des Bedienungsmannes.

Die Sicherung von *Folgeanlagen* wird meist durch *Zwischen-Speicher* am besten gelöst. Die gleichzeitige Abschaltung auch aller Folgeanlagen wäre unwirtschaftlich und oft untragbar. Eine andere Möglichkeit liegt in der Bereithaltung von *Not- und Reserve-Anlagen.* Im großen wird meist eine Unterteilung der Gesamtleistung in mehrere unabhängige *Parallel-Anlagen* vorgenommen, so daß als Reserve nur eine zusätzliche Parallel-Anlage nötig ist. Mit der ansteigenden Wahrscheinlichkeit für den Ausfall einer Anlage von vielen ergibt sich dann statistisch auch noch eine häufige und damit wirtschaftliche Inanspruchnahme der Reserve-Anlage. Im kleinen ist zu beachten, daß die *wahrscheinliche Betriebszeit* der Not-Anlage ja gegen Null geht oder gehen sollte. Man muß daher die in der Anlage billigste Lösung ohne Rücksicht auf Betriebskosten wählen. Für eine Kühlung bis herunter zu -80 °C kann die Reserve z. B. in einer Flasche CO_2 bestehen.

IV. Mechanisch- und thermo-chemische Verfahren

1. Der van't Hoff-Prozeß

In diesem Kapitel sollen die KM, CM und CW-Umwandlungen nebst ihren Umkehrungen behandelt werden. Die etwas willkürlich anmutende Zusammenfassung hat historische Gründe. Ähnlich wie bei den WM-Umwandlungen die Theorie immer vom Carnot-, die Praxis aber vom Joule-Prozeß ausgeht, wird der *chemischen Reaktion* in der Theorie die CM-Umwandlung des van't Hoff-*Prozesses* zugrunde gelegt, während die Praxis überwiegend mit der CW-Umwandlung arbeitet. Da nun weiterhin die *Konzentrations-Energie* mit maximal $RT_0 . ln\,2$, wie schon bemerkt, eine schwache Energieform ist, war es ihr Schicksal, als Untergliederung anderer Energieformen eingeordnet zu werden. Von der technischen Thermodynamik her geschah das durch begrifflichen Ersatz der Aktivität durch den Partial-Druck, womit es sich um eine Sonderform der mechanischen konvektiven Energie zu handeln scheint, von der chemischen Thermodynamik her wurde und wird die Konzentrations-Energie dagegen als eine Art degenerierter chemischer Energie angesehen — indem z. B. Diffusions-Größen statt mit Temperaturkoeffizient mit „Aktivierungs-Energie" beschrieben werden. Genau in diesem Sinne ist aber die KM-Umwandlung nach van't Hoff ein Teil der CM-Umwandlung des vollständigen van't Hoff-*Prozesses*. Daher erscheint es zweckmäßig, die 3×2 Felder der Umwandlungs-Tabelle hier zusammenhängend und in direkter Gegenüberstellung zu bearbeiten.

Da sich die klassische Theorie nur für die Umwandlungen in Arbeit interessiert, nur eine Zeile bzw. Spalte der Tabelle nach Figur 1 ausfüllt, also keine

Vollständigkeit anstrebt und zudem noch die Elektro-Energie als Sonderfall von Edel-Energie behandelt, kommt sie so tatsächlich mit 2 Prozessen aus; und da sich die klassische Theorie auch nicht für die Realisierbarkeit interessiert, benutzen beide, Carnot- und van't Hoff-Prozeß die unglückliche, utopische isotherme Zustandsänderung, die hier in der Fließbild-Theorie nur durch ein „verbotenes" Symbol dargestellt werden könnte. Beim Carnot-Prozeß kommt man durch Ersatz der Isotherme durch die Isobare zum Joule-Prozeß und durch Einführung der logarithmischen Mittel-Temperatur für die Wärmeumsätze sogar zur alten Formel zurück Beim van't Hoff-Prozeß muß man jedoch die Isotherme durch die Isentrope ersetzen und bekommt dann zwangläufig Wärme-Exergie in die Bilanz, die man entweder verloren gibt — dann ist es kein Stammfließbild mehr — oder irgendwie zurückverwandeln muß, womit man statt eines elementaren Fließbildes eine recht komplizierte Kombination erhielte. Wir wählen die erste Möglichkeit, um wenigstens eine einfache Darstellung zu haben.

Abbildung 47 zeigt den *Trennprozeß* nach van't Hoff. Durch die „semipermeable Wand", die realisierbar, aber i. a. unpraktisch ist, jedoch z. B. durch eine Gerätekombination nach Figur 3 ersetzt werden könnte, wird dem Gemisch A, B, ... jeweils nur eine Komponente mit ihrem Partialdruck entnommen. Diese wird anschließend mit einem Kompressor auf den für die Ausstoßung erforderlichen Gesamtdruck gebracht; üblicherweise kann man annehmen, daß Anfangsdruck des Gemisches und Enddruck der getrennten

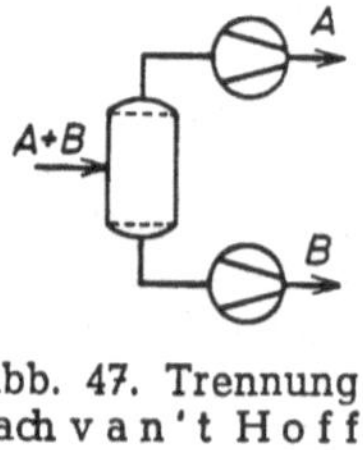

Abb. 47. Trennung nach van't Hoff mit semipermeablen Membranen und mechanischer Kompressionsarbeit.

Komponenten untereinander und mit dem Umgebungsdruck p_0 übereinstimmen. Das Dilemma der Kompression kann man so ausdrücken, daß hier eben die bekannten konstruktiven Lösungen vom Kompressor und umgekehrt Turbine etc. „nicht-idealisierbare" Maschinen sind, deren erreichbarer, der Isentrope entsprechender Grenzwirkungsgrad um so weiter gegen 100 % zurückbleibt, je größer das Druckverhältnis ist. Für die utopische Idealisierung erhält man dann rechnerisch genau die Trennarbeit, und das ist ja schließlich die Aufgabe des „Ideal-Prozesses" für den Theoretiker.

Entsprechend den *Trenn-Aufgaben* im vorigen Kapitel kann man Totaltrennung und Gewinnung nur einer Komponente unterscheiden. Bei der *Totaltrennung* muß alles zugeführte Gemisch durch halbdurchlässige Wände und Kompression gehen, wie dargestellt, bei mehr als 2 interessierenden Komponenten müssen also 3 und mehr Membranen etc. da sein. Gegebenenfalls kann man auch trennen in die einzige interessierende Komponente und das Restgemisch — sofern nur einzeln selektierende Membranen verfügbar sind durch Parallelschaltung dieser für das Restgemisch. Die andere Möglichkeit, *nur eine Komponente rein zu gewinnen,* muß vom Überfluß des Gemisches ausgehen, z. B. den interessierenden Sauerstoff der Luft lediglich durch eine für O_2 durchlässige Membran entnehmen, den daran vorbeistreichenden Luftstrom aber so groß machen, daß durch die Entnahme möglichst keine oder nur eine kleine Verringerung des O_2-Partialdruckes vor der Membran entsteht. Das Rechenergebnis stellt dann die Arbeitsfähigkeit von O_2 in der Luft-Umgebung dar.

Wenn man bedenkt, daß praktisch natürlich Konzentrations-Unterschiede auftreten, daß der Saugdruck am Kompressor aber dem kleinsten Partialdruck vor der Membran — und nicht etwa dem Mittelwert — entsprechen muß, dann bemerkt man, daß auch hier

Anpassungsschwierigkeiten bestehen, die den Prozeß unbefriedigend machen.

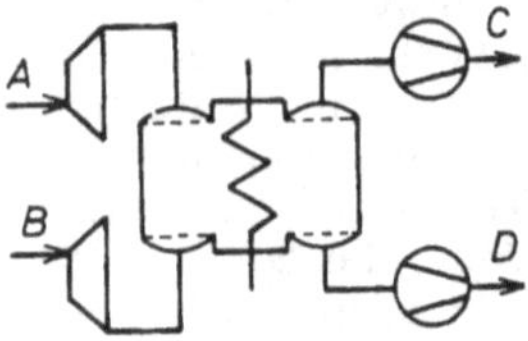

Abb. 48. Van't Hoff-Prozeß der chemischen Reaktion.

Bei der *chemischen Reaktion* ist eine Mischanlage für die Reaktanden, eine Trennanlage für die Produkte nach Abbildung 48 dem berühmten van't Hoff'schen *„Gleichgewichtskasten"* beiderseits angeschlossen. In diesem Gleichgewichtskasten soll eine Reaktion *isotherm* bei T_0 ablaufen; das bedeutet, was meist übersehen wird, daß die *Reaktionswärme* abgeführt werden muß. Der vorgestellte Reaktor muß also entsprechend dem in Abbildung 48 benutzten Fließbild-Symbol eine Wärmeübertragungsleitung zur Ab- oder auch Zufuhr der Reaktionswärme an die Umgebung haben.

Die Forderung, daß der Reaktor isotherm arbeiten soll, wird uns später noch begegnen und ist ja z. B. durch Verdampfung bzw. Kondensation des Wärmeträgers technisch zu approximieren. Sehr viel kritischer ist die Forderung des Betriebes bei *Umgebungstemperatur*. Nur bei Umgebungstemperatur T_0 besitzt die Reaktionswärme keine Exergie, Abweichung von T_0 würde also sogleich statt des MC eine MCW-Umwandlung auftreten lassen, d. h. es würde nicht mehr die vollständige Exergie der Reaktion als mechanische Arbeit gewonnen, höchstens könnte die Wärme in einer nachgeschalteten WM-Anlage wieder zurückverwandelt werden. Die Fixierung der *Reaktionstemperatur* auf T_0 beim van't Hoff-Prozeß ist aber nun aus zwei Gründen sehr bedenklich.

Vom praktisch-wirtschaftlichen Standpunkt aus kommt es vor allem auf die *Reaktionsgeschwindigkeit* an. Diese ist bekanntlich von der Temperatur recht stark abhängig — Vgl. Bd. 1, III, 15 u. 16. — und bei T_0 in vielen Fällen unbefriedigend. Die Möglichkeiten der katalytischen Beschleunigung sind zwar nicht völlig zu übersehen, aber nach dem derzeitigen Stand unserer Kenntnis doch beschränkt, so daß man schon aus diesem Grunde die Temperatur als wichtige und in sehr vielen Fällen unbedingt notwendige Variable freihalten muß, um technisch vertretbare Durchsatz-Geschwindigkeiten erreichen zu können.

Der zweite Einwand richtet sich gegen die Lage des *Gleichgewichtes der Reaktion.* Nach Bd. 1, II, 17 bis 21 kann man die Reaktionsgleichgewichte ähnlich den Dampfdruckkurven im log p-1/T-Diagramm etwa linear auftragen, wobei für „p" hier üblicherweise die Massenwirkungskonstante als Potenzprodukt der Aktivitäten gesetzt wird, aber ebenso gut speziell auch die Partialdrucke der einzelnen Reaktionspartner gewählt werden können. Das ist gerade hier sinnvoll, weil beim van't Hoff-Prozeß diese Partialdrucke als wirkliche Drucke gegen p_0 an den Membranen und Kompressoren bzw. Turbinen auftreten. Das bedeutet z. B. bei der Knallgas-Reaktion *Druckverhältnisse* von 10^{18} bei T_0. Das übersteigt aber in diesem und vielen anderen Fällen die derzeitigen technischen Möglichkeiten gewaltig.

Zur Illustration kann man die technisch genutzten und die im Labor erreichbaren — i. a. etwa eine Größenordnung weiterreichenden — Grenzen der verschiedenen Intensitätsgrößen — Druck/Vakuum, Wärme/Kälte, elektrische Spannung, Konzentration etc. — über den Jahreszahlen *logarithmisch* auftragen und erhält einen *Fortschritt* um etwa eine Größenordnung je Menschenalter. Die hier interessierenden *Konzentrationen* liegen derzeit mit technisch-physikalischen Trennverfahren im Bereich der ppM (10^{-6}), für die Membranen müßte man wahrscheinlich schon mit 10^{-3} zufrieden sein. Bei den gleichfalls interessierenden *Drucken* kommt man nach oben auf 10^5 ata, ins Vakuum bis 10^{-9} ata und darunter, dann allerdings nur noch mit sehr schlechtem Wirkungsgrad oder z. B. *Getter-Pumpen,* die ja eigentlich die Problemstellung umkehren, indem dort eine chemische Reaktion benutzt wird, um das extreme Druckverhältnis zu erreichen.

Während es im Labor und Technik ganz gebräuchlich ist, extreme Konzentrationen durch chemische Reaktionen nachzuweisen oder auch herzustellen — analysenreine Substanzen — sollte beim van't Hoff-Prozeß umgekehrt mit physikalisch-technischen Mitteln die Selektivität der chemischen Reaktionen überwunden und ihr die Richtung aufgezwungen werden. In Extrapolation der Fortschrittslinien kann man das als möglich, muß es aber jedenfalls in sehr vielen Fällen vorerst als Zukunftsmusik ansehen. Praktisch braucht man offensichtlich auch aus diesem Grunde der Gleichgewichte die Temperatur als verfügbare Variable, der van't Hoff-Prozeß kann nur ausnahmsweise als praktikabel gelten, ganz abgesehen vom Wirkungsgrad und Anlagekosten.

2. Mechanische Trennverfahren

Bei den MK-Umwandlungen hat gerade das am stärksten degenerierte Verfahren zur *Isotopen-Trennung* über gasförmiges UF_6 eine bedeutende Anwendung gefunden. Abbildung 49 zeigt das Prinzip der *Diffusions-Trennzelle.* Die physikalische Grundlage ergibt sich aus der kinetischen Gastheorie, wonach Gase verschiedenen Molekulargewichts bei gleichem Beitrag zum Druck bzw. Partialdruck sich um die Wurzel aus dem Molekulargewicht in Impuls und Stoßhäufigkeit unterscheiden. Durch eine Pore so kleinen Durchlasses, daß davor — im Abstand einer freien Weglänge — die Konzentration nicht gestört ist, tritt daher die leichtere Komponente 1 um $\sqrt{M_2/M_1}$ bevorzugt in den anschließenden Raum. Dieses Maximum der Anreicherung wird beim Austritt ins Vakuum erreicht, wobei der Verlust im Druckabfall liegt. Umgekehrt tritt mit sinkender Druckdifferenz eine Rückdiffusion auf, die Trennfaktor und Arbeitsaufwand gleichermaßen verringert, dafür aber nun größere Poren und damit größere Durchsätze ermöglicht. Die richtige Auslegung ergibt sich wieder aus der wirtschaftlichen Optimierung.

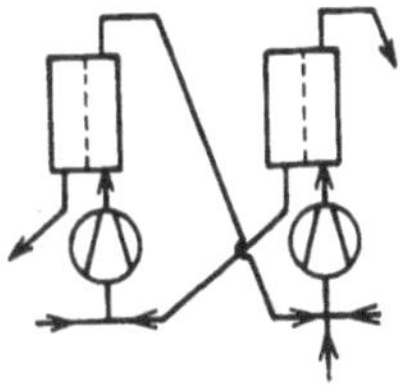

Abb. 49. Diffusions-Trennanlage. Die leichteren Moleküle werden nach links, die schwereren nach rechts hin angereichert.

Im Fließbild der Abbildung 49 erkennt man die Anwendung des *Gegenstrom-Prinzips,* die einen Fortschritt gegenüber der klassischen Vorstellung van't Hoff's bringt, während man das Verfahren ansonsten als Degeneration jenes ansehen kann.

Beim Versuch der Hinauf-Entwicklung des Fließbildes stößt man sogleich auf die Schwierigkeit, daß durch im Grenzfall isentrope Verdichtung und Entspannung mit realen Maschinen Temperaturdifferenzen, daneben aber auch immer durch Temperaturausgleich mit der Umgebung Wärmeumsätze auftreten, daß es also offenbar grundsätzlich keine reinen MK-Umwandlungen gibt, weil Konzentrations-Energie nicht ohne Rest in Arbeit aufgeht. Der Wärmeumsatz ist ja auch im van't Hoff-Verfahren in der Isotherme verborgen.

Man kann natürlich daran denken, die oben behandelten WK-Verfahren mit einer MW-*Wärmepumpe* zu betreiben, was im Bedarfsfalle wohl auch das praktischste wäre angesichts des guten Entwicklungsstandes der einschlägigen Apparaturen. Prinzipiell handelt es sich dabei jedoch um eine Hintereinanderschaltung, also ein *indirektes Verfahren,* während wir uns ja gerade die Aufgabe gestellt hatten, direkte Umwandlungen zu entwickeln. Übrigens kommt die Kombination praktisch ohnehin in Frage, wenn bei thermischen Trennverfahren „Kälte" benötigt wird, vgl. die Gasgemisch-Trennung.

Wir benutzen die Fragestellung, um das *Prinzip der äquivalenten Mittel* zu erläutern. Wo vorher, bei WK-Verfahren, nur isobare Prozesse mit variabler Temperatur in Frage kamen, können nun offenbar isotherme Prozesse (bei T_0) mit variablem Druck angewandt werden. Da bisher Kompressoren und Expansionsmaschinen für 2-phasige Gemische noch nicht entwickelt werden konnten, müssen die Druckänderungen einphasig und damit auch ohne Änderung der Konzentration erfolgen, für die Konzentrationsänderungen kommen also im wesentlichen wieder die bekannten, in sich isobar arbeitenden Apparate in Frage.

Damit ist es möglich, die oben entworfenen WK-Fließbilder zu übersetzen oder *„transponieren"* in solche der MK-Umwandlung. Z. B. ergibt sich das der Rektifikation entsprechende isotherme Verfahren nach Abbildung 50 — allerdings in degenerierter Form mit Drossel-Ventilen.

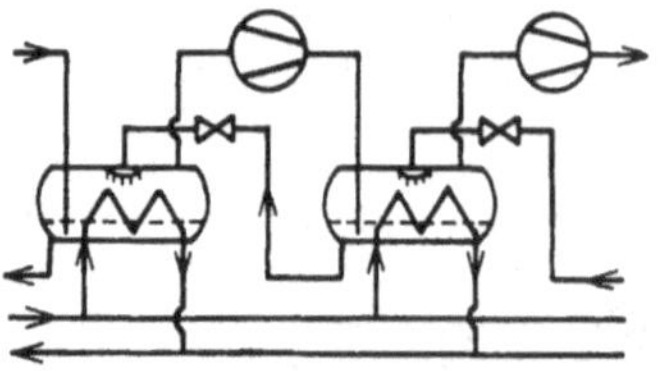

Abb. 50. Isotherme Rektifikation. Temperatur-Kopplung an die Umgebung, Kompression des Dampfes von „Boden" zu „Boden" in Richtung zum „Kopfprodukt" rechts.

Man muß überlegen, ob die Verwendung einer Anzahl von Pumpen bzw. Gebläsen wirtschaftlich sein kann. Bekanntlich steigen die Anlagekosten von Wärme- und Stoffübertragern etwa proportional der Übertragungsfläche und damit dem Durchsatz, die von Kompressoren etc. aber nur etwa mit der 0,7-ten Potenz, Turbomaschinen sogar noch weniger steil an.

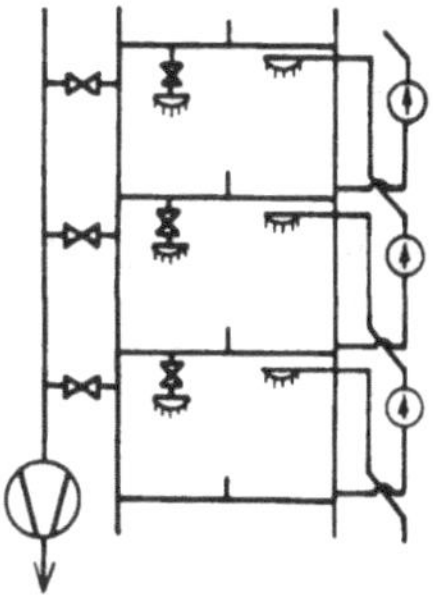

Abb. 51. Flash-Verfahren der Seewasser-Süßwasser-Trennung. Warmes Meerwasser wird links stufenweise abwärts entspannt, die Dämpfe in aufwärts gefördertes kaltes Süßwasser kondensiert.

Man kann daher bei sehr großen Durchsatzen Vorteile derartiger MK-Verfahren erwarten, wenn es gelingt, Übertragungsflächen ganz oder teilweise einzusparen bzw. höhere Übergangszahlen zu erreichen. Tatsächlich wurde für die Seewasser-Entsalzung das Fließbild der Abbildung 51 erprobt, wobei das Seewasser bei stufenweiser Entspannung ins Vakuum *(flash-Verfahren)* teilweise verdampft mit Kondensation in das gegenläufig über Pumpen geförderte Süßwasser. Das Verfahren wird erwartungsgemäß bei großen Durchsätzen wirtschaftlich. Die Antriebsleistung der Wasser- und (Entgasungs-)Vakuum-Pumpen stellt dabei allerdings nur einen Teil der Trennarbeit dar, der überwiegende wird noch als Wärme dem Seewasser zugeführt, es handelt sich also um ein kombiniertes Verfahren, das ja auch nicht isotherm arbeitet.

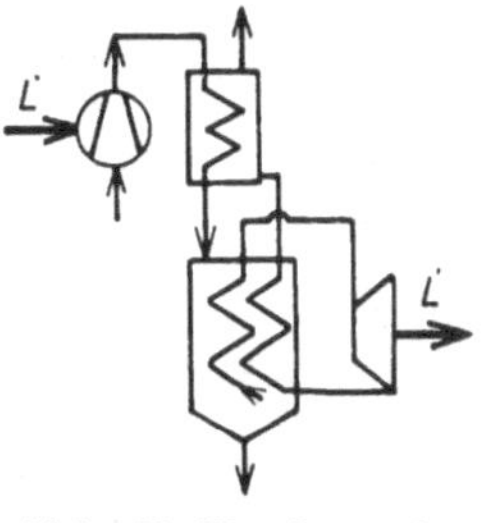

Abb. 52. Kondensation mit Aufwand mechanischer Energie.

Abbildung 52 zeigt das etwa Abbildung 24 entsprechende MK-Fließbild der *Kondensation* bei Umgebungstemperatur T_0. Entwurf aller Fließbild-Varianten für alle 4 Aufgabentypen sei wieder dem Leser als Übungsaufgabe empfohlen, wobei sich die Diskussion zunächst qualitativ auf Vermeidung bzw. Ausnutzung aller Temperaturdifferenzen beschränken kann — die exakte Durchrechnung mit Nachweis der Verluste bzw. Verlustlosigkeit im Stammfließbild erfordert viel Arbeit.

Die Verfahren werden dann auch praktisch interessant, wenn Druckänderungen ohnehin erforderlich sind, z. B. bei der *Preßluft-Trocknung* oder der *Flugzeug-Klimatisierung* [219]. Das Gas-Dampf-Gemisch wird dort selbst zum Arbeitsstoff der Wärmepumpe. Abbildung 53 zeigt das Fließbild der üblichen Flug-

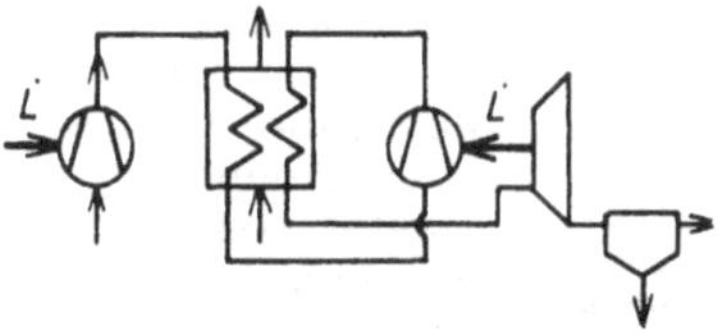

Abb. 53. Flugzeug-Klimaanlage für Höhenflug. Rechts zwischen Turbine und Kabine Wasserabscheider.

zeug-Klimaanlagen, die Druckerzeugung im Höhenflug, Kabinenlüftung und einigermaßen behagliche Konditionierung bewirken müssen. Der erste Turboverdichter ist angetrieben, bei Gasturbinen-Triebwerken wird die benötigte Kabinenluft einer passenden mittleren Kompressionsstufe entnommen. Der Überdruck der Vorstufe gegenüber der Kabine treibt das Einwellen-Aggregat aus Turbo-Verdichter und Turbine. Der praktische Vorteil gegenüber anderen Verfahren besteht vor allem im geringen Gewicht des Einwellen-Aggregates (10 kg) und den bei der Kompression erreichten relativ großen Temperatur-Differenzen, die es ermöglichen, mit kleinen Wärmeübertragungsflächen auszukommen. Das ist hier nicht nur wegen des Gewichtes, sondern auch wegen des Strömungswiderstandes im Fahrtwind (Gebläse praktisch nur im Bodenbetrieb!) wichtig.

Im vorliegenden Fall erfolgt die *Wasserabscheidung* hinter der Turbine. Die etwa isentropische Entspannung verläuft zunächst instabil ins Nebelgebiet, wobei im h-x-Diagramm die über die Taulinie hinaus verlängerten Isothermen des homogenen Gemisches gültig bleiben. Das bedeutet energetisch einen Verlust, da die in der Turbine gewonnene Arbeit infolge der instabil zu niedrigen Temperatur sinkt. Die Bildung der Nebeltropfen erfordert eine gewisse Verweilzeit, die in der Turbine nicht verfügbar ist. Praktisch werden einige Meter Kanal und der Flüssigkeitsabscheider — Zyklon-Prinzip — nachgeschaltet, worin der durch h und x fixierte Zustandspunkt in das stabile Koordinaten-Netz der Nebelisothermen springt, d. h. Enthalpie und Wassergehalt bleiben erhalten, das überschüssige Wasser kondensiert jedoch und gibt die Kondensationswärme an die Luft ab, womit deren Temperatur umspringt.

Ein erheblicher Verlust tritt übrigens dadurch auf, daß die Abluft der Kabine im Druckregler-Ventil gedrosselt und ins Freie abgeblasen wird. Bei dichter Kabine könnte aus der Entspannung Arbeit, aus der tiefen Temperatur verbesserte Kühlung und Wasserabscheidung gewonnen werden.

Verfahrenstechnisch ist offenbar ungünstig, daß bei der Kompression in MK-Fließbildern zwar der Taupunkt steigt, jedoch die Temperatur der komprimierten Gase sehr viel stärker ansteigt, das Gas-Dampf-Gemisch also zunächst in jedem Falle relativ trockner wird. Diese *Gegenläufigkeit von Druck und relativer Feuchte* zwingt zur Gegenstrom-Kühlung, macht also große und teure Wärmeübertragungsflächen nötig und ist so ein sehr gewichtiges Argument gegen die Anwendung der MK-Anlagen in der Praxis.

Die Umkehrung zu KM-Anlagen ist wegen der wenigen hierfür verfügbaren Systeme — z. B. arbeitsleistende Entspannung des CO_2 in Rauchgasen auf den Partialdruck atmosphärischer Luft — und der geringen spezifischen Leistung — z. B. beträgt die Förderhöhe einer osmotischen Pumpe mit Seewasser gegen Süßwasser nur wenige Zentimeter — praktisch höchstens als Nebeneffekt von Interesse. Immerhin sei im Anschluß an die Diskussion der *„Sonnenenergie"* in II, 5 mit Abbildung 54 das Fließbild eines entsprechenden *Kraftwerkes* angegeben. Gegenüber der oft mit mäßigem Erfolg versuchten Strahlungsheizung des Kessels auf Übertemperaturen bleibt dieser hier durch Wärmeaustausch mit der Umgebung auf T_0, das Druckgefälle wird über die Wäscher-Kombination vom Partialdruck in der Atmosphäre hergeleitet. Die Pumpen-Leistung könnte durch knapp 10 m Höhendifferenz des Luft-Desorbers unter dem Vakuum-Dampf-Absorber auf die reinen Friktions-Verluste reduziert werden, so daß als wesentlicher Verlust nur noch die Antriebsleistung der Vakuum-Pumpe zum Absaugen der im Wasser und mit dem Solekreislauf eingeschleppten gelösten Gase verbleibt — größenordnungsmäßig 10 % der Turbinen-Leistung. Obwohl das isotherme Dampfkraftwerk also durchaus realisierbar und etwa durch Kombination von Kessel und Absorber zur Umkehrung des Verdunstungs-Kondensators auch konstruktiv geschickt zu bauen wäre, hat die Idee im Zeitalter der (kern-)energetischen Fülle doch nur noch systematisch-theoretische Bedeutung.

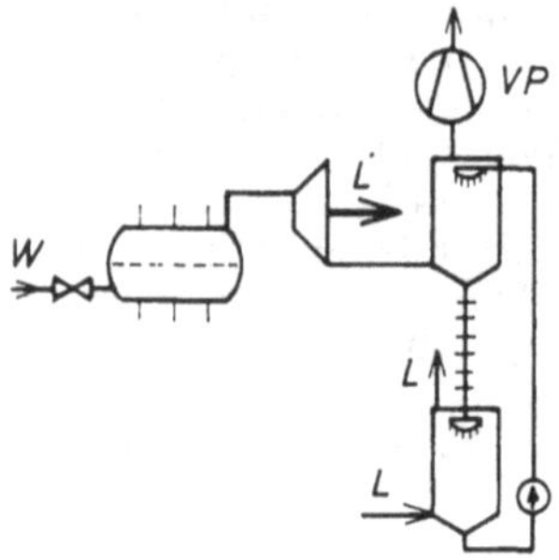

Abb. 54. Sonnenenergie-Kraftwerk mit Ausnutzung der relativen Luftfeuchte zur Wasserdampf-Entspannung.

3. Das thermo-chemische Stammfließbild

Der auch in Abbildung 2 aufgeführte *„Gleichstrom-Reaktor"* war in Bd. 2 VII, 4 als Standard-Gerät für die Umwandlungen zwischen chemischer Energie und Wärme diskutiert worden. Abgesehen von der Umkehrbarkeit umfassen die Anwendungen homogene und heterogene Reaktionen — während der Gegenstrom-Reaktor nur heterogene erlaubt — mit und ohne Katalysator. Dem entspricht auch die umfassende praktische Benutzung in den verschiedenen Degenerationsstufen.

Da „chemische Energie" sehr viel individueller an den Stoff gebunden ist, als andere Energie-Formen — z. B. kann man ein Oxydationsmittel bestimmter Arbeitsfähigkeit natürlich nicht durch ein Reduktionsmittel gleicher Arbeitsfähigkeit ersetzen — macht erfahrungsgemäß bereits das Verständnis und die meßtechnische Erfassung der *chemischen Energie* erhebliche Schwierigkeiten. Es sei daher das Stammfließbild der CW- und WC-Umwandlungen zunächst unter dem Gesichtspunkt eines *Meßverfahrens* entworfen und diskutiert.

Dabei kommt es nicht auf die Wirtschaftlichkeit und auch nicht auf die Größe, sondern lediglich auf die Übersichtlichkeit und Genauigkeit der Ergebnisse an. Dem Fließbild der Abbildung 55 liegt speziell — aber nicht etwa grundsätzlich notwendig — eine katalytisch beschleunigte Reaktion des Typs $A+B=C$ zugrunde. Die Reaktanden A und B werden zunächst vorgewärmt auf „unendlich hohe" Temperatur. Bei Annahme völliger Hemmung der Reaktion könnten die Reaktanden dabei in einer Leitung gemischt gefördert werden, andernfalls sind sie in getrennten Leitungen zu führen und erst im Kopf zu mischen, bei Umkehrung allerdings auch zu trennen.

Beim Austritt in den Katalysator-Raum beginnt die Reaktion, infolge der hohen Temperatur liegt das

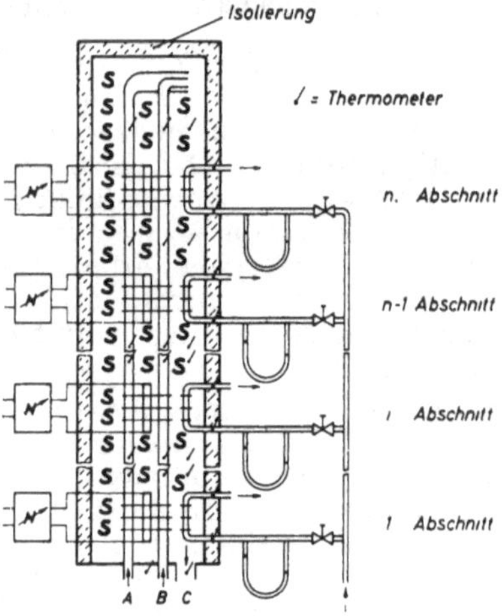

Abb. 55. Stammfließbild der Umwandlung zwischen chemischer Energie und Wärme, hier als Meßverfahren.

Gleichgewicht jedoch völlig auf der linken Seite der Reaktionsgleichung bei A+B, die *Reaktion beginnt* also tatsächlich *erst mit der Abkühlung* und verläuft dann unter dem enthemmenden Einfluß des Katalysators genau entlang dem Gleichgewicht. Das bedeutet, daß eine positiv angenommene *Reaktionswärme* jeweils in differentiellen Teilbeträgen bei der *höchstmöglichen Temperatur,* also mit größtem Carnot-Faktor, *größter Exergie* freigesetzt wird.

In den angekoppelten Leitungen werden die Wärmeströme $\Delta \dot{Q}$ angepaßt und meßbar entnommen, eventueller Wärmebedarf, d. h. negative $\Delta \dot{Q}$, werden umgekehrt durch entsprechende Heizströme bzw. in der Meßeinrichtung natürlich durch elektrische Heizung zugeführt.

Da die Reaktion i. a. bei Umgebungstemperatur T_0 noch nicht völlig abgelaufen ist, vielmehr das Gleichgewicht erst bei $T = O$ sich vollständig auf die rechte Seite nach C verschiebt, müßte noch ein *Tieftemperatur-Teil* angeschlossen werden, in dem umgekehrt Wärmezufuhr einfach, Wärmeabfuhr nur mit Kältemaschinen möglich ist.

Die gesamte abgegebene Wärme $\Sigma i\, \Delta \dot{Q}_i = \Delta \dot{H}$, ist also gleich der Reaktionswärme, bezogen etwa auf mol/h und leicht umzurechnen auf $\Delta \mathfrak{H}$ in kcal pro Formelumsatz. Sofern nun *Temperaturbereiche mit negativem Wärmestrom* auftreten, vergrößert sich natürlich die Summe der positiven Teilströme um die der negativen, da insgesamt ja $\Delta \dot{H}$ herauskommen muß. Die negativen Bereiche ergeben sich durch die Gegenstrom-Vorheizung der Reaktanden, indem z. B. bei der Knallgas-Reaktion die spezifische Wärme der linken Seite ($2H_2 + O_2$) größer als die der rechten ($2H_2O$) ist.

Die *Exergie der Reaktion* ergibt sich wieder als Summe aus den mit dem zugehörigen Carnotfaktor Ca_i multiplizerten Wärme-Teilströmen zu $\Delta \dot{E} = \Sigma i\, Ca_i \cdot \Delta \dot{Q}_i$, *wobei* im Carnot-Faktor wie üblich die logarithmische Mitteltemperatur des i-ten Bereiches einzusetzen ist.

Da der Exergiestrom durch die Formel $\Delta \dot{E} = \Delta \dot{H} - T_0 \Delta \dot{S}$ definiert ist, erhält man nun aus den Meßwerten $\Delta \dot{E}$ und $\Delta \dot{H}$ auch den *Entropie-Strom* $\Delta \dot{S} = (\Delta \dot{H} - \Delta \dot{E})/T_0$ und durch Umrechnen auf den Formelumsatz (Mol) die *Reaktions-Entropie* $\Delta \mathfrak{S}$.

Die *Genauigkeit* der Temperatur- und Wärmestrom-Messung kann beherrscht, abgeschätzt und korrigiert werden, insoweit ist das Ergebnis zuverlässig, solange man in den im Labor beherrschbaren Temperaturbereichen bleibt. Kritisch sind die Grenzen, verglichen mit der konventionellen *Entropie-Definition* und Messung als Integral der *reduzierten Wärmen* mit

$T = O$ als Grenze tritt hier sogar die Grenze $T = \infty$ hinzu. Praktisch liegt der Fall aber gänzlich anders:

Bei den reduzierten Wärmemengen steht die absolute Temperatur im Nenner, geht also gegen Null, und die Genauigkeit hängt entscheidend davon ab, daß der Zähler an der Grenze der erreichbaren Tieftemperatur schon vernachlässigbar klein geworden und in den Debye-Bereich eingetreten ist, so daß er schneller als der Nenner gegen Null geht. Hier geht aber der Zähler an beiden Grenzen ganz grundsätzlich steil gegen Null, so daß man die für die Genauigkeit wirklich notwendigen Temperaturbereiche drastisch einschränken darf. Das hängt mit dem Zusammenhang zwischen *Reaktions-Gleichgewicht* und *Reaktions-Umsatz* zusammen wie folgt:

An den Grenzen selbst sind die im Gegenstrom geführten Stoffströme identisch, bei $T = O\,C$, bei $T = \infty$ $(A + B)$ bzw. deren thermisch dissoziierte Bruchstücke, Ionen etc. Daß der Zähler sich von Null unterscheidet — und wieviel — hängt allein vom Reaktions-Gleichgewicht ab. Dieses verschiebt sich in einem bestimmten Temperaturbereich von beiläufig 30 bis 100 grd jeweils etwa gleichmäßig um eine Zehner-Potenz, einen merklichen *Umsatz* bedeuet das aber nur beiderseits in der Nähe der *„Reaktions-Temperatur"*, die dadurch definiert ist, daß die Gleichgewichtskonstante den Zahlenwert 1, ihr Logarithmus 0 bekommt. Wie man leicht nachrechnet ändert sich im Bereich der mittleren Zehnerpotenz der Umsatz von 76 % auf 24 %, also um 52 %, in den anschließenden der Reihe nach noch um 21 %, 3 %, 0,3 % etc, d. h. der Temperatur-Bereich, der meßtechnisch und natürlich auch für die chemische Produktion interessiert, ist ziemlich eng begrenzt. Abgesehen von wenigen Tieftemperatur-Reaktionen und einer Anzahl sehr energiereicher Brennstoff-Reaktionen, deren Reaktionstemperaturen aber noch erheblich unter den in der *Plasma-Physik* beherrschten liegen, fällt damit sogar das Meßverfahren — und um so mehr die Produktions-Interessen — in den praktisch bequem und genau zugänglichen Bereich.

Die zunächst schwerverständliche Tatsache, daß die *Reaktions-Exergie größer als die Reaktionswärme* sein kann, obwohl doch der Carnot-Faktor bestenfalls gleich 1 werden kann, findet aus dem Stammfließbild eine auch technisch einleuchtende Erklärung: In den betreffenden Fällen mit negativer Reaktions-Entropie existieren Temperaturbereiche nahe T_0, in denen Wärme aufgenommen wird. Diese Wärme muß dann zusätzlich bei hoher Temperatur mit abgegeben werden, bei der Aufnahme ist der *Carnot*-Faktor klein, bei der Abgabe groß, es resultiert ein Exergie-Überschuß. Ingenieurmäßig stellt dann die *chemische Reaktion eine Wärmepumpe* dar mit Wärmeaufnahme bei tiefen und Abgabe bei hohen Temperaturen.

Der naheliegende Gedanke, diese interessante Eigenschaft im Stammfließbild direkt auszunutzen, scheiterte in der Praxis daran, daß die *Temperaturgrenzen* wirtschaftlicher Anlagen sehr viel enger gezogen sind:

Die *untere Temperaturgrenze* nutzbarer Reaktionen wird durch die *Reaktionsgeschwindigkeit* bestimmt. Für die ungehemmte und für die katalytisch beschleunigte Reaktion sinkt die Geschwindigkeit wieder wie oben die Gleichgewichte in auch zahlenmäßig etwa vergleichbaren Temperaturbereichen jeweils um eine Zehner-Potenz ab, es kommt also zwangsläufig die Temperaturgrenze, an der der Anlagen-Aufwand für die Reaktoren großer Verweilzeit durch den erzielten Umsatz nicht mehr gedeckt wird.

Die *obere Grenze* ist einerseits ziemlich allgemeingültig durch die *Werkstoffe* des Apparatebaues, insbesondere ihre Festigkeit bestimmt. Hinzu kommt die Korrosionsbeständigkeit, die für die verschiedenen Reagentien natürlich differiert, andererseits aber durch Plattierung, Ausmauerung und andere Oberflächen-Überzüge aus oft sehr kostspieligen, aber nur in relativ kleinen Mengen benötigten Materialien weitgehend sichergestellt werden kann.

Eine weitere Temperaturbegrenzung ergibt sich daraus, daß sehr viele technische Reaktionen von unerwünschten *Neben-Reaktionen* begleitet sind. Deren Reaktionsgeschwindigkeit steigt natürlich auch mit der Temperatur, man kann sie bis zu einem gewissen Grade durch *„Inhibitoren"*, also negative Katalyse, abbremsen, aber irgendwo wird die Grenztemperatur erreicht, bei der die Bevorzugung der erwünschten Reaktionen nicht mehr zu beherrschen ist, sich vielmehr das oft sehr ungünstige *Simultan-Gleichgewicht* einstellt.

Durch diese praktischen Begrenzungen der Temperatur wird es notwendig, das Stammfließbild zu modifizieren. Das führt auf verschiedene Wege, jenachdem ob die *Arbeitsfähigkeit* oder Wärmetönung der Reaktion oder das *chemische Produkt* das technische Ziel des Verfahrens darstellt. Tatsächlich tritt ja i. a. beides auf und auch bei rein chemischen Produktionen ist die nutzbare Abwärme oft von beachtlichem Wert und Einfluß auf die Wirtschaftlichkeit des Verfahrens. Wir beginnen mit der Wärmeausnutzung aus Verbrennungsprozessen, weil diese dem Ingenieur näher liegen, i. a. chemisch einfacher sind und weil daher ihre fließbild-theoretische Durchleuchtung eine bessere Einführung in das allgemeine Verständnis bringt.

4. Wärme als Nutzeffekt

Ein besonders einfacher Fall liegt in der wechselseitigen *symmetrischen Umwandlung* zwischen Wärme und chemischer Energie vor. Abbildung 56 zeigt das Fließbild einer *Fernheizung* mittels chemischer

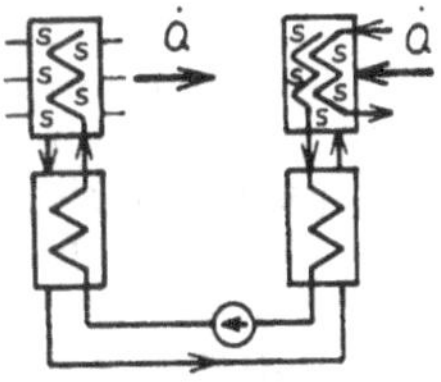

Abb. 56. Fließbild einer Reaktions-Fernheizung, Wärmeübertragung über kalte Leitungen.

Energie. Es wird eine Reaktion vorausgesetzt, die normalerweise stark gehemmt ist, aber katalytisch beschleunigt werden kann. Z. B. wird die Reaktion: Ester + Wasser = Alkohol + Säure + Wärme durch Wasserstoffionen, z. B. durch H-Ionenaustauscher katalysiert.

Man läßt nun in der *Heiz-Zentrale*, im Fließbild rechts, durch Wärme-Zufuhr bei steigender Temperatur im Katalysator die Reaktion nach links laufen, d. h. man belädt das Reaktionsgemisch mit chemischer Energie in Form erhöhten Ester-Gehaltes. An der *Nutzungsstelle* verläuft die Reaktion bei sinkender Temperatur zurück unter Abgabe der anteiligen Reaktionswärme.

Da die Reaktion nach Austritt aus dem Katalysator stehen bleibt, kann man in der freien Leitung die Temperatur ändern, ohne daß die aufgenommene chemische Energie sich ändert, man kann insbesondere über zwei Gegenstrom-Wärmeübertrager auf T_0, hier winterliche Außentemperaturen abkühlen und die *Fernheizungsleitungen* daher ohne Isolationskosten und trotzdem auftretende Wärmeverluste *kalt* betreiben. Gegenüber der konkurrierenden Möglichkeit, die Fernheizung mit Konzentrations-Energie durch Ab- und Desorption zu betreiben, hat die chemische Energie den Vorteil, daß man hier mit 2 Leitungen auskommt, während man dort für arme und reiche Lösung sowie Sorbat-Dampf insgesamt 3 Leitungen benötigt.

Andererseits demonstriert das Modell auch die Notwendigkeit einer engen *Zusammenarbeit zwischen Chemiker und Ingenieur*, da die Auswahl des geeigneten Reaktionsgemisches und seine wirtschaftliche Herstellung ohne die hier sehr speziellen Fachkenntnisse des Chemikers nicht möglich — und übrigens bislang auch noch nicht gelöst ist. Für das Reaktionsgemisch ist hier zu fordern, daß die Summe der spezifischen Wärmen beider Seiten der Reaktionsgleichung möglichst gut übereinstimmt — andernfalls gibt es Wärmeverluste in den Wärmeübertragern. Einhaltung dieser Bedingung bedeutet, daß *Reaktionswärme* $\Delta \mathfrak{h}$ und *-Entropie* $\Delta \mathfrak{s}$ von der Temperatur unabhängig, also *konstant* sind. Unter dieser Voraussetzung kann man wiederum die oben definierte *Reaktionstemperatur* einfach angeben: $T_R = \Delta \mathfrak{h} / \Delta \mathfrak{s}$. Durch Abweichung von der stöchiometrischen Zusammensetzung kann man T_R etwas verschieben, gleichzeitig verringert sich aber die Reaktionswärme pro m^3 umlaufendes Gemisch. Jedenfalls sollte natürlich $\Delta \mathfrak{h}$ möglichst groß und T_R im Nutzungsbereich sein, damit die nutzbare Reaktionswärme: Umsetzungsgrad $\cdot \Delta \mathfrak{h}$ groß wird.

Da hier die *Temperatur der Wärmeabgabe* nicht über die der Aufnahme ansteigen kann, erweist es sich, daß die *Begrenzung der Temperatur mit der Begrenzung des Umsetzungsgrades gekoppelt* ist. Die Konsequenz hiervon ist für die chemische Produktion im folgenden Abschnitt altbekannt, für die hier interessierende Wärme-Nutzung macht sie jedoch Schwierigkeiten.

Betrachten wir die *Kohle-Verbrennung* als eine der wichtigsten Heiz-Reaktionen, so hängt die hohe Reaktionstemperatur mit dem hohen O_2/CO_2-Verhältnis im Reaktionsraum zusammen. Zum Erreichen der technisch gerade noch nutzbaren Temperaturen bis etwa 700 °C wäre umgekehrt nur eine ganz geringe O_2-Konzentration in nahezu reinem CO_2 erforderlich. Man kommt dann zu einem Fließbild nach Abbildung 57, worin Brenn- und Abgas über Wärmeübertrager —

entsprechend einem sehr guten "Luvo"-(Luft-Vorwärmer) — zu und abgeführt werden. Die *geringe Dosierung des O_2* kann z. B. im fast geschlossenen Kreis dadurch erfolgen, daß ein geeignetes Oxyd — z. B. ein Metall-Oxyd — bei T_0 durch das Abgas reduziert wird. Ein Oxyd hat ja einen bestimmten *Dissoziationsdruck*, natürlich temperaturabhängig; wenn der O_2-Partialdruck im Abgas kleiner als dieser Dissoziationsdruck ist, wird das Oxyd reduziert, der O_2-Partialdruck steigt an die Grenze des Dissoziationsdruckes (bei T_0).

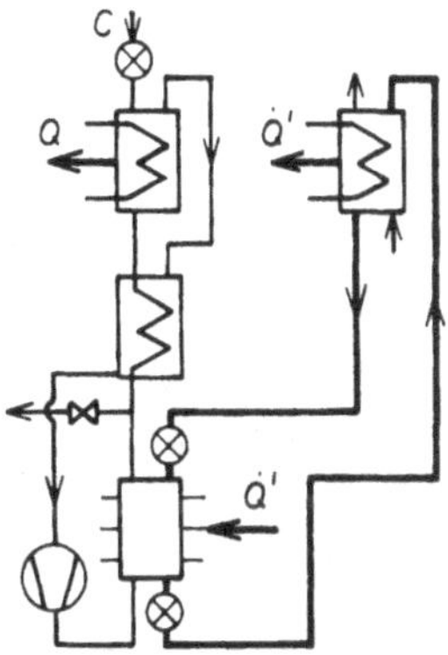

Abb. 57. Wärmetransformation bei Kohlenstoff-Oxydation. $\dot{Q}'$ ist die zusätzlich gewonnene Wärme.

Man würde auf diese Weise eine O_2-Dosierung erhalten, die die Reaktionstemperatur begrenzt, gleichzeitig würde aber das Oxyd reduziert. Die Reduktion ist eine endotherme Reaktion, muß also bei T_0 der *Umgebung (kostenlose) Wärme entziehen.* Der durch laufende O_2-Aufnahme und CO_2-Bildung daraus im Kreis entstehende Gas-Überschuß muß natürlich abgeblasen werden.

Das reduzierte Oxyd entsteht durch Ausnutzung der überschüssigen Exergie der Kohle-Verbrennung, man könnte es als chemisches Neben-Produkt oder aber im vorliegenden Zusammenhang als *Sekundär-Brennstoff* ansehen. Dann würde der Sekundär-Brennstoff mit Luft wieder zum Oxyd verbrannt bei einer Nutztemperatur, die der für die begrenzte Kohle-Reaktion entspricht; im Endergebnis erhält man als Nutzwärme die Summe der Reaktionswärmen von Kohle und Sekundär-Brennstoff, also eine *wärmepumpenartige Vermehrung der Nutzwärme.*

Das Ganze ist offensichtlich einer *Transformation* sehr ähnlich, man hat dementsprechend auch wieder zwei gekoppelte Kreise. Von der eigentlichen Kombination CW-Reaktion und WW-Transformation, die ja auch möglich, aber als indirekte Umwandlung unbefriedigend wäre, unterscheidet sich der Prozeß dadurch, daß eben nur 2 und nicht 3 Kreise auftreten.

Bei den Transformationen war festgestellt worden, daß die ursprüngliche Energieform zunächst in eine Zwischen-Form, die *Kopplungs-Energie* umgewandelt und dann wieder zurückverwandelt werden muß. Im Fließbild nach Abbildung 57 war die Kopplungs-Energie wieder Konzentrations-Energie (Partialdruck!), wie schon in I, 9. Der *Nachteil* dieser „schwachen" Energieform wirkt sich darin aus, daß durch den Kohle-Reaktor riesige Mengen Gas mit ganz geringer O_2-Konzentration geblasen werden müßten, ehe ein Mol O_2 umgesetzt wäre.

Es gibt prinzipiell *einfachere Transformationen,* insbesondere unter direkter Benutzung der chemischen Energie-Form. Z. B. könnten die *verschiedenen Oxydations-Stufen* gerade der Kohlen-Verbrennung zu der Kombination einer exothermen Hochtemperatur-Reaktion: $2\,C + O_2 = 2\,CO$ mit einer endothermen Tieftemperatur-Reaktion: $2\,CO = CO_2 + C$ führen. Leider liegen die möglichen Reaktionstemperaturen für derartige Kombinationen fest und i. a. so ungünstig, daß die praktische Nutzung nicht möglich ist — im o. a. Fall der Kohle-Reaktionen liegt die endotherme „Tief"-Temperatur-Reaktion mit rund 1000 °C höher als die obere technische Nutzungsgrenze.

Erst die quantitative Untersuchung könnte ergeben, welche zusätzlichen Geräte noch vorzusehen oder welche Betriebsbedingungen einzuhalten wären, um zum Stammfließbild zu kommen, das im Grenzfall den *Brennstoff-Verbrauch* um etwa den Faktor 3 reduzieren würde.

Vergleicht man diese Diskussion der Möglichkeiten, *chemische Exergie bei begrenzter Nutztemperatur in Wärme-Exergie umzuwandeln,* mit der Diskussion des van't Hoff-Prozesses in 1, so sind beide für die Praxis uninteressant. Beim van't Hoff-Prozeß handelt es sich jedoch um maschinenbauliche Schwierigkeiten, also eine technische Utopie, während es sich hier um eine wirtschaftliche Utopie handelt: Es ist billiger, 3 kg Kohle in einer degenerierten „Feuerung" als nur 1 kg in einer hochentwickelten CW-Anlage zu verbrennen. Immerhin muß man im Zeitalter der Raumfahrt gegen wirtschaftliche Utopien vorsichtig urteilen.

Die praktisch-technische Entwicklung verlief über die CW-WM-Kombination, wobei die CW-Umwandlung fast völlig degeneriert belassen und die Verbesserung nur in der Erhöhung der Nutztemperaturen gesucht wurde. Besonders erfolgreich waren in dieser Hinsicht die *Kolben-Verbrennungsmotoren,* deren periodisches Spiel sehr hohe mittlere und Spitzen-Temperaturen während des Arbeits-Taktes erlaubt. Verbesserungschancen wurden allenfalls in den unten zu behandelnden Umwandlungen in Elektro-Energie — direkt oder neuerdings auch in Ausnutzung der hohen Reaktions-Temperaturen — gesucht.

Nur ein ziemlich kleiner Teil der aus Verbrennung gewonnenen Wärme wird tatsächlich bei sehr *hohen Temperaturen* gebraucht, für chemische Reaktionen, Sintern, Schmelzen etc. Dort reicht teilweise die direkt, auf der Reaktions-Isenthalpe erreichbare *„Flammentemperatur"* nicht aus, teilweise regte das rapide Absinken der nutzbaren Wärme — um nicht vom Wirkungsgrad zu sprechen — zur Vorwärmung an, konstruktiv fast immer als *Regenerativ-Öfen* ausgeführt.

5. Stoff als Nutzeffekt

Da die chemische Energie immer individuell ist, kann das Wesen der chemischen Prozesse vernünftigerweise nur am konkreten Beispiel erläutert werden. Wir wählen als erstes Beispiel die *Ammoniak-Synthese*. Aus der Reaktionsgleichung $3H_2+N_2=2NH_3$ ist für die homogene Gas-Reaktion schon abzulesen, daß das Gleichgewicht durch höheren Druck in Richtung auf NH_3 verschoben wird. Erhöhte Temperatur schiebt das Gleichgewicht in ungünstiger Richtung zurück, erhöht jedoch die Reaktions-Geschwindigkeit. Die Zusammenhänge lassen sich im h-ξ-Reaktionsdiagramm nach Algermissen [20] (Vgl. Bd. 1, II, 19) darstellen. Abbildung 58 skizziert die Verhältnisse für den gewählten Betriebsdruck.

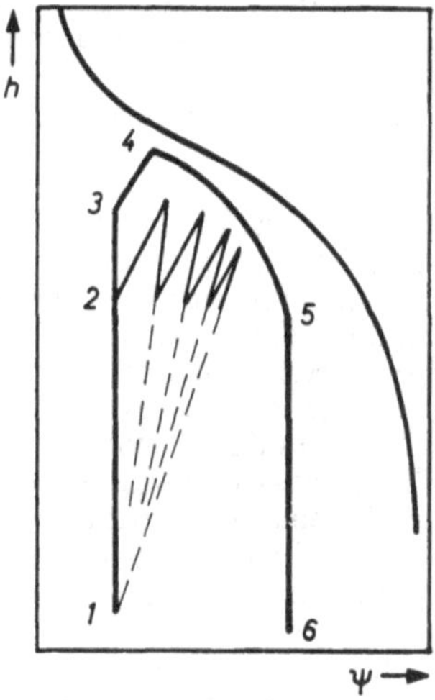

Abb. 58. h-ψ-Reaktionsdiagramm für NH_3-Synthese. Verlauf 1 ... 6 entsprechend Abb. 59, Zackenkurve bei Kühlung durch Zumischen kalten Frischgases.

Da der Einsatz bereits NH_3 enthält, kommt die „unendlich hohe" Reaktionstemperatur auch theoretisch nicht mehr infrage. Da die Wärmeausnutzung nur als Nebeneffekt interessiert, wird die Vorwärmung nur soweit getrieben, daß beim Eintritt in den Katalysator eine genügende Reaktionsgeschwindigkeit erreicht wird. Die Reaktion läuft dann entlang der *„Reaktions-Adiabate"* auf die Gleichgewichtskurve zu, der Schnittpunkt würde der *„Flammentemperatur"* entsprechen. Durch die trotz Katalysator verbliebenen Hemmungen, also endliche Reaktions-Geschwindigkeit, wird die Gleichgewichtskurve nicht erreicht, es bleibt eine Differenz, die als *„Affinität"* die treibende Kraft zum Weiterlaufen der Reaktion bedeutet und sich aus der wirtschaftlichen Optimierung ergibt.

Durch die nun einsetzende Kühlung wird die Gleichgewichtskurve in günstiger Richtung verschoben, die Gleichgewichtskurve läuft also vor dem Darstellungspunkt der Reaktion davon, die treibende Affinität bleibt etwa konstant. Mit sinkender Temperatur sinkt auch die Reaktionsgeschwindigkeit, schließlich kann der Darstellungspunkt der Reaktion der günstigen Verschiebung des Gleichgewichts nicht mehr schnell genug folgen, die Reaktion reißt bei unvollständiger Ausbeute ab.

Wirtschaftlich ist abzuwägen zwischen *Reaktor-Kosten* — steigend mit Verweilzeit, Druck und Temperatur — *Betriebskosten* — steigend mit dem Druck — und *Ausbeute* — steigend mit Verweilzeit und Druck, sinkend mit höherer Temperatur.

Abbildung 59 zeigt das *Fließbild,* worin die Zustände übereinstimmend mit Abbildung 58 — soweit dort erfaßt — numeriert sind. Der nächste Schritt besteht darin, daß

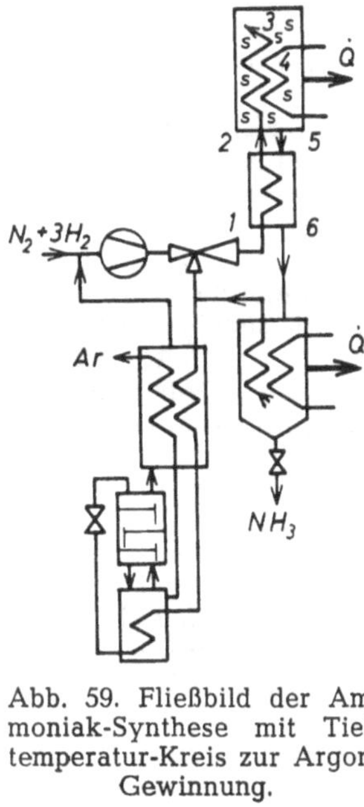

Abb. 59. Fließbild der Ammoniak-Synthese mit Tieftemperatur-Kreis zur Argon-Gewinnung.

aus dem ammoniakreichen Abgas des Reaktors nach der Gegenstrom-Kühlung mit dem zuströmenden Frischgas-Gemisch der Dampf-Bestandteil NH_3 soweit kondensiert wird, wie es einfach mit Kühlwasser möglich ist. Hier wird also das *Trennverfahren in den Kreis der Reaktion eingegliedert,* wobei wegen des *Kreisschlusses* weder bei der Reaktion 100 % noch bei der Trennung 0 % NH_3-Konzentration erreicht zu werden brauchen, sondern die Festlegung der Grenz-Konzentrationen der wirtschaftlichen Optimierung überlassen bleibt, ohne daß die endgültige, nahe 100 % liegende Ausbeute davon berührt wird.

Das Restgemisch aus der Kondensation geht in den Reaktionskreis zurück, es wird dem Frischgas zugemischt, z. B. durch das *Strahlgebläse,* das in Abbildung 59 vorgesehen ist und ausreicht, um den Kreisstrom zu fördern.

Bei reinem Synthese-Gas gibt es hier keine störenden Nebenreaktionen, die Reinigung des Synthese-Gases — z. B. aus Wassergas-Reaktion: Luft + Wasserdampf + Kohle = Synthesegas + CO_2 — versagt aber üblicherweise gegenüber dem in der Luft enthaltenen rund 1 % *Argon,* das sich dann im Kreislauf anreichert und mit einem Teilstrom abgelassen werden muß. Nach Jungnickel [220] schließt man eine *Tieftemperatur-Rektifikation* dieses Teilstromes an und gewinnt so *Argon als Sumpfprodukt* auf besonders wirtschaftlichem Wege.

Das Produktionsverfahren zeigt die elementaren Fließbilder in sehr glücklicher, dem Stammfließbild nahekommender Kombination. Man stellt z. B. fest, daß bei Konstanthaltung der Konzentrationen etc. ein Mehraufwand an Kompressionsarbeit für die Erhöhung des Druckes sich als Vergrößerung der Reaktions-Temperatur und damit der Wärme-Exergie wiederfinden würde.

Die Kombinationsmöglichkeiten sind natürlich sehr zahlreich und müssen es auch sein, um das Fließbild den Erfordernissen jeder Reaktion anpassen zu können. Vielfach wird auch *Reaktion und Trennung direkt kombiniert,* wenn z. B. bei einer Reaktion A + B = C + D der Abfall D — etwa Wasser bei einer Veresterung — abgetrennt und damit die Reaktion im Grenzfall bis zum Ende getrieben wird.

Sofern *Nebenreaktionen* auftreten, müssen deren Produkte in ähnlicher Weise wie oben aus dem Kreislauf entfernt werden. Andererseits kann man ihre automatische Anreicherung auch bis zum Simultan-Gleichgewicht laufen lassen und damit die unerwünschte Nebenreaktion zum Stehen bringen.

Der *Temperaturverlauf im Reaktor* entspricht meist dem Beispiel: Im Anfang ist die Reaktionsgeschwindigkeit so groß, daß ein Anstieg der Temperatur kaum verhindert werden kann. Die Ausnutzung der Wärme-Exergie interessiert ja nur selten — sonst könnte man bewußt die Gegenstrom-Vorwärmung höher treiben —, vielfach muß aber der Temperatur-Anstieg wegen der Nebenreaktionen gestoppt werden. Man ordnet dann meist den Katalysator in dünnen Schichten — z. B. auf Sieben — an, zwischen denen gekühlt wird. Eine der einfachsten *Kühlmethoden* besteht in der *Zumischung von kaltem Frischgas,* der Zustandsverlauf entspricht dann etwa der Zackenkurve in Abbildung 58. Befriedigender wäre es freilich, wenn die Einsatz-Konzentration von vornherein so klein wäre, daß die Grenztemperatur gar nicht überschritten werden kann. Das ärmere Einsatz-Gemisch ist ja vielfach billiger.

Wenn die Ausbeute sehr hoch ist, lohnt oft die Kreisführung nicht, man kommt dann zu den apparativ einfacheren und billigeren *„once through" (Einmal durch)-Reaktionen.* Als Beispiel sei die Darstellung von *Formaldehyd* aus Methanol auf Kupfer- oder Silber-Kontakt genannt. Die Reaktion $CH_3OH = CH_2O + H_2$ ist endotherm, man deckt den Wärmebedarf durch Verbrennen des Wasserstoffs, d. h. durch teilweisen Übergang zu der exothermen Reaktion $CH_3OH + \frac{1}{2} O_2 = CH_2O + H_2O$. Das bedeutet, daß die *„Abwärme"* des Prozesses hier nicht als Wärme, sondern als *chemische Energie* des übrig bleibenden Wasserstoffs in Erscheinung tritt: Eine Verbesserung erhöht die H_2-Konzentration im Abgas. Es wird gerade soviel Luft zugesetzt, daß die optimale Reaktionstemperatur — mit 80 bis 90 % Aldehyd-Ausbeute — erreicht wird. Damit das Gemisch nicht explosiv wird, verdünnt man mit Inertgas, üblicherweise Wasserdampf.

Die energetische Ausbeute wird natürlich umso besser, je besser der Wäumeaustausch zwischen zu- und abströmendem Gemisch ausgelegt wird. Unglücklicherweise neigt aber der Aldehyd zum *Polymerisieren,* so daß man ihn abschrecken und in Wasser absorbieren muß: Formalin, bis 30 % sicher gegen Polymerisation. Es ergibt sich das Fließbild der Abbildung 60, der Wärmeübertrager ist degeneriert.

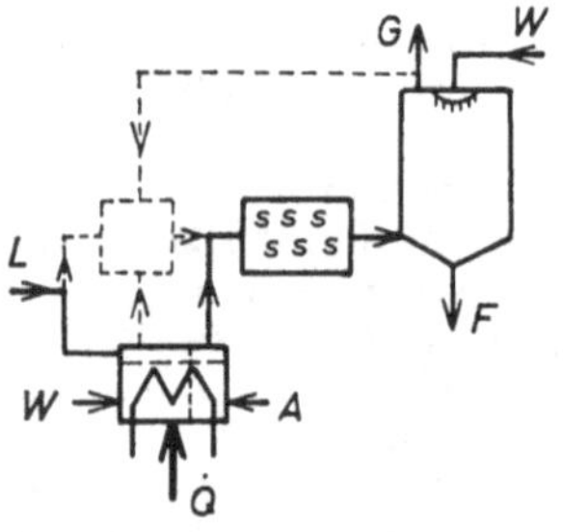

Abb. 60. Fließbild der Erzeugung von Formaldehyd aus Methanol. Gestrichen: Variante mit Heizung aus Abgas, Reaktion ohne O_2.

In *Nebenreaktionen* kann sich hier Methan, CO, CO_2 und Ameisensäure bilden, außerdem bleibt natürlich unreagiertes Methanol übrig. Mengenmäßig kritisch ist CH_4 und CO_2, deren Verhältnis natürlich vom Sauerstoff-Einsatz abhängt. Bei üblicher Prozeßführung überwiegt der CO_2-Verlust, Reduzierung des Sauerstoffs bzw. Kreisschluß mit H_2-haltigem Abgas würde das Verhältnis in Richtung auf Methan-Bildung verschieben. Kleinster Gesamtverlust tritt ein, wenn die CH_4- und CO_2-Bildung vergleichbar ist. Der im Kreisschluß zugesetzte Wasserstoff würde andererseits die Explosionsgefahr erheblich vergrößern.

Da es jedoch nicht auf den Sauerstoff, sondern nur auf die Wärme der Knallgas-Reaktion ankommt, besteht eine brauchbare *Variante* darin, Brenngas + Luft in optimalem Verhältnis (Brenngas-Überschuß) in der Flamme reagieren zu lassen und dem Methanol-Dampf vor dem Kontakt diese Flammengase, evtl. durch Zumischung von Wasserdampf vorgekühlt, beizumischen.

Wie gesagt ist die once-through-Reaktion einfacher und anlagemäßig billiger, die Grenze, von der an es angebracht ist, zum Kreisschluß überzugehen, hängt neben den technisch-physikalischen Bedingungen aber unter Umständen auch von der *Produktions-Rate* ab. Wenn z. B. soviel Aldehyd produziert wird, daß 1 % Ausbeute-Steigerung 10^5 bis 10^6 DM/Jahr Gewinn-Steigerung bedeutet, wird die Feinarbeit an der Prozeßführung sehr interessant.

V. Elektrische Verfahren

1. Elektro-mechanische Wandler und Elektro-Transformatoren

Die hier zusammengefaßte Gruppe ist mit 9 Feldern der Umwandlungstabelle Abb. 1 unter Beteiligung von Elektro-Energie die größte, ihre Bearbeitung wird jedoch aus verschiedenen Gründen sehr kurz. Die ME, EM-Umwandlungen und EE-Transformation fallen in die Kompetenz der Elektrotechnik, sodaß hier nur wenige Gesichtspunkte über die Eingliederung in das verfahrenstechnische Schema beizusteuern sind.

Die primäre mechanische Strömungs-Energie wird in Turbinen in Wellenleistung umgewandelt, diese in *Generatoren* in elektrische. Die *Umkehrbarkeit* ist hier auch konstruktiv gegeben und wird z. B. in *Pumpspeicherwerken* genutzt. Die hohen Wirkungsgrade der elektrischen Maschinen und die Beweglichkeit der Elektro-Energie in den ausgebauten Netzen machen sie zur bevorzugten Edelenergie der Technik. Man denkt gar nicht mehr darüber nach, daß eine als MW-Umwandlung eingeordnete Kältemaschine natürlich in der Praxis elektrisch angetrieben wird.

Für die elektrische Transformation gibt es neben der Kopplung von Motor und Generator — evtl. in einem Läufer — als *„Umformer"* vor allem den nur für Wechselstrom anwendbaren *„Transformator"* ohne mechanisch bewegte Teile. Die *„Kopplungs-Energie"* ist im ersten Falle die mechanische, im zweiten die magnetische Energie-Form. Man kann die Beziehung zwischen elektrischer und magnetischer Energie in Analogie zur kinetischen und potentiellen Form der mechanischen Energie setzen und die Funktion des Transformators mit seinem magnetischen Kreisfluß in Analogie zum Kreisprozeß bringen.

Daß neben diesen hochentwickelten elektrotechnischen Verfahren die irreversiblen Effekte überhaupt eine Rolle spielen, hängt wohl z. T. damit zusammen, daß ein technischer Gleichstrom — sowohl aus der Kollektor-Maschine wie aus dem Gleichrichter — immer *„wellig"* ist, d. h. von einem Wechselstrom überlagert, dessen Amplitude dann erst in Siebketten auf das tolerierbare Maß gedämpft werden muß.

Wir knüpfen in Begriff und Bezeichnung an den Hall-*Effekt* an, nicht zuletzt weil die Bezeichnung durch abgekürzte Kombinationen der Worte: Magnet,

Hydrodynamik und Elektrizität nebst Pumpe oder Genenerator unbefriedigend ist. In einem senkrecht vom Magnetfeld durchsetzten Leiter wird von außen ein Strom (Elektronen oder „Löcher") erzwungen, der quer dazu, also senkrecht zu Strom und Feld, eine Spannung induziert, deren Größe und Vorzeichen dann Aussagen über den Leitungsmechanismus liefert. Nimmt man statt des festen einen fluiden Leiter, flüssiges Metall, Elektrolyt, Plasma, so kann der „Strom" nun ein Stoffstrom sein, zugleich sind dann aber wegen der Elektro-Neutralitäts-Bedingung gleich viel elektrisch positive und negative Ladungen beweglich. Die Gegenläufigkeit der Bewegung bedeutet einen Verlust, der bei gleicher Beweglichkeit den Effekt zum Verschwinden bringt (Elektrolyt). Im Metall oder Plasma, wo Elektronen mit positiven Ionen konkurrieren, unterscheidet sich die Beweglichkeit um 2 Größenordnungen, sodaß der Verlust erträglich bleibt.

Man erhält mit Einsatz von Strom eine Hall-*Pumpe,* z. B. zum Umwälzen der flüssigen Na, K-Eutektika in Kern-Reaktoren, umgekehrt liefert die Abbremsung eines Stoffstromes einen elektrischen Strom, z. B. aus dem *Plasmastrahl* der Raketen-Triebwerke die Antriebsleistung für Hilfsaggregate. Der große Vorteil liegt im geringen apparativen Aufwand und der relativ geringen Verletzlichkeit durch Korrosion etc.

Nach dem gleichen Prinzip könnte man durch Kopplung von Pumpe und Generator einen *Gleichstrom-Transformator* mit Quecksilber als Kreisstrom-Medium entwickeln — analog dem Strömungsgetriebe —, der vielleicht bei Elektrolyse etc. seine Vorteile hätte, da die Gleichrichtung großer Ströme bei niedrigen Spannungen mit üblichen elektrischen Mitteln ziemlich teuer ist.

2. Elektro-chemische Wandler

Die Umwandlung zwischen elektrischer und chemischer Energie ist als *Elektrolyse* bekannt, ihre Umkehrung als Rekombination, die praktisch vor allem beim *Brennstoff-Element* interessiert. Das im Chargen-Betrieb arbeitende Gerät bezeichnet man als *Batterie*, die in beiden Richtungen nutzbaren, wieder aufladbaren Batterien als *Akkumulator*. Das Gerät wurde in Bd. 2, IX behandelt, da es zu den direkt und idealisierbar umformenden Verfahrensschritten nach Abb. 2 gehört, ist das Mittel des Kreisprozesses für die vorliegende Aufgabe entbehrlich.

Als Degenerations-Stufe des Gerätes kann man den Fortfall der Wärmeübertragungsleitung ansehen. Daß sie bei den praktischen Ausführungen fast immer fehlt, ist für das Fließbild-Symbol nicht unbedingt maßgebend, da ja durch die Zellenwände ein Wärmeaustausch mit der Umgebung stattfindet. Im Betrieb ist jedoch der Effekt fast immer umgekehrt, statt des Defizit aus der idealisierten Elektrolyse tritt ein Wärmeüberschuß aus Joule'*scher Wärme* auf, der dann eben prakisch, vor allem in galvanischen Bädern, zur auch konstruktiv ersichtlichen Kühlung zwingt.

Die Umkehrung, der CE-Prozeß, wird außer bei Batterien mit ganz speziellen *„Sekundär-Brennstoffen"* kaum genutzt, zumal die geringen Zellenspannungen elektrotechnisch wenig attraktiv sind. Im Gegenteil wird z. B. beim Quecksilber-Verfahren der *Chlor-Alkali-Elektrolyse* die bei der Laugenbildung auftretende nutzbare Spannung kurzgeschlossen um höhere Reaktionsgeschwindigkeit zu erhalten.

Neben den elektrolytischen Stoff-Umsätzen spielt auch der Betrieb ohne Stoffumsatz in der Anwendung als *Korrosions-Schutz* eine wichtige Rolle. Das Anlegen der Spannung verwandelt z. B. im Erdboden verlegte Rohre in „Elektroden", die sich eben anders als das bloße Metall verhalten und insbesondere „passiv" werden.

Die auf Ionen-Reaktionen beschränkte Anwendbarkeit und die Einfachheit des Gerätes benahmen offenbar jeden Anreiz, noch andere Methoden zu suchen. So ist auch über einen irreversiblen EC-Effekt nichts bekannt. Das liegt natürlich auch zum Teil daran, daß die *homogene chemische Reaktion* ja *ohne jede geometrische Orientierung verläuft, daher keine vektoriellen Effekte erzeugen kann.* Wo z. B. in *Flammenfronten* eine Vorzugsrichtung existiert gibt es sicherlich auch elektrische Effekte, die man aber dann vermutlich als Thermo-Effekt einordnen wird. In der Umkehrung und bei heterogenen Oberflächenreaktionen könnte man gerichtete Beeinflussungen in Art der *Katalyse* erwarten.

3. Stammfließbild der Elektro-Wärme-Umwandlung

Die gewöhnliche Umwandlung von Elektro-Energie in Wärme, hier auch Joule'*sche Wärme* genannt, ist ein irreversibler Effekt. Durch die Zähigkeit des Elektronen-Gases oder auch anderer Ladungsträger entsteht ein Druck-, d. h. hier Spannungs-Abfall, die hohe Energiekonzentration der Strömung bei vergleichsweise geringer Wärmekapazität läßt die Wärme fühlbar werden, die ansonsten z. B. bei der Strömung einer Flüssigkeit durch eine Kapillare genauso auftritt.

Die darauf beruhende *Elektro-Wärme-Technik* fällt wieder in die Kompetenz der Elektrotechniker, zumal neben der direkten Strom-Heizung die *Lichtbogen-Heizung* und die durch hochfrequente Felder *induktiv* oder *kapazitiv* ohne Elektroden induzierten Ströme sehr entwickelte Spezialkenntnisse erfordern.

Wenn wir demgegenüber hier nach einem *Stammfließbild* Ausschau halten, so kann dieses nach der oben gegebenen Anregung nur mit dem einzigen idealisierbaren Elektro-Gerät, der Elektrolyse-Zelle, entworfen werden. Damit wird offenbar chemische Energie zu der im Kreis koppelnden Form und die vielfach übersehene Wärmetönung der Elektrolyse wird zur äußeren Kopplung genutzt. Man erhält das Fließbild nach Abbildung 61. Darin sind zwei Zellen, eine für Elektrolyse, die andere zur Rekombination gegeneinander geschaltet, die eine wird bei T_w betrieben und tauscht Wärme aus, die andere bei T_k. Als Kreisstrom tritt außer dem elektrischen, der ja formal nicht zählt, der Strom der Verbindung einerseits, der Elektrolyse-Produkte andererseits auf, die im Gegenstrom über den Wärmeübertrager als inneres Gerät ihre Temperatur wechseln.

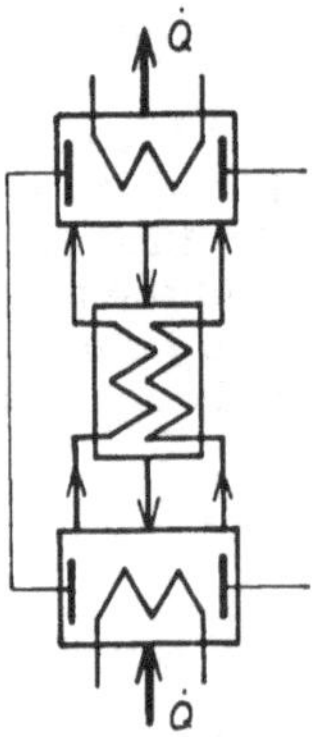

Abb. 61. Stammfließbild der Elektro-Wärme-Umwandlung.

Die *Anpassungsbedingung* für den Wärmeübertrager führt für den Stoff, d. h. die Reaktionsgleichung auf dieselbe Bedingung gleicher spezifischer Wärme, die schon oben bei der Reaktions-Fernheizung in IV, 4 abgeleitet mit derselben Konsequenz, daß $\Delta \dot{H}$ und $\Delta \dot{S}$ konstant werden. Die elektrische Leistung, zugleich proportional der Spannung, wird dann $N_w = \Delta \dot{H} - T_w \Delta \dot{S}$ bzw. $N_k = \Delta \dot{H} - T_k \Delta \dot{S}$, die Wärmeströme $T_w \Delta \dot{S}$ bzw. $T_k \Delta \dot{S}$. Infolge der Gegeneinander-Schaltung der beiden Zellen tritt als äußere Leistung die Differenz $\Delta N = \Delta \dot{S}\,(T_w - T_k)$ auf, man erhält also genau den Carnot-Faktor in seinen verschiedenen Kombinationen für die verschiedenen Anwendungen des Stammfließbildes als *Wärmekraft-* oder *Kälte-Maschi-*

ne etc. Mit dem Auftreten des Carnot-Faktor ist auch quantitativ bewiesen, daß es sich um ein Stammfließbild handelt; da die Zellen *isotherm* arbeiten, ist es sogar wirklich eine Realisierung des Carnot-Prozesses mit anderen Mitteln.

In *degenerierten Formen* kann der innere Wärmeübertrager fortfallen. Für die Betriebsrichtung als Kältemaschine kann man auch auf die Rekombinationszelle verzichten, deren Realisierung ohnehin die größeren technischen Schwierigkeiten macht, es bleibt dann ein *Kühleffekt* als Nebenerscheinung der Elektrolyse mit ziemlich kleinem Wirkungsgrad.

Wenn man die Spannung einstellt, die den o. a. Formeln entspricht, fließt noch kein Strom; wenn man die $\Delta \dot{H}$ entsprechende Spannung anlegt, ist gerade der Effekt zu Null geworden. Man muß daher praktisch — abgesehen von den *„Überspannungen"*, die tunlichst zu vermeiden sind, — am besten auf *halben Effekt* $(T \cdot \Delta \dot{S})/2$ und dementsprechende Zellenspannung und Stromdichte einstellen, um aus bestimmter Anlagengröße maximale Leistung zu gewinnen. Das ist eine *„Anpassungsbedingung"*, die für elektrische Übertrager und Verstärker allgemein gilt.

Da hier Leistung und Wirkungsgrad von der Spannung abhängen, die elektrischen Vorgänge aber sehr schnell, d. h. hier praktisch ohne Speicherung, Dämpfung und Ausgleich ablaufen, sollte auch die *Welligkeit* der Spannung klein gegen $(T_k \, \Delta \dot{S}) \, / \, (2 \cdot N_k)$ sein.

Unter Verwendung von Akkumulatoren kann man auch wieder eine *periodisch arbeitende Anlage* bauen, wobei allerdings der Wärmeübertrager nur noch sehr schwerfällig stufenweise anwendbar, praktisch wohl zu degenerieren wäre.

Wegen des sachlichen Zusammenhanges und der Einschränkung, daß sich die Anwendung auf Ionen-Reaktionen beschränkt, wird nun auch die CW-Variante hier behandelt, die eigentlich in IV, 4 mit hineingehört. Zunächst gibt es natürlich die *Kombination* aus einem *Brennstoff-Element* als Stromquelle und — je nach Brennstoff — mit kleiner Heizleistung, wie sie z. B. von J u s t i entwickelt wurden, *mit einer Wärmepumpe* des hier dargestellten Typs als Strom-Verbraucher. Da man dann in der Wärmepumpe die technologisch günstigste Reaktion wählen kann, wäre das wahrscheinlich die praktischste Lösung.

Es gibt jedoch noch einen direkteren Weg, jedenfalls in der Überlegung, der hier auch einmal durchgerechnet sei. Das Fließbild nach Abbildung 61 ist im Stoffstrom geschlossen, im elektrischen Stromkreis offen — zur Entnahme oder Zuführung der elektrischen Energie als Spannungsdifferenz im Stromkreis. Hier wird das nun umgekehrt, der elektrische Kreis in sich geschlossen und der *Stoffkreis geöffnet*, es wird also chemische Energie gewonnen oder zugeführt und aus oder in Wärme verwandelt. Durch den isothermen Betrieb der Zellen ergibt sich die CW-Umwandlung bei definierter Temperatur.

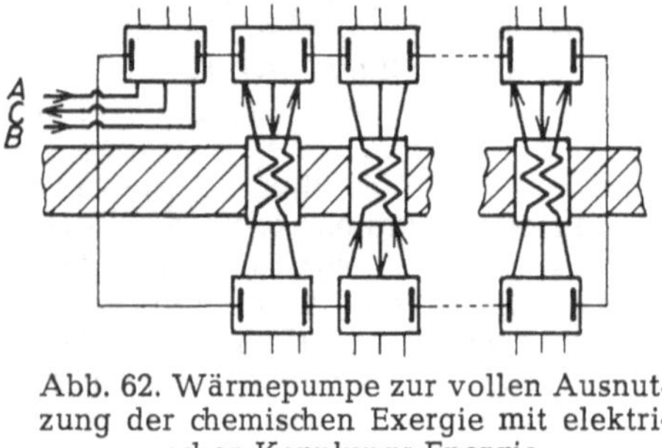

Abb. 62. Wärmepumpe zur vollen Ausnutzung der chemischen Exergie mit elektrischer Kopplungs-Energie.

Es sei die *Wärmepumpe* nach Abbildung 62 durchgerechnet, der übersichtlicheren Zeichnung wegen sind die Stoffströme einzeln gekoppelt, es wird aber gleiche

Reaktion in allen Zellen vorausgesetzt. Der Strom in den in Serie geschalteten Zellen ist überall gleich, dementsprechend auch der stoffliche Umsatz. Die Übereinstimmung der Spannungen im geschlossenen elektrischen Kreis wird erreicht durch die verschiedene Zahl n_w der warmen, n_k der kalten Zellen. Praktisch wird man als kleinste ganze Zahlen $n_w = n_k + 1$ wählen. Aus den Reaktionsdaten erhält man

$$1) \qquad \frac{n_w}{n_k} = \frac{\Delta \dot{H} - T_k \Delta \dot{S}}{\Delta \dot{H} - T_w \Delta \dot{S}}$$

Von dem zugeführten Brennstoff wird nun zwar nicht die Heizwärme $\Delta \dot{H}$, sondern nur der Betrag $T_w \Delta \dot{S}$ abgegeben, dafür kommt aber der Stoff-Anteil n_k/n_w zurück, es wird nur $1\text{-}n_k/n_w$ an Brennstoff verbraucht.

$$2) \qquad 1 - \frac{n_k}{n_w} = \frac{n_w - n_k}{n_w} = \frac{\Delta \dot{S}\,(T_w - T_k)}{\Delta \dot{H} - T_k \Delta \dot{S}}$$

Der Gesamt-Wärmestrom Q ergibt sich aus der Wärmeabgabe der Brennstoff-Zelle $T_w \Delta \dot{S}$ je mol Einsatz dividiert durch den Bruchteil des verbrauchten zu:

$$3) \qquad Q = T_w \Delta \dot{S} \Big/ \left(1 - \frac{n_k}{n_w}\right) = \frac{T_w}{T_w - T_k} (\Delta \dot{H} - T_k \Delta \dot{S})$$

Darin ist der Bruch der reziproke C a r n o t - Faktor, wie er bei der idealen Wärmepumpe auftritt, der Klammerausdruck ist aber für $T_k = T_0$ beim Wärmepumpen-Betrieb die Exergie des zugeführten Reaktions-Gemisches (Brennstoff + Luft z. B.), es wird also richtig die *volle Arbeitsfähigkeit der chemischen Reaktion in Wärme* bei T_w umgewandelt, Q ist erheblich größer als $\Delta \dot{H}$.

Da die Wärmepumpe immer einen Teil der Verluste wenigstens als Wärme noch zurückgewinnt, wäre die Diskussion von Wirkungsgrad und wirtschaftlicher

Optimierung eine reizvolle Übungsaufgabe — allerdings nur von theoretisch-akademischem Interesse, da an eine Wirtschaftlichkeit angesichts der teuren Apparate und billigen Brennstoffkosten kaum zu denken ist.

4. Peltier- und Seebeck-Effekt-Verfahren

Der Seebeck-Effekt liefert aus dem Thermoelement bei verschiedener Temperatur der Lötstellen eine Spannung, die vor allem zu Meßzwecken ausgenutzt wird; der Peltier-Effekt ist die Umkehrung dazu: ein durch das Element getriebener Strom läßt zwischen den Lötstellen eine Temperaturdifferenz entstehen, in günstigen Fällen kann eine Lötstelle kälter als die Umgebung werden.

Im Prinzip handelt es sich um die gleiche EW-Umwandlung wie oben, ob es dazu ein Stammfließbild eigener Art gibt, ist nicht bekannt, vielleicht ist es eine Degenerationsform im folgenden Sinne: Im vorhergehenden war Stoff- und Ladungsstrom teils getrennt, teils über Ionen mittels chemischer Energie gekoppelt, hier strömen jedoch lediglich Elektronen (bzw. „Löcher“), die ja nicht nur Ladung, sondern in gewissem Sinne auch Stoff repräsentieren, also nur ein Strom.

Jedenfalls handelt es sich um ein von vornherein *degeneriertes Verfahren*, dessen Grenzwirkungsgrad mit metallischen Leitern in der Größenordnung 10^{-3} bis 10^{-2}, mit Halbleitern optimaler Ladungsdichte (auch Elektrolyten) bis 10^{-1} liegt und von den Betriebsbedingungen abhängt, sodaß mit dem (einstufigen) Peltier-Effekt eine Grenztemperatur der Kühlung nicht unterschritten werden kann.

Da das strömende Elektronengas eine spezifische Wärme besitzt, würde die thermische Kopplung der beiden Element-Schenkel zum Gegenstrom-Wärmeübertrager den Wirkungsgrad verbessern können.

Praktisch ist indessen die Forderung elektrischer Isolation und thermischer Leitfähigkeit für das Trennwand-Material nur begrenzt zu erfüllen, die durch abwechselndes schichtweises Aufdampfen hergestellten Thermo-Säulen nützen den Effekt schon weitgehend aus.

Ob die erheblich gesteigerten Wirkungsgrade der modernen Halbleiter-Kombinationen außer den alten Anwendungen der Meß- und Regeltechnik auch komerzielle erschließen, bleibt angesichts der hohen Betriebskosten und auch der Gleichrichterkosten abzuwarten und liegt übrigens außerhalb des verfahrenstechnischen Interesses.

5. Umwandlungen zwischen Elektro- und Konzentrations-Energie

Da das einzige bisher bekannte idealisierbare Elektro-Gerät die Elektrolyse-Zelle ist, müßte das *Stammfließbild einer umkehrbaren Konzentrierung oder Verdünnung* wieder über die gekoppelte Elektrolyse- und Rekombinations-Zelle verlaufen, nun aber insgesamt bei T_0 betrieben und daher ohne den Wärmeübertrager zum inneren Ausgleich. Die Zersetzungsspannung des reinen z. B. Wassers ist kleiner, als die einer wäßrigen Lösung, der Effekt übersteigt jedoch selten, wie man leicht nachrechnet, 10^{-2} V und wird daher bei Elektrolyt-Lösungen völlig von den viel größeren Konzentrations-Polarisationen überdeckt, ist allenfalls meß- und anwendbar bei Elektrolyt-Nichtelektrolyt-Gemischen, z. B. Wasser-Alkohol.

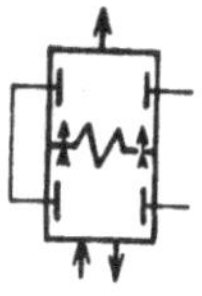

Abb. 63. Stammfließbild der Elektro-Konzentrierung in gekoppelten Elektrolyse/Rekombinationszellen.

Abgesehen von sonstigen technischen Schwierigkeiten läuft das Verfahren auf die *Subtraktion zweier fast gleichgroßer Spannungen* hinaus, wobei die Differenz den Aufwand oder Nutzen darstellt. Die Verluste sind erfahrungsgemäß den großen Spannungen entsprechend — man vergleiche etwa die ähnlichen Zusammenhänge bei der Gasturbine mit verschwindender Temperatur-Differenz —, sodaß der Wirkungsgrad sehr schlecht sein dürfte. Das Stammfließbild ist daher voraussehbar unwirtschaftlich in der Anwendung.

Für die Praxis ist die KE-Umwandlung ohne Bedeutung, die EK-Verfahren finden jedoch zur *Konzentrierung und Trennung von Ionen* Interesse. In den 3 grundsätzlich verlustbehafteten Geräten tritt wenigstens nur etwa die kleine Spannung, das Konzentrations-Potential auf. Der ihrer Funktion zugrundeliegende irreversible Effekt führt zum *Strom-Nebenschluß,* also überhöhten Betriebsströmen; über Möglichkeiten der konstruktiven und funktionellen Verbesserung ist nichts bekannt. Beim Ionenaustauscher lohnt der Effekt offenbar die Anwendung des Längsfeldes nicht, beim Elektrosichter zur Trennung nach Überführungs-Zahlen ist der Entwicklungsstand noch zu gering, um Funktionsfähigkeit und wirtschaftliche Aussichten abzuschätzen. Es bleibt die *Elektro-Dialyse-Zelle,* die durch Einführung der jeweils nur für ein Ladungs-Vorzeichen durchlässigen Membranen in ein praktikables Stadium getreten ist.

In Bd. 2, X war bereits erläutert, daß der Wirkungsgrad der Elektro-Dialyse mit der Ionenkonzentration ansteigt, daß aber eine von der Art der Membran-Materials abhängige Grenze nicht überschritten werden darf, die der *„Sperr-Spannung"* elektrischer Gleichrichter analog ist. Wegen der Zersetzungsspannung, die an den Stromzuführungs-Elektroden jeweils einmal auftritt, kommt man zu *Vielzellen-Schaltungen,* wenn brauchbare Wirkungsgrade erreicht werden sollen. Im übrigen ist auch dieses Verfahren, wie die anderen Elektro-Verfahren, die praktisch zur Anwendung kommen, ohne eigentlichen Kreisprozeß als Verfahrensschritt aufgebaut.

Wir benutzen den gegebenen Zusammenhang, um anhand des Anwendungsbeispiels: *Meerwasser-Entsalzung* noch ein anderes Ionen-Trennverfahren nachzutragen und eine Kombination zu entwickeln.

Der Versuch, die Meerwasser-Entsalzung mit Elektro-Dialyse zu lösen, führt auf sehr hohe Stromkosten, da ja eben sehr kleine Salz-Konzentrationen im Süßwasser angestrebt werden und die Meeres-Konzentration auch schon mäßig ist.

Nun kann man das in Abbildung 29 für die Herstellung von Reingas aus dem Gas-Dampf-Gemisch gezeichnete Fließbild auch für die Reinigung der flüssigen Phase mittels *regenerativem Adsorber* benutzen. Das in der Gas-Phase anwendbare einfache Mittel, die Aufnahmefähigkeit des Spülstromes durch Temperaturerhöhung beliebig zu vergrößern und daher die Rückspülung mit einem abgezweigten Teilstrom zu bewirken, versagt bei Flüssigkeiten weitgehend. Praktisch kommt nur *Fremdspülung* infrage, also der Verfahrensschritt *„Adsorption"*, wobei die Regenerierung vielfach gänzlich andersartig ist, oft auch ein billiges Sorbens wie Bleicherde nur einmal benutzt wird.

Beim *regenerativen Ionen-Austausch* kann man den Spülstrom durch stärkere Konzentration gering halten, bei Mischadsorption spült man mit konzentrierten Kochsalz-Lösungen und erhält ein *„enthärtetes"* Wasser, zur *Vollentsalzung* muß man getrennte Kat- und Anionen-Austauscher benutzen und mit konzentrierten Säuren bzw. Laugen regenerieren.

In der Anwendung auf die Meerwasser-Entsalzung zeigt sich nun, daß beim Ionenaustauscher-Verfahren die Chemikalien-Kosten den entscheidenden Posten ausmachen.

Da es auf Art und Konzentration der Säure und Base grundsätzlich nicht ankommt, nur auf ihre Reinheit, ergibt sich hier die vorteilhafte *Kombinations-Möglichkeit* beider Verfahren: Das CK-Verfahren verarbeitet die große Menge der dünnen Lösungen und gewinnt aus Meerwasser Süßwasser, während das EK- bzw. EC-Verfahren der Elektrodialyse die kleinen

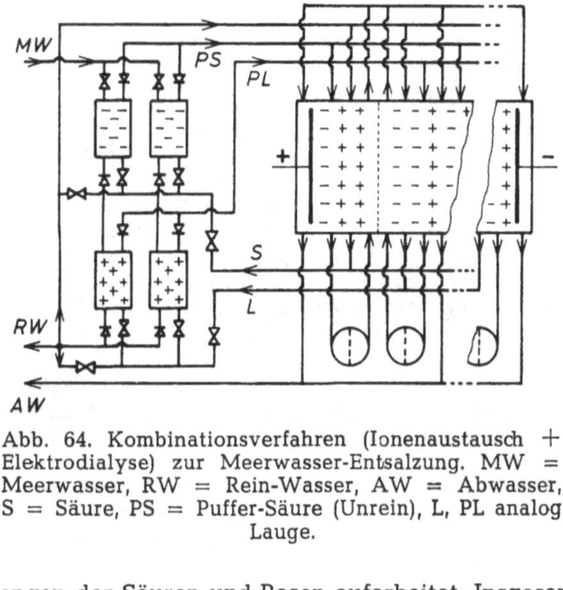

Abb. 64. Kombinationsverfahren (Ionenaustausch + Elektrodialyse) zur Meerwasser-Entsalzung. MW = Meerwasser, RW = Rein-Wasser, AW = Abwasser, S = Säure, PS = Puffer-Säure (Unrein), L, PL analog Lauge.

Mengen der Säuren und Basen aufarbeitet. Insgesamt bleiben die Stromkosten für die jetzt im günstigsten Betriebsbereich arbeitende Elektrodialyse übrig, die Chemikalien-Kosten entfallen. Das Fließbild zeigt Abbildung 64.

Durch die notwendige Spülung der Austauscher mit reinem Wasser am Schluß der Regenerierung werden die Chemikalien verdünnt. Beim Regenerieren selbst wird z. B. aus der reinen Säure eine gepufferte, d. h. sie nimmt die Metall-Ionen, die ursprünglich im Meerwasser waren auf. Insgesamt steigt also der Ionengehalt. Das angegebene Elektro-Dialyse-Fließbild liefert aus den Pufferlösungen wieder reine Säure und Base der ursprünglichen, optimalen Konzentrationen — eine Konzentrierung ist durch erhöhte Spannung, eine Verdünnung durch größere Spülwasser-Mengen leicht zu erreichen. Der Überschuß der vom Meerwasser eingebrachten Ionen wird teils — nach Überschreiten der Löslichkeitsgrenze — an den eingebauten Filtern als Kristalle gewonnen, teils mit der abfließenden neutralen und nach Zweckmäßigkeit konzentrierten Lösung ausgetragen.

Im Laufe der Zeit wird Säure und Lauge vom Meerwasser ergänzt und ersetzt, unabhängig vom ursprünglichen Einsatz stellt sich ein stabiles Gemisch ein, voraussichtlich bevorzugt Alkali-Halogen-Ionen.

Obwohl es sich nun insgesamt um ein EK-Verfahren handelt, tritt hier die üblicherweise als „chemisch" angesehene Form der Säure und Lauge als Zwischenform auf, das ganze ist eine Kombination, deren bevorzugte Elemente nach Gesichtspunkten der Wirtschaftlichkeit zusammenzustellen sind.

VI. Restliche Verfahren und Zusammenfassung

1. Umwandlungen zwischen Konzentrations- und chemischer Energie

Zwischen den Arbeitsfähigkeiten typischer Konzentrations-Differenzen und durchschnittlicher chemischer Reaktionen besteht ein Unterschied von 1 oder mehreren Größenordnungen. Daraus folgt, daß die schwache Konzentrations-Energie i. a. nicht ausreicht, eine chemische Reaktion zu erzwingen, während umgekehrt die starke chemische Energie i. a. nur mit Verlust des erheblichen Überschusses in Konzentrations-Energie umgewandelt werden kann. Wollte man ein Stammfließbild entwickeln, so müßte man darin eine Transformation einbauen, um die beiden Energieformen einander anzupassen. Der Weg über Wärme oder Elektro-Energie liegt nahe und sei als Übungsaufgabe empfohlen, es ist aber von vornherein wenig wahrscheinlich, daß dabei ein wirtschaftlich interessantes Ergebnis herauskommt.

Praktisch wird man relativ selten *Konzentrations-Energie* einsetzen. Z. B. kann das Brennen von Kalk bei etwas niedrigeren Temperaturen erfolgen, wenn durch einen Frischluft-Strom die CO_2-Aktivität im Ofen von 1 Atm auf rund $4 \cdot 10^{-4}$ Atm reduziert wird. In diesem Fall ist das ohne Interesse, in anderen, besonders bei organischen Reaktionen, kann eine relativ geringfügige *Verschiebung der Temperatur* aber *Ausbeute* — insbesondere die selektive bei Simultan-Reaktionen — oder *Reaktionsgeschwindigkeit* merklich verbessern. Jedenfalls tritt aber dann die Konzentrations-Energie nur als Korrektur- und evtl. Regel-Größe in einer anderweitig energetisch bestimmten chemischen Reaktion auf.

Viel wichtiger ist die Umkehrung, *chemische Energie für Konzentrierungs- oder Trennaufgaben* einzusetzen. Bekanntlich geht bei spurenweiser Verunreinigung die Trennarbeit gegen Null, gleichzeitig aber auch der Abstand zwischen Gleichgewichts- und Betriebskurve, wie sich der Zusammenhang im McCabe-Thiele-Diagramm darstellt, bzw. allgemein die den Ausgleich treibende Intensitätsgrößen-Differenz. Das bedeutet, daß die letzten Reste von Stoff zwar mit minimalem Aufwand an Trennarbeit, aber nur mit sehr großen Anlagekosten abgetrennt werden können.

In der Trenntechnik bedeutet *„Rest"* etwa 10^{-6} bis 10^{-3}, das sind aber als Aktivität oder Partialdruck aufgefaßt bei energiereichen chemischen Reaktionen noch sehr große Konzentrationen, die chemischen Gleichgewichte liegen oft bei 10^{-10} bis herab zu 10^{-40}. Bei derart großem Gleichgewichtsabstand, d. h. großer treibender Kraft, verläuft die Reaktion natürlich sehr viel schneller, als ein physikalischer Ausgleichs- und Übertragungsvorgang, d. h. man kommt mit einer kleinen, *billigen Apparatur* aus. Da es sich um sehr kleine, eben Rest-Mengen handelt, sind auch die Betriebskosten durch *Chemikalien-Verbrauch gering,* das an sich stark irreversible Verfahren wird also wesentlich wirtschaftlicher, als die klassischen, umkehrbaren Fließbilder. In chemischen Prozessen kommt es oft darauf an, *„Kontakt-Gifte"* zu entfernen, das bedeutet dann, ein Reagens zu finden, das billiger ist als der Katalysator.

In flüssiger Phase kommen für diesen Zweck die bekannten *Fällungsreaktionen* infrage. Ein großer Exergie-Überschuß zeigt sich dann oft als mechanische Oberflächenenergie, indem eine sehr feinkristalline Fällung entsteht.

2. Transformation chemischer Energie

Im letzten Feld, der CC-Umwandlung, müssen wir wieder begrifflich zwischen dem Trivialfall der *Übertragung* und der eigentlichen *Transformation* unterscheiden. Während das erste eine ganz geläufige, vielleicht überhaupt die häufigste chemische Operation ist — z. B. die Deckung des Wärmebedarfs einer endothermen Reaktion durch eine damit gekoppelte exotherme, wie in IV, 5 im Beispiel der Formaldehyd-

Reaktion bereits aufgezeigt —, ist die Transformation anscheinend nicht anwendbar. Man könnte, schon übungshalber, ein *Stammfließbild* entwerfen, es zeigen sich dann aber sehr schnell einige Gründe, weshalb die Transformation nicht praktiziert wird.

Zunächst ist es wieder der individuelle, stoffgebundene Charakter der chemischen Energie, der tatsächlich die Variationsmöglichkeiten beengt.

Würde man im Anschluß an den CW-Reaktor eine *Transformation* mit Wärme als Kopplungs-Energie versuchen, so müßten die *Temperatur-Wärmeumsatz-Kurven* zur Deckung gebracht werden, d. h. es müßten nicht nur die Reaktionstemperaturen T_R übereinstimmen — abgesehen von der Übertragungs-Differenz Δt —, sondern auch die Temperaturbereiche, in denen Umsatz und Wärmeleistung jeweils um eine Zehnerpotenz abnehmen. Das ist direkt sicher nicht zu erreichen, erfordert also eine komplizierte und apparativ teure mehrstufige Wärmetransformation.

Schließlich kommt chemische Energie glücklicherweise in der Natur als Kohle und Erdöl als hochkonzentrierter Rohstoff vor. Das Problem der *Hinauf-Transformation chemischer Energie* taucht daher nur ganz selten auf — z. B. Al-Reduktion — und kann dann mit den anderen entwickelten Fließbildern gelöst werden.

Da man von einem der konzentriertesten Träger chemischer Energie als Rohstoff ausgeht, auf die Produkte aber mindestens die Anlagen-Amortisation aufgeschlagen werden muß, stellt sich das Gefüge der *Chemikalien-Preise* geradezu gegenläufig zur *Exergie* dieser Chemikalien ein: je mehr Reaktionen, desto weiter vom Rohstoff, desto kleiner vielfach die Exergie, aber umso höher natürlich Wert und Preis.

Daher besteht tatsächlich kein großes wirtschaftliches Interesse an einer vollen Ausnutzung der chemischen Exergien, ähnlich wie schon bei der CW-Umwandlung festgestellt ist es ausreichend, die Wärme zu verwerten, wenn die Apparatur dadurch billiger wird.

Es bleiben also praktisch die trivialen Übertragungen chemischer Energie in *gekoppelten Reaktionen* übrig. Soweit es sich um heterogene Systeme handelt, kommt Gegenstrom-Führung infrage (Bd. 2, XI), wobei der Vorteil zur Hauptsache in der regenerativen Wärmeübertragung vor und nach der eigentlichen Reaktionszone liegt. Die Reaktionen sind i. a. soweit vom Gleichgewicht entfernt, daß Umkehr des Verfahrens nicht möglich ist — man denke etwa an den Hochofenprozeß.

Die Kombination der individuellen Stoffeigenschaften mit der chemischen Energie- bzw. Affinitätsskala wird im System der *„unit processes"* erfaßt. Die Gruppen stehen unter stofflicher Gliederung, etwa Chemikalien zur Nitrierung, Sulfonierung, Reduktion etc., die dann in sich nach der Affinität geordnet werden können. Das geschieht weniger aus dem Gesichtspunkt der Energie-Ausnutzung — viel günstiger ist ja die jeweils billigste Chemikalie — als deshalb, weil ein zu starker Angriff oft unerwünschte Nebenreaktionen auslöst und damit die Ausbeute verschlechtert.

3. Zusammenfassung

Nach dem in I, 1 mit Abbildung 1 aufgestellten Programm sind nun alle *Felder der Energie-Umwandlungstabelle* behandelt. Abgesehen von den 4 Kombinationen zwischen chemischer und Konzentrations-Energie wurde für jedes Feld mindestens ein *Stammfließbild* angegeben, diese können daher in Abbildung 65 nochmal übersichtlich zusammengestellt werden — unter Aussparung der Wiederholungen in den Umkehrungs-Feldern.

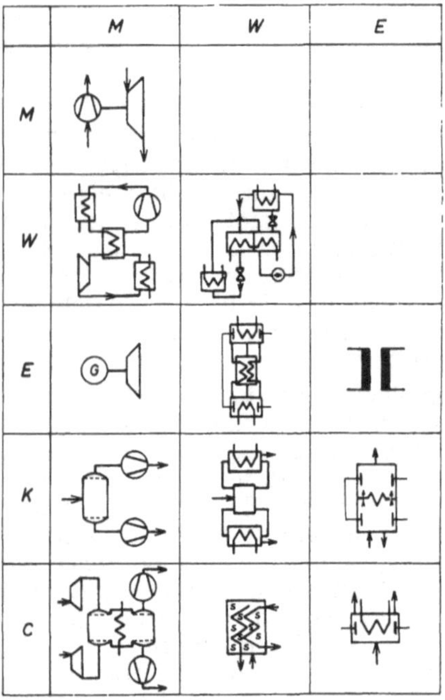

Abb. 65. Felder der Energie-Umwandlung bzw. Transformation mit eingezeichneten Stammfließbildern (vereinfacht).

Alle Fließbilder der zugehörigen Fließbild-Familien können aus den Stammfließbildern mit der in I eingehend dargelegten Methode der Degeneration innerer Geräte abgeleitet werden, Beispiele für wichtige Fälle wurden angegeben.

Die *Vervollständigung auf alle Fließbilder* erfordert die systematische Analyse jedes einzelnen Feldes. Aus der Abzählung der möglichen Zustandsänderungen ergibt sich die Anzahl möglicher Stammfließbilder pro

Feld. Eine oft schnell zum Ziel führende Methode ist die Transponierung eines Fließbildes gleicher Spalte oder Zeile durch Wechsel einer Energieart und der zugehörigen Geräte. Praktisch ist die Zahl der noch ausstehenden Stammfließbilder mit ausschließlich den bekannten idealisierbaren Geräten wohl nicht allzu groß. Anders ist es mit Geräte-Funktionen — z. B. der Elektro-Dialyse-Zelle —, die vorerst nur mit grundsätzlichen Verlusten behaftet realisiert werden können. Hier handelt es sich um Glieder neuer Fließbild-Familien, deren Stammfließbild jedoch erst nach Entwicklung des idealisierbaren Gerätes angegeben werden kann. Die Methoden der Fließbild-Theorie können vielleicht zu Hinweisen führen, die die *Geräte-Entwicklung* befruchteten, andererseits auch Schwierigkeiten — z. B. des isothermen Verdichters — in neuem Licht statuieren.

Da die Geräte-Systematik als offen, erweiterungsfähig angesehen wird, muß im Auge behalten werden, daß jedes funktionell neuartige Gerät, insbesondere aber in der Gruppe der direkt umwandelnden nach Abbildung 2 mit seinem Hinzukommen zu einer Überarbeitung des Ganzen zwingt. Wie die Diskussion in I, 8 zeigt, muß die Zahl der Stammfließbilder damit sogar rapide ansteigen.

Die Beschränkung auf 2 Energiearten hatte den formalen Vorteil, daß die Gesamtübersicht in einer Tabelle gegeben werden konnte. Theoretisch von der Definition der Exergie her — die immer Wärmeaustausch mit der Umgebung voraussetzt —, praktisch z. B. von der Elektrolysezelle mit Umsatz von Wärme, Elektro- und chemischer Energie in einem Gerät, ergab sich, daß *Kombinationen mit mehr als 2 Energiearten* vorkommen. Praktisch-wirtschaftlich bedeutet die Beteiligung einer weiteren „Hilfs-Energie" meist einen Vorteil. Für die Fließbild-Theorie stellt sie kein Problem dar, läßt aber auch bei entsprechender Untersuchung keine Überraschungen erwarten.

Die Darstellung beschränkte sich auf die *„elementaren"* Fließbilder, die jeweils nur einen Zweck verfolgen. Eine *Produktionsanlage* stellt im Regelfalle eine Kombination mehrerer derartiger Zwecke dar — als einfaches Beispiel sei der Ausschnitt aus der NH_3-Produktion nach Abbildung 59 angeführt. Die Variationsmöglichkeiten der hier behandelten Elementar-Fließbilder bilden die Basis für sehr zahlreiche Kombinationsmöglichkeiten zu Produktionsanlagen. Diese im Einzelnen noch zu systematisieren erscheint nutzlos — da in jedem Einzelfalle die meisten Möglichkeiten ausscheiden — und andererseits uferlos. Praktisch dürfte das entbehrlich sein, da die Kenntnis der Elemente und der Bauprinzipien zur Weiterentwicklung ausreicht.

VII. Beurteilung von Verfahren

1. Standpunkt und Methode

Die technische Entwicklung hat eine Vielzahl von Verfahren hervorgebracht, die daran abgeleiteten Variations-Prinzipien der *Fließbild-Theorie* ermöglichten im Vorstehenden eine kurze, übersichtliche Darstellung einerseits, eine *Komplettierung* andererseits. Damit ist für jeden konkreten Bedarfsfall ein umfangreiches Verfahrensangebot bereitgestellt, das die Möglichkeit und Notwendigkeit der *Auswahl* bietet. Darauf war schon in Kap. III hingewiesen und Auswahlrichtlinien unter betrieblichen Gesichtspunkten skizziert worden.

Wir greifen diese Frage hier nochmals unter einem anderen Gesichtspunkt auf. Eine Beurteilung enthält immer subjektive Momente, den Standpunkt, von dem aus geurteilt wird, und neigt aus dem Subjekt heraus zur stochastischen Benotung, im einfachsten Fall der schwarz-weiß-Kritik. Dieser Zusammenhang überwiegt bei der *betrieblichen Beurteilung,* die ja weniger allgemeine Prinzipien als den jeweiligen Stand der Technik, also die aktuelle praktische Erfahrung berücksichtigen muß. Daraus folgt: Die betrieblichen Kriterien sind nicht so eindeutig und einschneidend, daß danach immer nur eine Lösung übrig bliebe. Da sie andererseits, wie in Kap. III schon angedeutet, in den folgenden Kalkül nur schwer eingebaut werden können, liefern sie nur eine Vor-Auslese.

Im Folgenden sollen die objektiven Beurteilungsmaßstäbe behandelt werden. Sie sind im Bereich der exakten Naturwissenschaften notwendig quantitativ, führen also aus dem stochastischen Rahmen der bisherigen Darstellung heraus. Statt ganzer Zahlen bekommen wir Werte im Zahlen-Kontinuum, die man meist reduziert, im Bereich zwischen 0 und 1, also in % angibt. Sie sind das Ergebnis der (Rechen-)Methoden, die im Folgenden einzeln zu behandeln sind.

Trotzdem bleibt auch hier das subjektive Moment des Standpunktes, die Verfechter der verschiedenen Standpunkte pflegen sich in menschlicher Emotion zu bekämpfen: Der eine Standpunkt ist der physikalische, er führt auf den Grenzbegriff der Physik — Grenze zur Technik hin —, den *Wirkungsgrad.* Seine Verfechter sind als Theoretiker und „Eierköpfe" verschrien, im Schema der Fundamentalgleichungen vernachlässigen sich die 5-te Gruppe, die Kostengleichungen. Damit werden auch die Friktionsgleichungen relativ uninteressant, in der Überspitzung approximiert man die Gleichgewichte als erstrebenswertes Ziel.

Der konträre Standpunkt ist der wirtschaftliche des „Kapitalisten", der „Raubbau" mit den Naturschätzen treibt, d. h. ohne Rücksicht auf Ausbeute und Betriebskosten — die ja auf den Produktpreis aufgeschlagen werden — eine hohe *Rendite des Anlage-Kapitals* fordert, also die „billigste Anlage" errichten läßt.

Abgeschwächt und vermittelnd bringt die „wirtschaftlichste Anlage" *kleinste Herstellkosten* (aus Amortisation und Betriebskosten). Da man praktisch i. a. in beiden Fällen weit vom Gleichgewicht entfernt arbeitet, neigt der „Praktiker" dazu, die 3-te Gruppe der Fundamentalgleichungen, die Gleichgewichte, für entbehrlich zu halten und den Wirkungsgrad als Maßstab des Theoretikers gänzlich abzulehnen.

Obwohl wir in einem Lehrbuch der Technik den Theoretiker verurteilen müssen, soll im Folgenden zunächst dessen Begriffssystem entwickelt werden. Es zeigt sich dann nämlich, daß eine Synthese möglich, die Benutzung des Wirkungsgrades sogar ganz praktisch ist: In Band 2 war auf den Fundamentalgleichungen aufgebaut und gesagt worden, daß die Festlegung der richtigen, wirtschaftlich optimalen Konstruktionsmaße damit dem Detail-Konstrukteur überlassen und aufgegeben ist. Mit vorsichtig ausgewählten Beispielen war der Eindruck erweckt worden, daß diese Aufgabe in jedem Falle lösbar sei. Die Einsicht, wie schwierig die Lösung tatsächlich ist, kann aber erst jetzt — und zugleich mit eleganten Lösungsmethoden — vermittelt werden, den Anfänger hätte sie nur entmutigt.

2. Wirkungsgrad

Über Wirkungsgrade in der Verfahrenstechnik und ihre Berechnung mittels der Exergie gibt es eine umfangreiche Literatur [207, 208], auf der anderen Seite gibt es aber zahlreiche und angesehene Lehrbücher der Verfahrenstechnik und einzelner Unit Operations, die hierauf überhaupt nicht eingehen. Der scheinbare Widerspruch klärt sich in der Diskussion über *Zweck, Schwierigkeit* und *Mißdeutung* des Wirkungsgrad-Begriffes.

Der *Zweck* des Begriffes läßt sich am besten an einem simplen Beispiel zeigen: Ein Elektro-Heizgerät, z. B. ein Tauchsieder, hat meist eine 100 % nahekommende Energie-Ausbeute, d. h. die zugeführte elektrische Energie wird fast restlos zu nutzbarer Wärme. Dem Elektro-Ingenieur, der das Gerät konstruiert hat, erscheint es daher mit Recht unsinnig, über „Verbesserung des Wirkungsgrades" nachzudenken. Die Lage ändert sich, wenn man im Wirkungsgrad korrekt nicht die Energien, sondern die *Exergien*, also die Arbeitsfähigkeiten der zugeführten und gewonnenen Energieformen einsetzt. Die zugeführte Elektro-Energie ist „Edel Energie", also zahlengleich mit der Exergie, dagegen gewinnt man die Exergie der erzeugten Nutzwärme durch Multiplikation der Wärmemenge mit dem Carnot-Faktor, der hier bestenfalls etwa 20 % erreicht.

Der korrekte Wirkungsgrad des Elektro-Heizgerätes entspricht also bestenfalls dem Carnot-Faktor, ist von der Anwendung abhängig und meist klein; es lohnt durchaus, wenn der Verfahrens-Ingenieur über Möglichkeiten der Verbesserung — durch billige Wärmepumpen — nachdenkt. Diese *Verbesserungen sind aber nur möglich, wenn das Verfahren, also das Fließbild geändert wird.* Bei gegebenem Fließbild darf man voraussetzen, daß die Konstruktion wirtschaftlich optimal ausgelegt ist, es ist also praktisch nichts mehr zu verbessern, die nachträgliche blose Feststellung eines schlechten Wirkungsgrades ist dann in der Tat nutzlos.

Man erkennt nun, daß die Behandlung einer beliebigen Unit Operation durchaus ohne Berücksichtigung des Wirkungsgrades auskommt, daß das aber nur solange gilt, als Variationen des Fließbildes von der Betrachtung ausgeschlossen bleiben. Mit Einbeziehung der Fließbild-Varianten in die Behandlung und in die praktische Projektierung wird der Wirkungsgrad interessant und zumindest zu einem nützlichen Mittel der Fließbild-Beurteilung.

Die *Schwierigkeit* des Wirkungsgrad-Begriffes in der Verfahrenstechnik liegt darin, daß es durchweg mehrere Energie- bzw. Exergieströme gibt, die in der Formel zu berücksichtigen sind. Bei den Energie-Wandlern in Maschinenbau (Getriebe) und Elektrotechnik (Transformator) ist das zwar grundsätzlich ebenso, es gibt die zugeführte Arbeit Z, die abgegebene Nutzarbeit N und die Verluste oder Abfälle A, die als Friktions-Wärme auftreten. Da jedoch die genannten Geräte jedenfalls prinzipiell auf Umgebungs-Temperatur gekühlt werden, ist der Carnot-Faktor und die Exergie der Abfälle A = O, darf also im Grenzfall vernachlässigt werden, es bleibt die einfache Formel

4) $$\eta_1 = (N/Z)$$

In der Verfahrenstechnik, z. B. bei der Kältemaschine, bedeutet Z die Antriebsarbeit, N die Exergie der Nutzkälte, A die Exergie von Kühlwasser oder Kühlluft. Verschwinden des Carnot-Faktors würde unendlichen Kühlwasser- oder Luft-Strom (Ventilatorleistung!) bedeuten, ist also sicher unwirtschaftlich, im übrigen wird hier der abgegebene Wärmestrom selbst nicht zu Null, wie beim Getriebe mit 100 % Wirkungsgrad, A muß also berücksichtigt werden. Noch offensichtlicher ist das, wenn der Abfall z. B. bei einer chemischen Produktion ein Stoffstrom ist, dessen Exergie auch bei Umgebungstemperatur noch bestehen bleibt.

Hier muß also eine *Formel mit 3 Summanden* gebildet werden, was physikalisch korrekt auf zweierlei Weise möglich ist:

5) $$\eta_2 = (N + A)/Z \qquad \eta_3 = N/(Z - A)$$

Die Auswahl der Formel richtet sich nach der beabsichtigten Bildung von Teil-Wirkungsgraden, wofür zweckmäßig die betreffende Größe allein steht. So findet man auf η_2 aufbauend die Änderungen der Antriebsleistung Z bei festgehaltener Nutzleistung, aus

η_3 die Änderungen der Nutzleistung bei festgehaltener Anlagengröße etc.

Sinnwidrig erscheint an der *physikalischen* Formel, daß *Abfall und Nutzen gleich bewertet* werden. *Technisch* richtiger wird die Umkehrung der Vorzeichen empfunden, wonach die *Abfälle dem Aufwand zugerechnet* werden. Tatsächlich verursachen die Abfälle ja zumindest Transport-Kosten. Man würde dann ansetzen:

6) $\eta_4 = N/(Z + A) \qquad \eta_5 = (N - A)/Z$

Das ist das schärfste Kriterium, das schneller als die anderen absinkt und die Forderung einschließt, Abfälle tunlichst zu vermeiden. Es ist aber kein physikalisch exakter Wirkungsgrad mehr, d. h. es ist nicht von vornherein bekannt, ob die Grenze von 100 % noch erreichbar ist, diese Frage muß vielmehr vor Anwendung geklärt werden. Man kommt mit derartigen Ansätzen zu Zwischen-Begriffen zwischen Wirkungsgrad und beliebigen, vor allem wirtschaftlichen *Gütemaßstäben*. Das kann sehr zweckmäßig sein, die Vielfalt der Möglichkeiten macht dann aber das ganze Gebiet unübersichtlich.

Mit η_5 kann der Fall eintreten, daß der Wirkungsgrad fälschlich negativ wird, diese Formel ist also wenig geeignet. Allgemein kommen *negative Wirkungsgrade* dann sinnvoll vor, wenn ein Vorgang — z. B. Lösung eines Feststoffes im Lösungsmittel — theoretisch eine Arbeitsfähigkeit besitzt, also Nutzleistung abgeben könnte, während praktisch zur Beschleunigung und Verringerung der Anlage-Kosten z. B. ein Rührwerk mit Arbeitsaufwand eingesetzt wird. Man muß dann die Summanden etwas anders bilden, z. B. $N = \dot{m}\,(e_2 - e_1)$, d. h. Massenstrom multipliziert mit der Exergieänderung. Die letztere kann dann negativ werden. Da die technisch in Rücksicht auf die wirtschaftliche Optimierung ja immer auftretenden Verluste insgesamt bei jedem Verfahren zu einem

Exergie-Verlust, einer Entropie-Strömung führen, findet man bisweilen die pessimistische Ansicht vertreten, Technik bedeute überhaupt nichts anderes als Entropie-Vermehrung. Formal läuft das etwa darauf hinaus, alle Wirkungsgrade so anzusetzen, daß sich ein negatives Ergebnis berechnen läßt. Abgesehen davon, daß die gleichen Argumente auch und sogar noch stärker die künstlerische Produktion negativ bewerten würden, handelt es sich bei verfahrenstechnischer Produktion ja immer um Erhöhung des Nutz-Wertes, also um *„Veredelung"*, die Verquickung von energetischen und „Wert" oder „Wirtschafts"-Maßstäben ist unzulässig.

Das verbreitetste *Mißverständnis* bezüglich des Wirkungsgrades beruht auf der Mißdeutung des Energie-Begriffes. Im Wortschatz des deutschen Betriebs-Ingenieurs bedeutet „Energie" etwa das, was die Amerikaner *„utilities"* nennen, nämlich Strom, Dampf, Wasser, Gas, Preßluft etc. Der entsprechende Posten in der Betriebs-Abrechnung, *Betriebs-* oder auch direkt *Energie-Kosten,* rangiert meist an vierter Stelle nach *Rohstoff-, Amortisations-* und *Personalkosten* und ist mit beiläufig 10 % der Gesamtkosten ziemlich unerheblich — von Ausnahmen natürlich abgesehen. Nur hierauf bezogen wäre der „Wirkungsgrad" in der Tat ohne Interesse; höchstens in den Ausnahme-Fällen, wo die „Energiekosten" an erster oder zweiter Stelle rangieren und die Wirkungsgrade bei 10 % liegen, wäre eine Verbesserung anzustreben.

Tatsächlich handelt es sich hier um die *„konvektiven Energien"*, wie oben definiert, also um die Massenströme insbesondere auch der Rohstoffe und Produkte $\dot{m}$, multipliziert mit deren Exergie-Werten e. Der *Wirkungsgrad* erfaßt also neben den kostenmäßig an vierter Stelle stehenden *utilities* die an erster Stelle stehenden *Rohstoffkosten,* d. h. den größten Kostenbetrag überhaupt. Die *technische Optimierung* — wenn man so sagen will — behandelt das gegenseitige Abwägen der Exergie-Anteile, bleibt also innerhalb dieser Kostengruppe, während die *wirtschaftliche Optimierung* a) nach der billigsten Anlage innerhalb der Amortisation, b) nach der wirtschaftlichsten Anlage zwischen 'Amortisation und Stoffkosten und schließlich c) hinsichtlich der Automation zwischen Amortisation und Personalkosten abwägt.

An der umfassenden Bedeutung des Wirkungsgrades für die Beurteilung von Verfahren und Anlagen ist nach dem Gesagten nicht mehr zu zweifeln. Man kann ihn etwa als die physikalisch exakte Grundlage ansehen, vor der aus dann durch Vereinfachung und Zufügung von Kostenfaktoren etc. die unmittelbar praktisch-wirtschaftlich gültigen Bewertungszahlen gebildet werden.

Eine besonders einfache und beliebte Bewertungsgröße ist die *Ausbeute*. Indem man im Wirkungsgrad-Ausdruck die übrigen Exergie-Summanden in Zähler und Nenner vernachlässigt und sich auf eine Schlüsselkomponente beschränkt, bekommt man den Quotienten zweier Exergieströme. Da nun die spezifischen Exergien e für chemische Stoffe deren Normalentropien und Bildungswärmen berücksichtigen müssen, also etwas unhandliche Größen sind, läßt man diese Exergie-Faktoren noch weg und bekommt einfach den Quotienten der Massenströme:

7) $$\text{Ausbeute} = \dot{m}_{\text{Produkt}} / \dot{m}_{\text{Rohstoff}}$$

Mit der Ausbeute arbeitet bevorzugt der Chemiker, und zwar im gleichen Sinne wie der Elektro-Ingenieur mit dem oben behandelten Energie-Quotienten: Es erscheint unfaßlich, daß bei 100 % Ausbeute noch Verbesserungen möglich sein sollten, da das dem Satz von der Massen-Erhaltung ebenso widersprechen würde, wie oben dem Satz von der Energie-Erhaltung.

Tatsächlich ist chemische Energie stärker und spezieller an den Stoff gebunden, als die anderen Energieformen, ist also weniger konvertibel. Man muß dann schon den speziellen Fall und seine Möglichkeiten ins Auge fassen, um bei 100 % Ausbeute und geringem Wirkungsgrad die erfolgversprechenden Fließbild-Varianten angeben zu können. Als Beispiel sei das *Rösten sulfidischer Erze* betrachtet, wobei die Ausbeute sich auf den als SO_2 (und evt. direkt SO_3) gewonnenen Schwefel bezieht. Als Abfall ergibt sich eine exergetisch und kostenmäßig geringwertige Wärme. Die mögliche Verbesserung liegt hier in der gleichzeitigen Ausnutzung des Sulfids als Reduktionsmittel, man kann insbesondere z. B. bei den leicht reduzierbaren Bleierzen durch gemeinsame Verarbeitung von Sulfid und Oxyd gleichzeitig das SO_2 und reduziertes metallisches Blei gewinnen, spart also das bei getrennten Verfahren verbrauchte Reduktionsmittel.

Natürlich bedeutet bei chemischen Reaktionen ein hoher Wirkungsgrad, daß man nahe am Gleichgewicht arbeitet, also mit kleiner Reaktionsgeschwindigkeit und hohen Amortisationskosten, grundsätzlich liefert aber die Berechnung des Wirkungsgrades das Kriterium, ob eine derart gekoppelte Reaktionsführung möglich ist oder nicht.

In den klassischen Ingenieur-Gebieten arbeitet man mit Teil-Wirkungsgraden derart, daß sich der *Gesamtwirkungsgrad als Produkt der Teilwirkungsgrade* ergibt. Da es sich dort i. a. um lineare Gerätefolgen — wie z. B. Turbine, Getriebe, Generator, Transformator — handelt, kann man damit den Einfluß jedes einzelnen Gerätes genau angeben und hat zudem bei Teilwirkungsgraden nahe 100 % den Vorteil einer rechnerischen Vereinfachung. Mit den *Verlust-Prozenten v* erhält man nämlich:

$$8) \qquad \eta = 1 - v \qquad \eta_{ges} = \Pi_i\, \eta_i \approx 1 - \Sigma_i\, v_i$$

Diese zweckmäßige Methode ist in der Verfahrenstechnik nur bedingt exakt anwendbar, da hier in der Wirkungsgrad-Formel nicht 2 Größen nach 4) sondern mindestens 3 nach 5) etc. stehen, während der Teilwirkungsgrad des Gerätes i. a. nur eine Größe beeinflußt. Da indessen praktisch vielfach nur 2 Größen zahlenmäßig ins Gewicht fallen, gilt insoweit der Ansatz 8) immerhin näherungsweise. Anschaulich ist es eben so, daß die im Kreisprozeß gekoppelten und vernetzten Geräte einander gegenseitig beeinflussen, daß aber jedenfalls näherungsweise sich die Teilverluste addieren.

Abgesehen von den genannten Schwierigkeiten muß das System der Teilwirkungsgrade hier überhaupt anders aufgebaut werden, um nützlich zu werden. Im Anschluß an die Feststellungen in Kapitel I seien definiert:

Stoffbedingte Verluste v_s bzw. Teilwirkungsgrad η_s, variabel mit dem Bereich des Verfahrens.

Degenerations-Verluste v_d bzw. Teilwirkungsgrade infolge Degeneration von Geräten mit gleicher Variabilität.

Bei den *Geräte-Einflüssen* sei von vornherein zwischen den degenerierbaren inneren und den für die äußere Kopplung benötigten Geräten unterschieden, wobei für die *inneren der Index i*, für die *Kopplungsgeräte der Index k* benutzt sei.

Schließlich wird noch benötigt die *Formel* η_0 nach 2), die vollständig alle Einflußgrößen enthalten soll, deren Zahlenwert aber nach Abspaltung der Einzel-Verluste zu 1 wird.

Auf die Geräte-Einflüsse wird im Folgenden näher eingegangen, hier sei nur noch festgestellt, wie sich damit die bisher definierten oder in der Technik eingeführten Wirkungsgrade ausdrücken:

$\eta_0 \cdot \eta_s \cdot \eta_d$ = *Grenzwirkungsgrad*

$\eta_0 \cdot \eta_s \cdot \eta_d \cdot \eta_i$ = *„innerer" Wirkungsgrad*

$\eta_0 \cdot \eta_s \cdot \eta_d \cdot \eta_i \cdot \eta_k$ = *Gesamt-Wirkungsgrad*

Bei η_d, η_i, η_k ist zu beachten, daß jeweils die Produkte mehrerer $\eta_{d1} \cdot \eta_{d2}$.. etc. auftreten können.

Exakte Berechnungen der Wirkungsgrade werden vor allem zur *Entwicklung von Stammfließbildern* gebraucht, da das entscheidende Kriterium, ob ein Stammfließbild vorliegt, eben nur darin bestehen kann, daß sein Grenzwirkungsgrad 1 erreicht — unter Berücksichtigung der in Kap. 1, 5 behandelten Einschränkungen, d. h. bei mäßigen Bereichen und unter zulässigen Annahmen und Vereinfachungen über die Stoff-Eigenschaften. Praktisch handelt es sich dabei um Untersuchungen einzelner Verfahren bzw. Fließbild-Familien von singulärer Bedeutung, in deren Verlauf sich dann auch gleich die *Verluste durch Degeneration,* also die η_d ergeben.

3. Wirtschaftlichkeit

Die „Verbesserung" eines Gerätes erhöht seinen Preis, bringt dafür Vorteile an anderen Geräten oder der Gesamt-Funktion des Fließbildes. Die *wirtschaftliche Optimierung,* das Abwägen von Vor- und Nachteilen, muß sich daher *auf das ganze Fließbild erstrecken,* man muß ganze Anlagen kalkulieren und diese Kalkulation variieren.

Beim hypothesenfreien, rein pragmatischen Vorgehen kommt man auf einen *Rechenaufwand,* der auch mit Automaten kaum noch zu bewältigen ist. Z. B. besteht der J o u l e -Prozeß aus 5 Geräten mit 12 kostenbestimmenden Maßen bzw. Größen. Beschränkt man sich auf die 3 Wärmeübertrager und läßt deren 2 äußere, separat zu optimierende Stränge fort, so bleiben immer noch 7 Maße, d. h. 7 unbekannte Kostenfunktionen, geometrisch als 7-dimensionale Kostenfläche zu deuten, deren Minimum gesucht wird. Zur Bestimmung des Funktionsverlaufs muß man jeweils 3 bis 5 Punkte berechnen, erhält also $3^7 \approx 2000$ bis $5^7 \approx 80\,000$ Kalkulationen, die durchgeführt werden müßten.

Macht man die Annahme, daß sich die Größen gegenseitig nur wenig beeinflussen, dann wird ein *Iterationsverfahren* aussichtsreich: Von einem willkürlichen Ausgangspunkt variiert man die Größen einzeln, das gibt $1 + 2 \cdot 7 = 15$ bis $1 + 4 \cdot 7 = 29$ Kalkulationen. Dann muß für die 7 mit 3 bzw. 5 Punkten belegten Funktionen jeweils das Minimum gesucht werden, der durch die 7 Minima bestimmte Punkt ist Ergebnis des ersten und Ausgangspunkt des zweiten Schrittes etc. Das wirtschaftliche Optimum ist gefunden, wenn alle Variationen zur Kostensteigerung führen.

Das Iterationsverfahren ist einfacher, aber für die Praxis immer noch viel zu schwerfällig. Um die weiteren Vereinfachungen zu beurteilen, müssen die Kosten aufgeschlüsselt werden. In die *Kalkulationen* gehen zunächst ein die *Funktionalzusammenhänge des Fließbildes.* Diese gelten universell, aber jeweils nur für das einzelne Fließbild, am einen Fließbild gewonnene Ergebnisse dürfen nicht auf ein anderes, z. B. weiter degeneriertes übertragen werden. Das legt die *Spezialisierung* der Firmen und Sachbearbeiter nahe.

Weiter gehen in die Kostengleichungen ein die *örtlich verschiedenen Bedingungen und Preise* — z. B. Wasser-Temperatur, -Härte, -Preis etc. Hier gibt es schon bei den üblichen „utilities" erhebliche Schwankungen, vor allem gibt es aber in größeren Werken die vielerlei Abfälle anderer Produktionen, die ganz ungewöhnliche Kostenstrukturen ergeben können. Das beeinflußt nicht nur die Auswahl des Verfahrens überhaupt, sondern auch seine quantitative Auslegung. Es kann sogar die ansonsten aus technisch-physikalischen Gründen bevorzugten Betriebsbedingungen ändern — z. B. eine endotherme Reaktion auf die Temperatur legen, bei der Abfall-Wärme verfügbar ist.

Diese Bedingungen sind nur dem *Produktionsbetrieb,* also dem Benutzer und evtl. Besteller der Anlage bekannt, weshalb die Gesamt-Projektierung i. a. nur von dort aus oder von einer *Projektierungsfirma* mit genauer Kenntnis dieser örtlichen Bedingungen geleistet werden kann. Hier fallen also die Entscheidungen, lange ehe Bestellungen auf einzelne Apparate oder Teil-Anlagen herausgehen; dieser Interessenten-Gruppe müssen daher die *Kalkulations-Methoden und -Richtlinien jeder einzelnen unit operation zugänglich* sein. Man kann *4 Methoden* unterscheiden, um dieses Problem praktisch zu lösen:

1) Im allgemeinen sind die Kosten-Minima flach, d. h. die um ± 20 % vom Optimum abweichende Auslegung eines Gerätes ändert die Gesamt-Kosten noch nicht stark, wenn sich auch die Kosten-Anteile natürlich verschieben. Umgekehrt ändert eine Abweichung der örtlichen Kosten im gleichen Verhältnis zwar die Herstellkosten des Betriebes erheblich, jedoch die exakt optimale Auslegung der Geräte nur wenig. Man darf daher näherungsweise sagen: Eine einmal wirtschaftlich optimal aufgebaute Anlage wird auch in anderer Umgebung, bei anderer örtlicher Kostenstruktur noch genügend genau „richtig" sein. Das bedeutet, daß man mit *Einheits-Konstruktionen* für die einzelnen Unit-Operations auskommt und daher auch Einheits-Preise für die Anlagen erwarten darf. Von allem anderen abgesehen kommt diese Behandlung auch dem Normungs-Bestreben entgegen und läßt von daher wieder Ersparnisse erwarten.

So ergibt sich die *einfachste Kalkulations-Methode* in der Erfassung *fester Anlage-Kosten* für alle Unit Operations. Abhängig von der Anlagengröße werden die Kosten über der Leistung in jeweils logarithmischer Skala aufgetragen und die Kostenskala lediglich mit den jeweils gültigen Preis-Indices korrigiert. Damit ist die Vorkalkulation der Anlagekosten sehr leicht, die Berechnung der Betriebskosten jedoch auf die einfachste Formel gebracht, da man nunmehr mit *feststehenden Ausbeuten, Strom- und Wärmebedarf* etc. rechnen kann.

Die Methode läßt sich ausbauen zur Global-Kalkulation ganzer Produktionen und Betriebe, womit allerdings die Grenzen sichtbar werden: Man kann sich nur auf Vorbilder stützen, also keine *neue Entwicklung* damit einleiten. Es ist die Methode der obersten Ebene, der Finanz- und Wirtschafts-Entscheidungen, die den Rahmen festlegt, der dann von den Ingenieuren noch im einzelnen ausgearbeitet und auf den *Stand der Technik* verbessert wird.

2) Die Ausarbeitung im einzelnen und die korrekte Berücksichtigung der örtlichen Kostenstruktur in der Geräte-Auslegung wird i. a. in *Unit Operations* aufgespalten den *Spezialisten* übertragen. Große Werke haben ihren eigenen, kompletten Spezialisten-Stab, kleinere arbeiten mit Projektierungsfirmen oder direkt mit den ebenfalls wieder auf einzelne Unit Operations spezialisierten Apparatebau-Firmen zusammen. Das funktioniert zuverlässig und schnell, hat aber auch Nachteile: Der eigene Spezialisten-Stab ist recht aufwendig, vor allem ist es kaum möglich, eine gleichmäßige Beschäftigung jedes Spezialisten über die langen, hier schon von der Einarbeitungszeit her notwendigen Zeiträume zu erreichen; das gibt Termin-Schwierigkeiten bei Über-, schlechtes Betriebsklima bei Unter-Lastung. Die Heranziehung fremder Firmen wiederum stößt auf Bedenken, weil wichtige technische (know how) und wirtschaftliche Informationen weitergegeben werden müßten, wenn man die Kenntnisse der fremden Spezialisten voll ausnutzen wollte.

Darüber hinaus ist erfahrungsgemäß der *Informations-Austausch zwischen den Spezialisten,* auch innerhalb einer Firma, sehr schlecht. Es kann z. B. zufolge der Kostenlage eines Werkes eine bestimmte Fließbild-Variante, also eine spezielle Unit Operation dort besonders wirtschaftlich anzuwenden sein, so daß sie anderen, damit konkurrierenden und üblicherweise vorteilhafteren hier überlegen wird. Wenn dann der „falsche" Spezialist ein Projekt zur Bearbeitung bekommt, hat er nicht nur kein Interesse daran, es an seinen Kollegen weiterzugeben, sondern er weiß im Regelfalle garnichts davon, daß die Unit Operation des Kollegen im eigenen Werk vorzuziehen ist.

Es sind gerade die hier angeführten Gründe, die zum *Aufschwung der Verfahrenstechnik* seit dem Krieg geführt haben: Man möchte Ingenieure beschäftigen, die einen besseren Überblick auch gerade über die Nachbargebiete haben und als Spezialisten ein breiteres Gebiet — z. B. eine Fließbild-Familie statt nur eines der dazugehörenden Fließbilder — beherrschen. Von der ingenieur-wissenschaftlichen Seite ist die Breite der Ausbildung zu erreichen, die experimentelle Ergänzung im Laborversuch und Pilot-Plant ist selbstverständlich, es bleibt die Lösung der wirtschaftlichen Seite auf breiter Basis.

3) Die Methode der *„Richtwerte"* ist durch ihre Anpassungs- und Ausbaufähigkeit auf lange Sicht wahrscheinlich die aussichtsreichste. Im Rahmen der Optimierungs-Rechnungen ermittelt man Werte, die von den Preis-Indices unabhängig und auch sonst nur so wenig variabel sind, daß man sie praktisch als Invarianten ansehen darf. Z. B. rechnet man in der Kältetechnik mit 10 grd Temperatur-Differenz zwischen Nutz- und Verdampfungs-Temperatur, ebenso zwischen mittlerer Kühlwasser- und Kondensationstemperatur.

Mit derartigen Richtwerten werden sowohl die *Kosten, als auch technologische Bedingungen* am einfachsten optimiert. Z. B. ist die Strömungsgeschwindigkeit des Dampfes in Rektifikationskolonnen maßgebend für den Bodenwirkungsgrad, bestimmte Festwerte oder Beziehungen zwischen Geschwindigkeit, Bodenabstand etc. sind einzuhalten.

Man kann das System offenbar flexibel gestalten, indem man für überschlägige Projektierungen mit Festwerten rechnet, für die endgültige Kalkulation aber Formeln benutzt, die die jeweiligen örtlichen Kosten enthalten und richtig berücksichtigen.

In der Fachliteratur findet man viele nützliche Hinweise und fixierte Richtwerte, es fehlt jedoch eine systematische Gesamtdarstellung und insbesondere, von wenigen Ausnahmen abgesehen, ein Formelapparat, der wechselnde Kosten und Betriebsbedingungen einigermaßen einfach und richtig zu verwerten erlaubt. Solange man mit Festwerten rechnet, ist die Methode der Richtwerte nicht besser, als die erstgenannte der festen Anlage-Kosten, sondern bildet nur deren *Ergänzung zur Berechnung der einzelnen Konstruktionsmaße*. Der Ausbau der Methode wäre sicherlich eine dankenswerte Aufgabe der einschlägigen Forschungs-Institute, vorerst ist es noch am einfachsten, wenn man sich die — nicht allzu ängstlich gehüteten — Richtwerte von einem Spezialisten der Industrie sagen läßt.

4) Die Feststellung, daß es für die hier benötigten Richtwerte bislang kein Nachschlage-Werk gibt, ist umso unbefriedigender, als in den vorhergehenden Kapiteln eine Vielzahl von Verfahren zur Auswahl gestellt, also gerade die Aufgabe der *wirtschaftlichen Optimierung als letztes Kriterium der Auswahl zwischen mehreren Verfahren* aufgewertet und ausgeweitet wurde; ohne dem käme es nur darauf an, ein bereits endgültig gewähltes Fließbild optimal auszulegen. Mit der Erweiterung der Verfahrens-Auswahl wächst auch die Zahl der Verfahren, für die es noch gar keine oder nicht ausreichende Erfahrungen, also weder Spezialisten, noch Richtwerte gibt. Es muß also nicht nur lehrbuchmäßig für den Anfänger, sondern hier auch für den Verfahrens-Entwickler eine praktikable Methode angegeben werden.

Die eingangs erläuterte fundamentale Methode der Kalkulation verschiedener Auslegungen ist deshalb so schwerfällig, weil man eine große Anzahl von Punkten berechnen muß, um den Kurvenverlauf und das Minimum zu finden. Die im folgenden erläuterte Verbesserung besteht aber einfach darin, daß man zuerst eine Aussage über den *Kurvenverlauf* gewinnt, ja sogar eine Darstellung benutzt, die mit Einheits-Kurven arbeitet. Dann ist die endgültige Kurve nicht durch 3 bis 5 Punkte näherungsweise, sondern durch 2 Punkte so exakt festgelegt, wie die Voraussetzungen der Methode gelten.

Wir kalkulieren eine komplette Anlage für eine bestimmte, bei den Variationen konstant gehaltene Leistung. Variiert wird eine *Geräte-Funktion*, die sich i. a. so definieren läßt, daß sie einem *Konstruktions-Maß* proportional ist. Das könnte z. B. die Höhe einer Kolonne, Bodenzahl, Übertragungsfläche, Elektroden-fläche, Strömungsquerschnitt oder dergl. sein. Dann steigt natürlich der Preis des variierten Gerätes proportional diesem Maß, wie es Abbildung 66 mit der ansteigenden Geraden unten zeigt.

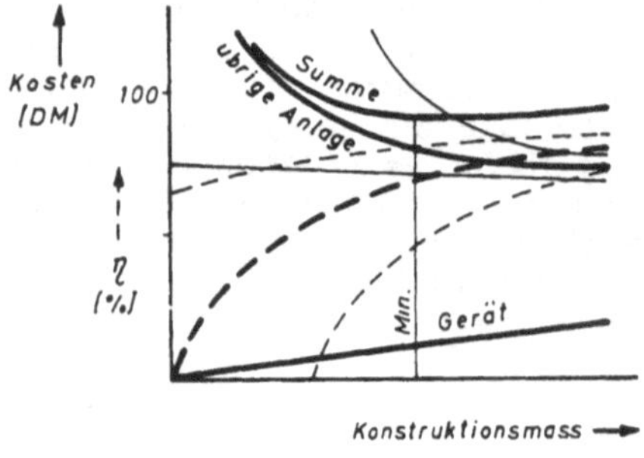

Abb. 66. Anlage-Kosten als Funktion eines Konstruktionsmaßes — z. B. Wärmeübertragungs-Fläche

Im allgemeinen wird man den *Gerätepreis* aus einem konstanten *Grundpreis* (z. B. beim Wärmeübertrager: Gehäuse, Anschlüsse, Montage) und dem der Güte *proportionalen Anteil* zusammensetzen können und müssen, der Grundpreis würde in der Abb. 66 lediglich eine Parallel-Verschiebung bewirken.

Mit der Änderung des Konstruktionsmaßes ändert sich natürlich der *Wirkungsgrad* η der Anlage, er ist in Abb. 66 gestrichen für 3 charakteristische Fälle eingezeichnet: Die dicke, mittlere Linie gilt für äußere, nicht degenerierbare Geräte, der Wirkungsgrad geht mit verschwindender Funktion gegen Null, die Grenze ist nicht zulässig.

Bei den degenerierbaren inneren Geräten sinkt der Wirkungsgrad der Anlage beim Funktionsausfall nur etwas auf den endlichen Wert η_d am linken Diagramm-Rand ab, wie es die obere Kurve zeigt.

Die untere Wirkungsgrad-Kurve gilt schließlich für die Fälle, in denen die Funktion der Anlage bereits verschwindet, d. h. der Wirkungsgrad Null erreicht, wenn die Güte des variierten Gerätes einen Mindestwert unterschreitet. Das kann bei äußeren, seltener aber auch bei inneren Geräten auftreten. Z. B. sinkt der Wirkungsgrad einer Kältemaschine bei abnehmender Verdampferfläche und damit Verdampfungs-Temperatur zufolge Carnot-Faktor und Dampfdruck entsprechend der mittleren Kurve mit Grenze Null, zufolge des Liefergrades jedoch zusätzlich schon auf Null bei einem endlichen Saugdruck, entsprechend der unteren Kurve. Analog darf beim Linde-Prozeß der Luftverflüssigung der innere Wärmeübertrager eine Mindestgüte nicht unterschreiten, sonst wird die Verflüssigungstemperatur nicht mehr erreicht.

Da nun bei der wirtschaftlichen Optimierung *Anlagen gleicher Leistung* verglichen werden müssen, bedeutet eine Verschlechterung des Wirkungsgrades, daß die übrige Anlage insgesamt oder in wesentlichen Teilen vergrößert werden muß, wenn das gerade variierte Gerät verbilligt wird. Demnach ergeben sich aus den hyperbelartig nach links absinkenden Wirkungsgrad-Kurven die nach links ansteigenden Kosten-Kurven der übrigen Anlage, die oben in Abb. 66 ausgezogen sind. Nach rechts hin verlaufen beide Kurvenscharen mit waagrechter Asymptote. Die gesamten Anlage-Kosten ergeben sich als Summe der nach rechts ansteigenden Kosten des variierten Gerätes und der nach rechts zuerst steil und dann immer flacher abfallenden Kosten der übrigen Anlage. Für die dick gezeichneten mittleren Kurven der Schar ist die Summierung durchgeführt, man erkennt das *Kosten-Minimum*.

Hier ist zunächst darauf hinzuweisen, daß sich die *Optimierung der Anlagekosten* anschaulich aus dem *Wirkungsgrad* ableitet, den man gewöhnlich nur in Verbindung mit den *Betriebskosten* diskutiert. Schon die „billigste Anlage" hängt vom Wirkungsgrad ab. Bei der „wirtschaftlichsten Anlage" sind zusätzlich noch die Betriebskosten zu berechnen, die natürlich auch nach rechts hin abfallen, und zu addieren, womit sich das Minimum nach rechts verschiebt.

Weiter erkennt man aber, daß die Kosten-Minima, insbesondere schon das der billigsten Anlage, ziemlich weit vom Nullpunkt des Wirkungsgrades abliegen, daß also die Frage, ob und bei welcher Mindestgüte des Gerätes eine *Nullstelle des Wirkungsgrades* existiert, von praktisch geringer Bedeutung ist: In dem Bereich, in dem das Kostenminimum zu suchen ist, verläuft die Wirkungsgrad- und Restkosten-Kurve schon ziemlich gestreckt. Das legt den Versuch nahe, eine graphische Darstellung zu suchen, in der die komplizierteren Restkosten und Betriebskosten linear, dafür die Kosten des variierten Gerätes auf gekrümmten Kurven verlaufen. Nach der vorstehenden Diskussion der üblichen Kalkulationsmethoden und angesichts der flachen Kosten-Minima ist hierbei sicherlich eine Näherung ausreichend und bereits viel besser, als die vollkommene Vernachlässigung der speziellen örtlichen Kostenlage, wenn die Näherung nur einfach zu handhaben ist.

Wirkungsgrad einerseits und *Rest-* sowie *Betriebskosten* andererseits sind zueinander annähernd *reziprok.* Wenn man die Kostenkurven exakt linearisiert, bleibt die Wirkungsgrad-Kurve hyperbelartig gekrümmt und umgekehrt. In dem praktisch interessierenden Bereich ist die Krümmung jedoch gering und darf näherungsweise vernachlässigt werden. Auf dieser Basis entsteht Abbildung 67 als graphische Näherung.

Man geht aus von einer exakten *Linearisierung der Wirkungsgrad-Kurve,* d. h. einem dem Wirkungsgrad des Verfahrens proportionalen Abszissen-Maßstab. Der Maßstab läuft von 0 bis 1, das Konstruktionsmaß jedoch von 0 bis ∞, ebenso die Kosten des Gerätes vom Grundpreis bis unendlich.

Nehmen wir als wichtigstes und einfachstes Beispiel den Wärmeübertrager, so ist das *Konstruktionsmaß* die *Übertragungsfläche* F bzw. in dimensionsloser Schreibweise $k.F/\dot{C} = Dt/\Delta t_m = \Lambda$, die *reduzierte Länge.* Den *Effekt* kann man aber analog dem Wirkungsgrad definieren als *Quotient der gewonnenen zur verfügbaren Wärme,* also:

$$\mu = \frac{Dt}{Dt + \Delta t_m} = \frac{\Lambda}{\Lambda + 1} \tag{9}$$

Darin bedeutet Dt die Temperaturänderung des Stoffstromes bzw. Kapazitätsstromes $\dot{C}$, Δt_m die mittlere Temperaturdifferenz. Analog ist die Definition des Geräte-Gütegrades proportional zum Verfahrens-Wirkungsgrad auch bei den anderen Geräte-Typen möglich.

Da nun die *Geräte-Kosten proportional* Λ *oder einer Potenz von* Λ ansteigen, ergibt sich eine generelle Beziehung zwischen Gütegrad und Gerätekosten. Statt aber nun die Kosten direkt (in DM) als Ordinatenmaßstab zu wählen, werden sie als Anteil an den gesamten Anlagekosten, also in % ausgedrückt. Je nach der Lage des Falles gilt eine der in Abb. 67 oben ausgezogenen Kurven für den anteiligen Gerätepreis (bzw. seine Amortisation) abhängig von Geräte-Gütegrad und Anlagen-Wirkungsgrad. Welche Kurve gilt — evtl. natürlich eine dazwischenliegend interpolierte — findet man durch *Kalkulation eines Punktes.*

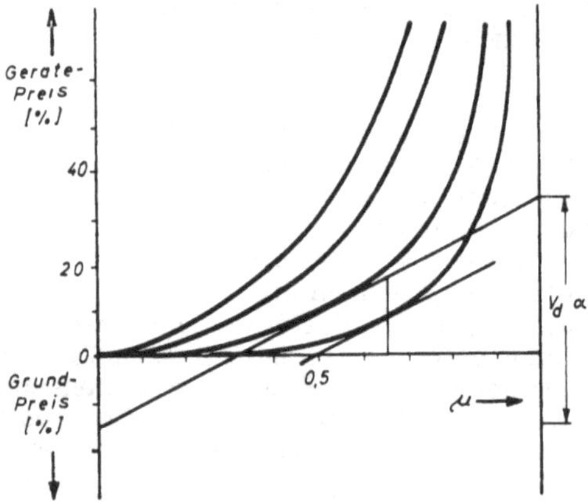

Abb. 67. Prozentuale Kosten des variablen Gerätes als Funktion seines Gütegrades μ und graphische Lösung der wirtschaftlichen Optimierung für innere Geräte mit geringem Verlust v_d.

Da sich mit dem schließlich gefundenen wirtschaftlich optimalen μ nicht direkt das Konstruktionsmaß F, sondern die reduzierte Länge Λ ergibt, ist es gleich, ob man, wie bisher, nach der billigsten Anlage vorgeschriebener Leistung oder der Anlage größter Leistung bei vorgeschriebenem Preis fragt. Wir gehen der größeren Anschaulichkeit halber auf die zweite

Formulierung der Frage über und stellen dann fest, daß die Leistung proportional μ, also linear nach rechts ansteigt. Der optimale Auslegungspunkt ergibt sich dann dort, wo die *Leistungs-Steigerung der Anlage die Preissteigerung durch das variierte Gerät am stärksten übersteigt.* Wie Abb. 67 zeigt, zieht man die Parallele zur Geraden des Leistungs-Anstiegs, der Berührungspunkt an die Kurve des Preisanstiegs gibt die gesuchte Abszisse μ_{opt} und daraus das richtige Konstruktionsmaß.

In dem mit ausgezogenen Gerätepreis-Kurven vorgegebenen Diagramm braucht man die *prozentualen Gerätekosten,* um die richtige Kurve auszuwählen (im ausgezogenen Beispiel die unterste) und die *Steigung der Leistungs-Geraden.* Zu letzterer sind aber noch 3 Überlegungen anzustellen:

a: Es interessieren ja nicht die Leistungen, sondern die Kosten. Die *Kosten steigen mit einer Potenz der Leistung,* die i. a. kleiner als 1 für die Anlage-Kosten, zusätzlich etwa 1 für die Betriebskosten ist. Bei kleinem Exponenten ist die Vergrößerung der Anlage relativ billig, die optimale Auslegung des fraglichen Gerätes wird nach kleinerem μ verschoben, die Gerade muß also flacher verlaufen. Für ein degenerierbares inneres Gerät ist die gesamte Leistungssteigerung von $\mu = 0$ bis $\mu = 1$ durch den „Degenerations-Wirkungsgrad" $\eta_d = 1 - v_d$ erfaßt, bei kleinem *Verlust* v_d kann man den *Kostenvorteil der Potenz* a des Wirkungsgrades durch das Produkt $v_d \cdot a$ in erster Näherung ausdrücken. Wenn man also aus mehr theoretischen Untersuchungen v_d und a kennt, ergibt sich daraus direkt die Steigung der Geraden bzw. der entscheidenden Tangente. Kennt man die Größen nicht, so muß man *zwei Auslegungen der Anlage kalkulieren.* Wegen der theoretischen Fundierung der Methode darf man die *gefundene Steigung dann aber auf andere Fälle übertragen,* gewinnt also ziemlich schnell die „Erfahrung" des einschlägigen Spezialisten.

Soll nicht die billigste, sondern die wirtschaftlichste Anlage kalkuliert werden, so werden analog für 2 Auslegungen die Gesamtkosten bestimmt. Als Ordinatenmaßstab ist aufzutragen leistungszunahme in % bei gleichen Kosten.

b: Die zweite Überlegung betrifft die *Fälle mit Nullstelle des Wirkungsgrades,* also nichtdegenerierbare äußere und in seltenen Fällen auch innere Geräte. Hier kann es vorkommen, daß die durch 2 Kalkulationen festgelegte Leistungsgerade zu ungenau ist, daß stattdessen durch eine dritte Kalkulation — im primär gefundenen Optimum — die Krümmung der Leistungskurve berücksichtigt werden muß. Die Krümmungsrichtung — nach oben konvex — bewirkt, daß das Kosten-Minimum weniger flach, die Auslegung also kritischer wird.

c: Die letzte Überlegung betrifft die degenerierbaren Geräte, also die Frage, welche *Variante des Fließbildes im konkreten Fall die billigste oder wirtschaftlichste Anlage liefert.* Daß das Problem mit dem steigenden Verfahrens-Angebot auftaucht und zunehmend wichtiger wird, war oben schon dargelegt. In der Kalkulationsmethode nach Abb. 67 interessiert nun neben der *Steilheit der Geraden,* die die optimale Geräteauslegung festlegt, ihre *absolute Lage,* die entscheidet, ob das Gerät bzw. die höhere Geräte-Funktion überhaupt wirtschaftlich vorteilhaft verwandt werden soll.

Es ist zu vergleichen der Preis des variierten Gerätes mit dem Preis der nächst-tieferen Degenerations-Stufe. Z. B. Turbinenkosten abzüglich der Kosten des Drosselventils, Kosten des diabaten abzüglich der des adiabaten Stoffübertragers etc. Diese Differenz wird aus *Grundpreis* und *Proportional-Anteil* zusammengesetzt. Der Proportional-Anteil bestimmt die schon oben behandelte Gerätepreis-Kurve im oberen Teil der Abb. 67, er muß dann von der Leistungs-Steigerung eingeholt und überholt werden. Der *Grundpreis wird jedoch am linken Diagramm-Rand nach unten aufgetragen* — ebenfalls in % der übrigen Anlage-Kosten. Das liefert den Anfangspunkt der Leistungs-Geraden, die nun den Preis-Nachteil zuerst aufholen muß.

Falls der Grundpreis des besseren Gerätes kleiner ist, als der des schlechteren, ist die Verwendung des schlechteren offensichtlich unsinnig; im Diagramm würde der Anfangspunkt statt unter dann über der Grundlinie liegen, in der Praxis könnte das z. B. beim Vergleich zwischen Wärme- und adiabatem Stoff-Übertrager herauskommen.

Wenn der Grundpreis (Unterschied) verschwindet, liegt die Leistungsgerade immer oberhalb der Grundlinie, die Verwendung des Gerätes im Fließbild ist immer vorteilhaft, die optimale Auslegung ergibt sich mit der Tangenten-Konstruktion.

Kritisch sind offenbar nur die Fälle mit Grundpreis, wie im Diagramm als Beispiel eingezeichnet. Entspricht der Proportional-Anteil der untersten Kurve, so wird diese von der Leistungsgeraden geschnitten, es ergibt sich das eingezeichnete Optimum, das hier knapp 10 % wirtschaftlicher wäre, als das stärker degenerierte Fließbild.

Würde der Proportional-Anteil der Geräte-Kosten beispielsweise der zweiten Kurve entsprechen, so gibt es gerade noch einen Berührungspunkt, beide Fließbild-Varianten sind dann gleich wirtschaftlich, sofern für das weniger degenerierte Fließbild die Geräteauslegung entsprechend dem Berührungspunkt gewählt wird. Wenn der Proportional-Anteil einer der noch höheren Kurven entspricht, kommt wirtschaftlich nur noch das stärker degenerierte Fließbild infrage.

Abschließend sei noch darauf hingewiesen, daß die verschiedenen Kosten-Exponenten der Geräte das Preisgefüge bei einer Vergrößerung oder Verkleinerung der Anlage verschieben. Das *optimale Fließbild ist daher oft für kleine und große Anlagen verschieden.*

Literatur

Die im Text mit [ ] angegebenen Ziffern beziehen sich auf dieses Literaturverzeichnis bzw. die in Bd. 1 u. 2.

8. Aufsätze und Monographien

[201] Bock, H.: Chem. Ind. XIV (1962), S. 351—356.
[202] Matthes, Fr.: Chem. Technik 11, 10 u. 536 (1959) u. 11, 606 (1960).
[203] Bock, H.: Chemiker-Ztg./Chem. Apparatur, 87 (1963), 3 S. 83—92.
[204] Bock, H.: Phys. Verh. (1961) 7/8, S. 99—109.
[205] Kutzmer: Chem. Ind. 13 (1961) 5, S. 295—298.
[206] Tegeter: Verfahren der Chemie-Industrie in farbigen Fließbildern. G. Westermann, Braunschweig 1955.
[207] Nesselmann, K.: Kältetechnik 9 (1957) 9, S. 271—273.
[208] BWK 13 (1961) 11, S. 506—509: Literatur-Nachweis.
[209] Bock, H.: Lindeberichte 1 (1957), S. 16—24 u. 4 (1958), S. 45—51.
[210] Gifford, W. E. u. H. O. McMahon: X Int. Congr. Refr. Copenhagen 1959, Ann. 1960—1 Suppl. Bull. IIF, S. 15—27.
[211] Köhler, J. W. L. u. C. O. Jonkers: Philips technische Rundschau 15 (1953/1954), S. 305—315 u. 345—355, auch Kältetechnik 6 (1954), S. 234—237, 262—266.
[212] Ranque, G.: J. Physique Radium (7) 4 (1933), S. 112, Hilsch, R.: Zschr. f. Naturf. 1 (1946), S. 208.
[213] Altenkirch, E.: Kältetechnik (1950), S. 251—259, 279—284, 310—315.
[214] Bock, H.: Allg. Wärmetechn. 5 (1954) 3, S. 49—57.
[215] Niebergall, W.: Arbeitsstoffpaare für Absorptions-Kälteanlagen und Absorptions-Kühlschränke, Markewitz, Mühlhausen/Thür. 1949, auch 40, Bd. 7.
[216] Bock, H.: Progress in refr. Sc. a. Technol. Bd. I, S. 575—580, Proc. X. Internat. Congr. Refrigeration. 1959.
[217] Garner, F. H., Ellis, Steer u. Thomson: Génie Chimique 78 (1957), S. 141—151.
[218] Kleemenko, A. P.: One Flow Cascade Cycle, Proc. X. Internat. Congr. Refrigeration 1959.
[219] Bock, H.: VDI-Berichte 34 (1959), S. 85—90.
[220] Jungnickel, H.: Technik 14 (1959) 6, S. 438—442.
[221] Schmidt, J.: Chem. Ing. Techn. 35 (1963) 6, S. 410—421.
[222] Wicke, E.: Zschr. Elektrochem. 57 (1953), S. 460.
[223] Altenkirch, E.: Zschr. VDI 82 (1938), S. 1347/8.
[224] Hengstebeck, R.: Destillation Principles and Design Procedures, Reinhold, New York 1961, S. 168, 183.
Robinson, C. S. u. E. R. Cilliland: Elements of Fractional Distillation, McGraw Hill, New York 1950, S. 336—347.
[225] Bock, H.: Allg. Wärmetechn. 6 (1955) 8/9, S. 176—185.

Formelzeichen-, Namen- und Stichwort-Register

Griechische Buchstaben als Formelzeichen

Lösungen der Aufgaben in Band 1

I § 1 z. B. $dH = dp\,(\delta H/\delta p)_T + dT\,(\delta H/\delta T)_p$

$= dp\,[(\delta U/\delta p)_T + V] + [(\delta U/\delta T)_V + V\,(\delta p/\delta T)_v]\,dT.$

Daraus für $dH=0$ (Isenthalpe):

$dT/dp = -(\delta H/\delta p)_T / (\delta H/\delta T)_p = -(\delta H/\delta p)_T / C_p$

§ 2 0,0703 at=1/14,22 at; 27,13 at=19 855,7 mmHg (0 °C)

§ 3 a: 3,0259 kg/Ltr., b: 0,859 kg/Ltr., c: 1,01175 Ltr., d: 1,75 g/Ltr. 961,11 kg/m³

§ 4 $\chi = 1/p$; $\overline{M} = 8{,}516$

§ 5 $\gamma = 1/T = \beta$; M=74,5; 254 kg mit H_2, 235 kg mit He.

§ 6 a: $-V \cdot dp$, b: $-RT \cdot \ln (p_2/p_1) = -pV \cdot \ln (p_2/p_1)$

§ 7

ϱ' (kg/m³)	ϱ''	t °C	t °C	p (at)	ϱ' (kg/m³)	ϱ''
1473	0,041	20	−31	4,25	1835	16,80
1447	0,105	40	−43	2,68	1879	10,91
1419	0,248	60	−55	1,60	1918	6,76
1391	0,335	80	−67	0,89	1955	3,94
1364	1,03	100				
1219	11,5	200				
1031	62,5	300				
480	480	397				

oben Bromwasserstoff

links Brombenzol

§ 8 1 Nm³=44,611 Mol; 1 nm³=40,926 Mol; 6,1913 · 10²³ Part/Mol; 96484 C.

§ 9 $A_T = L_T$

§ 10 $A_p = p\,\Delta V$; $L_V = -V\,\Delta p$; magnetische Feldstärke $\mathfrak{H}$ statt p, magnetische Erregung $\mathfrak{B}$ statt v, also $\mathfrak{H}$ d B bzw. $\mathfrak{B}$ d $\mathfrak{H}$

§ 11 0,1011 kcal/kg · grd; $c_p = 0{,}6223 + 0{,}00127\,t$;

$c_p = 0{,}8363 - 0{,}002936\,t$; u=konst ähnlich Isotherme; h=konst ähnlich Ideal-Isotherme.

§ 12 5/3,7/5,8/6,10/8 . . .; Quotient der Mittelwerte $\bar{c}_p/\bar{c}_v$; im p-V-Diagramm steiler als Isothermen, im anderen steiler als Isochoren; $\varkappa = 1{,}2194$; 111 Ltr., 55 555 mkp=0,152 kWh; 285 °C, 93 m³/h, 10,39 kW.

§ 13 Logarithmische Kurven; Fläche=Energie, unter Isobare Enthalpie, unter Isochore innere Energie, $\Delta s = R \cdot \ln (p_2/p_1)$, 1) 0,59,

2) $0{,}00963 \dfrac{\text{kcal}}{\text{kg} \cdot {}^\circ\text{K}}$

§ 14 $T_w=(A+B\,(T_2+T_1)/2)/(A \cdot \ln (T_2/T_1)/(T_2-T_1)+B)$; Wärme- und Kälte-Kraftmaschine, Kältemaschine und Wärmepumpe; 5,84 PS

§ 15 a: $e=2046$ kcal/h, davon 35.2 Entspannung, 1468 Gefrieren, $j=2013$ kcal, davon 2,3 Eisdehnung; b: $e=197{,}0$ kcal/h, davon 35,2 Entspannung, $j=162$ kcal. Drosselung des Dampfes. $\Delta e=93$ kcal/kg

§ 16 $\Delta S=0{,}0035$ kcal/°K, $\Delta J=-1{,}024$ kcal bei Rest$-J=0{,}101$ kcal$=$ $=91$ %

§ 17 Drucke 100; 30; 8; 0,06 at, $\dot m=3{,}33$ t/h, $\dot Q_H=3{,}04 \cdot 10^6$ kcal/h, $Q_K=1{,}96 \cdot 10^6$ kcal/h, $\eta_{ges}=28{,}2$ %. Kältemaschine angenommen Kond. Temp. 40, Unterkühlung 25 °C, $\dot m=2{,}82$ t/h. $\dot V_{eff}=550$ m³/h, $Q_{Kond}=135\,000$ kcal/h, $\dot L_{theor}=40{,}3$ kW. Nachschaltturbine 9,1 PS, $\dot V=2160$ m³/h, $\dot W=2{,}93$ m³/h

§ 18 Wandgeschwindigkeit gibt Impuls-Änderung=Arbeit=Wärme

§ 19 Bei 0 °C Luft 5530 m, Wasserstoff 80 km

§ 20 n-Propanol $t_s=98$ °C, $r=164$ kcal/kg. Glycerin 290 °C, 197 kcal/kg Glykol 184 °C, 221 kcal/kg (richtig 197 °C, 194 kcal/kg)

§ 21 Verdampfung 40 . . . 43 grd, Sublimation 20 . . . 23 grd

II § 1

$$\xi_A=\xi_A=x_A/(1+x_A)=\psi_A/[\psi_A+(1-\psi_A)\,M_B/M_A]$$
$$=\varkappa_A/(\varkappa_A+M_B/M_A)$$
$$x_A=\xi_A/(1-\xi_A)=x_A=\psi_A M_A/(1-\psi_A)M_B=\varkappa_A M_A/M_B$$
$$\psi_A=\xi_A/[\xi_A+(1-\xi_A)\,M_A/M_B]$$
$$=x_A/(x_A+M_A/M_B)=\psi_A=[\varkappa_A/(1+\varkappa_A)]$$
$$\varkappa_A=\xi_A M_B/(1-\xi_A)\,M_A=x_A M_B/M_A=\psi_A/(1-\psi_A)=\varkappa_A$$

Vgl. § 17

§ 2 Für Luft Ubereinstimmung

§ 4 Für CO_2 24,2 kcal/kg bei Entnahme kleiner Teilmenge, 36,3 kcal/kg CO_2 bei Totaltrennung des Rauchgases.

§ 5 Argon-Füllarbeit 33 300 kcal (20 °C).

§ 6 Vgl. Bd. 3, Abb. 20.

§ 7 $t=18$ °C, $\varphi=48$ %, $h=8{,}2$ kcal/kg, $x=6{,}2$ g/kg.

§ 8 $t_F=6$ °C, $Q_K=12\,840$ kcal/h, $\dot Q_H=2640$ kcal/h; $b: t_{Abl}=24$ °C, $m=1320$ kg/h (1100 m³/h). Es entsteht a: Erwärmung + Befeuchtung, b: Abkühlung + Befeucht., c: Abk. + Trocknung.

§ 9 0,2 kg Salz/kg Luft; 0,752 kg Salz/kg Wasser; bei 15 °C $\xi=62{,}2\,\%$, bei 30 °C $\xi=16{,}8\,\%$;

	bei	$t=20$	40	60	80	°C am Siedepunkt
ist mit $NaNO_3$		$\varphi=72{,}6$	69,0	65,1	62,8 %	51,0 %
mit NH_4Cl		$\varphi=79{,}0$	75,3	71,4	67,5 %	60,3 %

§ 10 Aus Extrapolation der Dampfdruckkurve 13, tatsächlich nach [1] 56 (Chemosorption). Reiche Lösung = 35 %, Heizbeginn 90 °C; gewählt arme Lösung = 15 %, Absorptionsbeginn 58 °C, Heizende 128 °C; NH_3-Verdampfung 76 kg/h, Wasserumlauf 211 kg/h.

§ 12 $\psi=0{,}842$, $\varphi=0{,}810$; a: 49 kcal/kg, b: 66 kcal/kg, davon je 4,75 kcal Lösungswärme des Salzes.

§ 13 Ausbeute $(x_a-x_e)/x_a$ (a=Anfang, e=Ende).

§ 14 Löslichkeitsgrenze trennt Feststoff-Ecke ab. Konoden zur a Extraktstoff-, b Lösungsmittel-Ecke geneigt.

§ 15 Formeln s. Bd. 2, IV, 4, Betr. Geraden schneiden sich auf Gleichgew.-Kurve. a: $n_{min}=4$, $\Phi_{v\,min}=0{,}8$, $\Phi_{A\,min}=1{,}8$, b: $n_{min}=10$, $\Phi_{V\,min}=1{,}7$, $\Phi_{A\,min}=2{,}7$.

§ 16 Betr. Geraden senkrecht. Wärmeverbrauch = $(h'-h_{Abtr.\,Pol})\,m_{Sumpf}$, Kühlleistung = $(h_{Verst.\,Pol}-h')\,m_{Kopf}$ (für flüssige Entnahme). Geht nicht im $h-\xi$-Diagramm, vgl. Bd. 2, VII, 3.

§ 17 Vertausche in Abb. 22 O_2 und H_2! Bewegungslinien für HCl senkrecht, CO_2 wie H_2O, SO_2 Pol in der Mitte, Abstand gleich Dreieckhöhe.

§ 18 $K_p=K_{p\,0}\,(p/p_0)^{\Sigma\nu_i}$

§ 19 Von A waagerecht zur Gleichgewichts-Isobare, aus deren Steilheit Flammentemperatur.

§ 20 $[(1/v)=\Sigma_i\,(\xi_i/v_i)]_{p,\,T}$ liefert die Zahlenwerte, zwischen denen die ganzzahligen spez. Vol. interpoliert und durch diese die Isochoren gezogen werden. Änderung der Brennstoff-Menge läßt sich nicht erfassen (analog letzte Aufg. § 16)

§ 21 Zahlenwerte [5] 32421, S. 861

III § 1 Vgl. Tabelle in § 19, auch Gleichungen in § 4,4 etc.

§ 2 $q_{Zyl}=2\pi\lambda L\Delta t\ln(r_a/r_i)$, $q_{Kug}=4\pi\lambda r_a r_i \Delta t/(r_a-r_i)$
Oberwellen laufen schneller ($\sim\sqrt{f}$) und sind stärker gedämpft ($\sim\exp-\sqrt{f}$), daher vernachlässigbar. Aus $a(\delta^2t/\delta x^2)=\delta t/\delta z$ (Vorzeichen!) singuläre Lösung: $t=t_0-bz+bx(d-x)/2a$, worin

d=Plattendicke, $b=\delta t/\delta z$. Oberfläche muß um $\Delta t_m = bd^2/12a = (2/3)\Delta t_{Kern}$ unterkühlt werden. Für den Anlauf näherungsweise (genau durch Fourier-Reihe) zur sing. Lösung addieren: $t_2 = -bd^2/8a \cdot \sin(\pi x/d) \cdot exp-(a\pi^2 z/d^2)$ Wärmeverlust $64 \cdot 10^3$ kcal/h; bei w=10 m/s Dampfgeschwindigkeit kondensiert. 11,6% des durchgesetzten Dampfes. Nach 116) gibt keines richtige Zeitkonstante, man nehme Thermoelement (11fach kleineres Z) in 10-mm-Stahl-Phantom. Nach Aufg. zu § 8 ist Porzellan-Fühler am besten geeignet, aber unsicherer und ungenauer als Phantom.

§ 3 $\eta = \eta_{300} \cdot 1{,}96$; Druckeinfluß nicht abschätzbar, daher als Ungleichung $\eta > 292\ \mu P$, $\lambda > 0{,}0465$ (NH_3) bzw. 0,066 ($N_2 + 3H_2$) kcal/mhgrd. Zahlenwerte schon in [1]. $\lambda = 0{,}044$ kcal/(mhgrd).

§ 4 Re mit d=Atmosphären-Hohe $> Re_{krit} \cdot \dot{V} \sim d$, $(\Delta p/L) \sim d^{-3}$

§ 5 Zuerst (laminar, $d=\varepsilon$) steigend, dann Übergang zu konst. Ähnlich singulärer Lösung zu § 2, zufolge $0 < w < w_{max}$ wird jedoch Wärmeaufnahme im Kern größer, Parabel abgeflacht: $t = t_0 + (dt/dL)\ [L + (r^2 w_{max}/2a)\ (r^2_0 - r^2/6)]$. Meßeinrichtung s [34] I, S. 282

§ 6 El. Strom, Elektronen und Ionen, El. Ladung, El. Spannung, s. § 12—14

§ 7 Raumheizung 821 kcal/h, 2,16 m Konvektor. Kühlschrank: Isolierstärke 2,06 cm, $\dot{q} = 43{,}8$ kcal/h. Rohrleitung $a1 : 1/k = 1/a_i + 1/a_a$ gleich $a2$

$b1 : 1/k = 1/a_i$, $b2 : 1/k = 1a_i + d/\lambda + 1/a_a$, $k_{b1} > k_a > k_{b2}$, $k_a = k_b$ für $Z = \lambda\varrho c_p/a^2_a$ (λ, ϱ, c_p Isolierstoff-Eigenschaften)

Müllverbrennungsofen: $Z_a = 41{,}4$ h > 24 h $> Z_b = 10{,}4$ h. Im Falle b wird am Schicht-Ende etwa stationärer Fall erreicht mit $q = 3440$ kcal/h, $t_{a\ max} = 192$ °C, die 24 500 kcal gespeicherte Wärme fließen in 16 h ab, mittlerer Wärmestrom 2168 kcal/h. Im Fall a bleibt die Wand immer stationär, in 16 h fließt etwa 1/3 der Speicherwärme ab, woraus $t_{im} = 608$, $q = 1505$ kcal/h, $ta = 95$ °C folgen. Kugelflasche : Luftverlust a: 0,105 b: 0,061 kg/h

§ 8 Fr (Schiff muß auf Bugwelle aufwärts fahren) mit Re als Korrektur. $Gr' = [gd^3 \Delta p'(M_1 - M_2)]/[\nu^2(p'M_2 + (p-p')M_1]$ vgl. § 9. $[—] = \varrho c_p d/(aZ)$, dieses Z ist i. a. größer als Z aus Fo, d. h. Temperaturausgleich im inneren des Fühlers geht viel schneller als zwischen Medium und Fühleroberfläche.

§ 9 $d_{ä} = 21{,}2$ mm; Kondensator: $k_i = 4840$ kcal/m² h grd$\pm 6{,}8$ %, m.

Kesselstein $k_i=1011$; Methanolkühler $k_a=1935$ kcal/m² h grd, bei Vertauschung der Ströme $k_a=2240$, also günstiger. Luftkühler a: $a_i=248$, b: $a_i=763$ kcal/m² h grd

§ 10 Mit $d=7$ mm, $F=0{,}0138$ m², $\dot{p}=860$ kcal/h etwa $\Delta t=40$, $a=1500$ kcal/m² h grd

§ 11 Alkohol: $a=1900$ kcal/m² h grd. Kondensator-Eingang: $a=7900$ kcal/m² h grd, abzusaugen 0,76 % des Anfangs-Dampfes, am Ausgang $a=1050$ kcal/m² h grd.

§ 12 Für Kupfer mit $2{,}3 \cdot 10^{-10}$ m Atomabstand ($=d$) und 1 Leitungselektron pro Atom berechnet man für 10 A/mm² $w=0{,}74$ mm/s und Schätzwert für $Re \approx 10^{-9}$. Wasserströmung gleicher Verlustleistung in Rohr von 1 mm² Querschnitt würde $w=7{,}3$ m/s, $\Delta p=2{,}3$ at/m, $Re=8200$ und $\dot{V}=26$ Ltr./h ergeben, das ist rund 10^4-facher Wärmekapazitätsstrom, daher keine merkliche Erwärmung.

§ 13 1. Aufg.: Zahlenwerte [5] 392 133/4, S. 1236/8; 2. Aufg.: Verringernd, insbesondere in Dipol-Flüssigkeit; 3. Aufg.: Mit Ionisierungs-Spannung von $N_2=15{,}8$ V: $1{,}3 \cdot 10^{-9}$ Ionen/Nm³.

§ 14 Überschuß der Reaktionswärme über Reaktionsarbeit wird der Umgebung bzw. dem Wasser selbst entzogen (Vgl. Bd. 3, V, 3), praktisch ist meist die Ohm- bzw. Joule-sche Wärme größer als dieser Effekt.

§ 15 Optimaler Einsatz 39 % A, 61 % B gibt 28,1 DM statt 31 DM/kmol Produkt bei stöchiometrischem Einsatz, dabei ist mit doppeltem Umsatz, halber Verweilzeit zu fahren, bei gegebenem Reaktor 1,76fache Produktion. Die Ersparnis von 2,9 DM/kmol entspricht etwa der Amortisation, die sich wie die Dividende auf das Kapital bezieht, vielleicht 20 %.

§ 16 Indices: Zahl=Reakt. Ordn.; 0=Anfang; g=Gleichgewicht $n_{0,5}=n_g+[\sqrt{(n_0-n_g)}-kz/2]$, Gleichgewicht nach $Z=2\sqrt{n_0-n_g}/k$ erreicht. $n_1=n_g+(n_0-n_g)\exp(-kz)$

$n_{1,5}=n_g+(n_0-n_g)/[1+\sqrt{n_0-n_g}\,kz/2]^2$

$n_2=n_g+(n_0-n_g)/[1+(n_0-n_g)kz]$

§ 20 1.Aufg.: Unterlagen s. Plank, Kältetechnik 10 (1959) 1, s. 2, Poganski, Kältetechnik 13 (1961) 7, S. 242. 2. Aufg.: Nach Anlaufzeit mit Zeitkonstante proportional Gefäßvolumen/Diffusionsleitwert wird Überdruck proportional dem Partialdruck-Anstieg/Zeitkonstante.

§ 21 Mit V=Bett-Volumen, V_{st}=Steinvolumen, F=Bettquerschnitt ($V=F \cdot$ Höhe) und w_0=Fallgeschwindigkeit der Körner gilt $V=\dot{V}_{st}/(1-V/(Fw_0))$.

Lösungen der Aufgaben in Band 2

II § 2 $t_F = +9\,°C$; $t_0 = -0{,}7\,°C$; $\dot{Q}_k = 5100$ kcal/h; $F_a = 13{,}7\,m^2$; $\dot{Q}_h = 1250$ kcal/h.

§ 4 $t_k = -29{,}1\,°C$; $P_{ges} = 499$ DM

§ 5 $Dt_w = 61$ grd; $\Delta t_m = 24{,}5$ grd; $F = 17{,}5\,m^2$; $\dot{m}_w = 0{,}49$ t/h; $P_{ges} = 18{,}58$ DM/h. Günstiger Rückkühlwasser, A: $Dt_w = 50$ grd; $P_{ges} = 0{,}604$ DM/h; B: $Dt_m = 41$ grd; $P_{ges} = 0{,}988$ DM/h (Mit Frischwasser A: $Dt_w = 90$ grd; $P_{ges} = 0{,}81$ DM/h; B: $Dt_w = 70$ grd; $P_{ges} = 1{,}12$ DM/h).

a: $k_0 = 238{,}5$ kcal/m² h grd; $\dot{W}_0 = 29{,}7\,m^3/h$. b: Schmutz-Widerstand $\sim$ Zeit mit n=Wochenzahl: $1/k_n = 1/k_0 + n \cdot s$, $s = 3 \cdot 10^{-5}$ m² h grd/kcal Wochenzahl); Wasserverbrauch $\dot{W}$ gegen unendlich nach 21,7 Wochen. c: Optimale Betriebszeit mit Reservekühler etwa 4 Wochen kostet etwa 567 DM/Woche zusätzlich, besser und daher gewählt ohne Reservekühler mit etwa je 8 Wochen Betriebszeit, Kosten etwa 271 DM/Woche.

§ 6 1: 29 mm Teilung, hexagonal, 27 Rohre in der Diagonale, mit Segmenten maximal 612 Rohre. 2: $Dt_w = 41{,}5$ grd, $\Delta t_m = 16{,}6$ grd, $P_{ges} = 0{,}683$ DM/h; $F = 23{,}7\,m^2$, Höhe bei 600 Rohren 0,657 m ohne Berücksichtigung der Bogen. 3: $\alpha_a = 3200$ kcal/m² h grd bei $\Delta t_a = 3{,}1$ grd, $\alpha_i = 735$ kcal/m² h grd bei $w = 0{,}0884$ m/s; erfordert etwa 70 Rohre parallel, gewählt $n = 9$ Gruppen je $z = 68$ Rohre. 4: $\Delta p = 3 \cdot 10^{-3}$ at zulässig

§ 7 $\dot{Q}_k$ rund 7000 kcal/h; $d_{max} = 3{,}05$ cm Eisschicht; $F = 5{,}35\,m^2$

III § 3 A: $n = 6 + 104 = 110$ Böden; B: $n = 7 + 46 = 53$ theor. Böden.

IV § 2 $K = 9{,}516$ kg/h; Mindest-Polhöhen 542 bzw. -40 kcal/kg, gewählt 600 bzw. -47 kcal/kg; Rückfluß 5,27 kg/h; $\dot{Q}_k = 5290$ kcal/h; $\dot{Q}_h = 16\,620$ kcal/h; Verstärkungssäule $H = 2{,}1$ m, 0,078 m⌀; Abtriebssäule $H = 3{,}7$ m, 0,135 m⌀. $V = 18{,}83\,m^3/h$.

§ 3 A1 $\dot{D} = 499$ kg/h; $\dot{W} = 3{,}75\,m^3/h$; $n_v = 13$, $d_v = 0{,}557$ m; $n_a = 5$, $d_a = 0{,}868$ m

B1: $\dot{D}=450$ kg/h; $\dot{W}=2{,}93$ m³/h; $n_v=12{,}4$, $d_v=0{,}495$ m; $n_a=5{,}4$, $d_a=0{,}981$ m

A2: $\dot{D}=508$ kg/h; $\dot{W}=3{,}89$ m³/h; $n_v=11$, $d_v=0{,}571$ m; $n_a=4{,}6$, $d_a=0{,}893$ m

B2: $\dot{D}=469$ kg/h; $\dot{W}=3{,}07$ m³/h; $n_v=10{,}7$, $d_v=0{,}508$ m; $n_a=4{,}8$, $d_a=0{,}988$ m

§ 4 Formelsammlung 1. Einspeisung $E=1$, ψ_E, 2 Entnahmen K, ψ_K und S, ψ_S, alles flüssig, siedend:

$$S=(\psi_K-\psi_E)/(\psi_K-\psi_S) \qquad K=(\psi_E-\psi_S)/(\psi_K-\psi_S)$$

$$(F_v/K=)\ \Phi_v=(\psi_K-\psi'')/(\psi''-\psi_E) \qquad \psi''=(\Phi_v\psi_E+\psi_K)/(\Phi_v+1)$$

$$\dot{Q}_K=K\mathfrak{r}(\Phi_v+1) \qquad (D_a/S=)\,\Phi_a=(\psi_E-\psi_S)/(\psi''-\psi_E)$$

$$\psi''=\psi_E+(\psi_E-\psi_S)/\Phi_a \qquad \dot{Q}_S=S\mathfrak{r}\Phi_a=-Q_K$$

2. Zu 1 zusätzlich Einspeisung von Heizdampf D, $\psi=0$

$$\Phi_v=(\psi_K-\psi'')/(\psi''-\psi_E) \qquad \psi''=(\Phi_v\psi_E+\psi_K)/(\Phi_v+1) \qquad \dot{Q}_K=D\mathfrak{r}$$

$$\Phi_a=(\psi_E-\psi_S)/\psi'' \qquad \psi''=(\psi_E-\psi_S)/\Phi_a$$

$$D=(\psi_E-\psi_S)(\psi_K-\psi_E)/[\psi''(\psi_K-\psi_S)-\psi_K(\psi_E-\psi_S)]$$

$$S=D\psi''/(\psi_E-\psi_S) \qquad K=D(\psi''-\psi_E)/(\psi_K-\psi_E)$$

3. Zu 1 zusätzlich Einspeisung von Rückfluß W, $\psi=1$

$$\Phi_v=(\psi_K-\psi'')/(1-\psi_E) \qquad \psi''=\psi_K-\Phi_v(1-\psi_E)=\psi_E+(\psi_E-\psi_S)/\Phi_a$$

$$Q_S=K\mathfrak{r} \qquad \Phi_a=(\psi_E-\psi_S)/(\psi''-\psi_E)$$

$$W=(\psi_K-\psi'')(\psi_E-\psi_S)/[\psi''-\psi_S-\psi_S(\psi''-\psi_E)-\psi_K(\psi_E-\psi_S)]$$

$$K=W/\Phi_v \qquad S=K/\Phi_a=W/(\Phi_a\cdot\Phi_v)$$

1. Aufg.: $\Phi_{v0}=4{,}85$; $n=10$; 2. Aufg.: Optimal bei $\Phi_v=1{,}5$; Kosten 12,65 DM/t $<$ Gewinn 17,5 . . . 20 DM/t

3. Aufg.: $K=0{,}412$ t, $S=0{,}588$ t; $n_{min}=8+8=16$; $\Phi_{v\,min}=4{,}71$, $\Phi_{a\,min}=4{,}48$; Optimal $\Phi_v=8{,}6$, $\Phi_a=7{,}68$, $\psi''=0{,}482$, $n=24{,}4$, Kosten 32,50 DM/t

4. Aufg.: $\Phi_v=2{,}56$; $n=9{,}3+9{,}3=18{,}6$; $\dot{Q}_K=25\,000$ kcal/h; $D=46{,}4$ kg/h; $d=0{,}262$ m

Ausbeute: 0,943; Pol: $\psi'=0{,}01$, $\psi''=0{,}00$.

§ 5 Für $\psi'_1<\psi''<\psi'_2$ Azeotropie, ohne Hilfsmittel in 2 Kolonnen mit gemeinsamem Kopf oder Sumpf trennbar, für $\psi'_1<\psi'_2<\psi''$ besonders einfache Trennung.

V § 2 a: $p'_{Rest}=\Delta p'=34{,}2$ Torr (A) bzw. 30,4 Torr (B); b: A: 1,147 m³; B: 0,986 m³; c: Ja, da $C_{Wasser}>Q_{Abs}$, rund 0,03 grd Temperaturänderung; d: x_{End}=A: 0,232, B:0,240 g/kg. e: Müßte rektificiert werden, Siedebeginn etwa 99,2 °C, wegen Verfestigung des CO_2 bei −80 °C Kopftemperatur jedoch nur in Druckkolonne mit entsprechend anderen Werten.

2. Aufg.: a: Senkung auf 1 at Partialdruck, 26 % Restmenge; b: Senkung auf 0,776 at Partialdruck, 14,3 % Restmenge; c: Desorbieren unter Erwärmung oder Strippen mit Luft-Gegenstrom.

§ 4 1. Aufg.: Tagsüber Verdunstung, nachts Kondensation, Temperatur-Differenz Tag/Nacht erheblich kleiner als bei Luftkühlung; 2. Aufg. Vgl. Bd. 3, II, § 3.

§ 5 Etwa spiegelbildlich Abb. 25, links, von Punkt der Dampfdruck-Geraden des reinen Lösungsmittels (links oben) 2 waagerecht nach rechts, 5 senkrecht nach unten etc. 2. Aufg.: Oleum $\varkappa=11{,}6$ % SO_3-Überschuß. 3. Aufg.: Bilanzmäßige Lösung: 1 kg Luft wird zu 1,223 kg Röstgas, dafür 1,442 kg Wasser, wovon 0,086 kg verdunsten. Nicht möglich, da Feuchtkugeltemperatur des Rostgases 63 . . . 64,5 °C < 95 °C. Mit 60 °C Wasserabfluß 4,6 kg Wasser/kg Luft nach 6 Halbwert-Übertragern ist h_{End} mit $\varphi=96$ % erreicht.

VI § 3 $d_{opt}=1{,}9$ cm, Abnahme auf 20,8 bzw. 4,5 % für Grundwelle, 8,1 bzw. 0,65 % für 1. Oberwelle etc.

§ 4 1. Aufg.: Mit $k'=20$ kcal/m² h grd $p_{min}=4{,}52$ s, gewählt 4 u/min, $p=5$ s, $\Lambda=13{,}552$, Je 1/3 Zu-, Ab-Luft und Dichtfläche; $V_{St\,ges}=0{,}126$ m³ (252 kg). Mit $D=2$ m Scheibendurchmesser 0,267 m Dicke entsprechend 10^3 Fäden $> \Lambda$.

2. Aufg.: einfacher Steinbedarf 126 t, mit 5+1 N_2- und 1+1 O_2-Elementen. Gesamt-Steinbedarf 167 t, dabei $\mu_O < \mu_N$.

3. Aufg.: Erforderlich 1372 Nm²/h Zufluß. Kälteste Steintemperatur −45 °C. $\Lambda_R/\Lambda_Z=C_Z/C_R=1{,}1612$. Da $3\,P_{min}=6\pi$ kann durch Probieren gelöst werden: $\Delta t_Z/\Delta t_R=1{,}18$, $k'F=8660$ kcal/h grd für Zu- und Rückfluß.

§ 5 a: Das Verhältnis von latenter zu fühlbarer Wärme muß bei beiden Zustandsänderungen gleich sein. Hier sind die x so gewählt, daß es sich um „Rostgas" mit 0 % SO_2 handeln muß, also im h-x-Diagramm der feuchten Luft gelöst werden kann, indem man beide Zustandsänderungen parallel legt. Luftaustritt gesättigt bei 27 °C, lat./Fühlb. Wärme = 5,75, daher

b: $\alpha_{ges}=20(1+5{,}75)=135$ kcal/m² h grd, $C_{Luft}=186\,000$ kcal/h grd $=1{,}15\,\dot{C}_{RG}$. Die Unsymmetrie ist wie in § 4, 3. Aufg., zu behandeln, $\Delta t_{m\,Luft} > \Delta t_{m\,Röstgas}$.
c: $\Pi=9{,}72 > 2\pi$, zulässig; d: Mit $\Delta t_L=7$ grd Bauvolumen 10,3 m³, Füllgewicht 6,2 t.

§ 7 Bei geradem Zustandsverlauf ist Wärme- und Stoffübergang einander proportional, es genügt eine Gleichung mit allerdings modifizierten Faktoren (analog Faktor (1+5,75) in Aufg. § 5).

VII § 3 1. Aufg.: 18,8 % Destillat mit $\xi=22{,}7$ %. 2. Aufg.: Man findet durch Probieren Restgehalt $\xi=1{,}7$ %, Destillat 26,9 % = Gesamtausbeute, Alkoholausbeute 89,7 %.

§ 4 Mangels genauerer Unterlagen mit Σc_p=konst. gerechnet. Reaktion verläuft über Dissoziation in Atome. Die mittleren scheinbaren Kapazitätsströme (kcal/grd) für 2 kmol(H_2+Cl_2) = $=2HCl$ sind zwischen:

Raumt.		1000		1500		2000		2500		3000
	+1,1		+4,5		+40,3		+68,9		+30,1	

3000		3500		4000		4500		5000		5500		6000 . . . °C
	—4,4		—193,0		—47,4		+7,4		+3,6		+1,1	

Der geringe Wärmebedarf bei hohen Temperaturen (?) wird durch Reaktionsbeginn bei etwa 4300 °C vermieden, Wärmeabgabe bis etwa 3000 °C, darunter Wärmeaufnahme.

IX § 2 1. Aufg.: $F=60{,}9$ m². Gleichrichter optimal 37 Zellen je 2,47 V, $F=57{,}75=37\cdot 1{,}561$ m²; 10,02 DM/h (3 Selenzellen in Reihe, Mitte geerdet). 2. Aufg.: 4000 A/m², Überschuß 574 200 DM/Jahr.

XI § 2 1. Aufg.: Zumischen von inertem Feststoff bzw. Produkt zum frischen Brenngut, bis Anpassung an Verbrennungsluft erreicht. 2. Aufg.: Von der abbrennenden Schicht wandert eine Temperaturwelle, erst wenn diese die nächste Schicht erreicht, zündet diese. Durch Abstimmen von Schicht-Menge (Temperaturamplitude) und -Abstand (Wärme-Bedarf) läßt sich gute Anpassung erzielen.

PLANCK

Vorlesungen über Thermodynamik

11. Auflage

erweitert um eine Biographie von *Max Planck* und ein Kapitel über einige Grundbegriffe aus der Thermodynamik irreversibler Prozesse von *Max Päsler*

Groß-Oktav. XXXVI, 343 Seiten mit 5 Figuren im Text und einem Bild von Max Planck. 1964. Ganzleinen DM 30,—

Die Thermodynamik von Max Planck ist seit ihrem Erscheinen das klassische Werk über dieses Thema. Bisher erlebte dieses Buch zehn Auflagen, für die ein stets gleichbleibendes Interesse vorhanden war.
Jetzt liegt die 11. Auflage 1964 vor, die eine Erweiterung — verfaßt von Professor Max Päsler, Technische Universität Berlin — enthält. Ein neuer Abschnitt „Aus dem Leben von Max Planck" macht mit dem Wichtigsten aus dem Werdegang von Planck bekannt und umreißt die wissenschaftlichen Leistungen dieses bedeutenden Physikers. Durch die Aufnahme dieses biographischen Abschnittes ist der historische Wert der „Vorlesungen" erhöht worden. In einem weiteren Abschnitt „Bemerkungen zur Thermodynamik irreversibler Prozesse" wird einiges über diesen jungen Zweig der Theoretischen Physik dargelegt.
Die als klassisch zu bezeichnenden „Vorlesungen über Thermodynamik" sind zwar vornehmlich für Studierende der Naturwissenschaft gedacht, sie werden aber auch dem bereits im Berufsleben Stehenden, der mit Thermodynamik zu tun hat, von Nutzen sein.

WALTER DE GRUYTER & CO. BERLIN 30

SAMMLUNG GÖSCHEN

GESAMTVERZEICHNIS

Jeder Band DM 3,60 · Doppelband DM 5,80

Februar 1964

WALTER DE GRUYTER & CO., BERLIN 30

Inhaltsübersicht

Geisteswissenschaften

Philosophie

Einführung in die Philosophie von *H. Leisegang †*. 5. Auflage. 146 Seiten. 1963. (281)

Hauptprobleme der Philosophie von *G. Simmel †*. 7., unveränderte Auflage. 177 Seiten. 1950. (500)

Geschichte der Philosophie

I: Die griechische Philosophie von *W. Capelle*. 1. Teil. Von Thales bis Leukippos. 2., erweiterte Auflage. 135 Seiten. 1953. (857)

II: Die griechische Philosophie von *W. Capelle*. 2. Teil. Von der Sophistik bis zum Tode Platons. 2., stark erweiterte Auflage. 144 Seiten. 1953. (858)

III: Die griechische Philosophie von *W. Capelle*. 3. Teil. Vom Tode Platons bis zur Alten Stoa. 2., stark erweiterte Auflage. 132 Seiten. 1954. (859)

IV: Die griechische Philosophie von *W. Capelle*. 4. Teil. Von der Alten Stoa bis zum Eklektizismus im 1. Jh. v. Chr. 2., stark erweiterte Auflage. 132 Seiten. 1954. (863)

V: Die Philosophie des Mittelalters von *J. Koch*. In Vorbereitung. (826)

VI: Von der Renaissance bis Kant von *K. Schilling*. 234 Seiten. 1954. (394/394a)

VII: Immanuel Kant von *G. Lehmann*. In Vorbereitung. (536)

VIII: Die Philosophie des 19. Jahrhunderts von *G. Lehmann*. 1. Teil. 151 Seiten. 1953. (571)

IX: Die Philosophie des 19. Jahrhunderts von *G. Lehmann*. 2. Teil. 168 Seiten. 1953. (709)

X: Die Philosophie im ersten Drittel des 20. Jahrhunderts 1. Teil von *G. Lehmann*. 128 Seiten. 1957. (845)

XI: Die Philosophie im ersten Drittel des 20. Jahrhunderts 2. Teil von *G. Lehmann*. 114 Seiten. 1960. (850)

Die geistige Situation der Zeit (1931) von *K. Jaspers*. 5., unveränderter Abdruck der im Sommer 1932 bearbeiteten 5. Auflage. 211 Seiten. 1960. (1000)

Erkenntnistheorie von *G. Kropp*.

1. Teil: Allgemeine Grundlegung. 143 Seiten. 1950. (807)

Formale Logik von *P. Lorenzen*. 2., verbesserte Auflage. 165 Seiten. 1962. (1176/1176a)

Philosophisches Wörterbuch von *M. Apel †*. 5., völlig neubearbeitete Auflage von *P. Ludz*. 315 Seiten. 1958. (1031/1031a)

Philosophische Anthropologie. Menschliche Selbstdeutung in Geschichte und Gegenwart von *M. Landmann*. 2. Auflage. 214 Seiten. 1964. (156/156a)

Pädagogik, Psychologie, Soziologie

Geschichte der Pädagogik von *Herm. Weimer*. 15., neubearbeitete und vermehrte Auflage von *Heinz Weimer*. 184 Seiten. 1962. (145)
Therapeutische Psychologie. Ihr Weg durch die Psychoanalyse von *W. M. Kranefeldt*. Mit einer Einführung von *C. G. Jung*. 3. Auflage. 152 Seiten. 1956. (1034)
Allgemeine Psychologie von *Th. Erismann †*. 4 Bände. 2., neubearbeitete Auflage.
I: Grundprobleme. 146 Seiten. 1958. (831)
II: Grundarten des psychischen Geschehens. 248 Seiten. 1959. (832/832a)
III: Experimentelle Psychologie und ihre Grundlagen. 1. Teil. 112 Seiten, 7 Abbildungen. 1962. (833)
IV: Experimentelle Psychologie und ihre Grundlagen. 2. Teil. 199 Seiten, 20 Abbildungen. 1962. (834/834a)
Soziologie. Geschichte und Hauptprobleme von *L. von Wiese*. 6. Auflage. 175 Seiten. 1960. (101)
Ideengeschichte der sozialen Bewegung des 19. und 20. Jh. von *W. Hofmann*. 243 Seiten. 1962. (1205/1205a)
Sozialpsychologie von *P. R. Hofstätter*. 2. Auflage. 181 Seiten, 15 Abbildungen, 22 Tabellen. 1964. In Vorbereitung. (104/104a)
Psychologie des Berufs- und Wirtschaftslebens von *W. Moede †*. 190 Seiten, 48 Abbildungen. 1958. (851/851a)
Industrie- und Betriebssoziologie von *R. Dahrendorf*. 2., umgearbeitete und erweiterte Auflage. 142 Seiten, 3 Figuren. 1962. (103)
Wirtschaftssoziologie von *F. Fürstenberg*. 122 Seiten. 1961. (1193)
Einführung in die Sozialethik von *H.-D. Wendland*. 144 Seiten. 1963. (1203)

Religion

Jesus von *M. Dibelius †*. 3. Auflage, mit einem Nachtrag von *W. G. Kümmel*. 140 Seiten. 1960. (1130)
Paulus von *M. Dibelius †*. Nach dem Tode des Verfassers herausgegeben und zu Ende geführt von *W. G. Kümmel*. 3., durchgesehene Auflage. 155 Seiten. 1964. (1160)
Luther von *F. Lau*. 151 Seiten. 1959. (1187)
Melanchthon von *R. Stupperich*. 139 Seiten. 1960. (1190)
Einführung in die Konfessionskunde der orthodoxen Kirchen von *K. Onasch*. 291 Seiten. 1962. (1197/1197a)
Geschichte des christlichen Gottesdienstes von *W. Nagel*. 215 Seiten. 1962. (1202/1202a)
Geschichte Israels. Von den Anfängen bis zur Zerstörung des Tempels (70 n. Chr.) von *E. L. Ehrlich*. 158 Seiten, 1 Tafel. 1958. (231/231a)
Römische Religionsgeschichte von *F. Altheim*. 2 Bände. 2., umgearbeitete Auflage.
I: Grundlagen und Grundbegriffe. 116 Seiten. 1956. (1035)
II: Der geschichtliche Ablauf. 164 Seiten. 1956. (1052)

Die Religion des Buddhismus von *D. Schlingloff*. 2 Bände.
I: Der Heilsweg des Mönchtums. 122 Seiten, 11 Abbildungen, 1 Karte. 1962. (174)
II: Der Heilsweg für die Welt. 129 Seiten, 9 Abbildungen, 1 Karte. 1963. (770)

Musik

Musikästhetik von *H. J. Moser*. 180 Seiten. Mit zahlreichen Notenbeispielen. 1953. (344)
Systematische Modulation von *R. Hernried*. 2. Auflage. 136 Seiten. Mit zahlreichen Notenbeispielen. 1950. (1094)
Der polyphone Satz von *E. Pepping*. 2 Bände.
I: Der cantus-firmus-Satz. 2. Auflage. 223 Seiten. Mit zahlreichen Notenbeispielen. 1950. (1148)
II: Übungen im doppelten Kontrapunkt und im Kanon. 137 Seiten. Mit zahlreichen Notenbeispielen. 1957. (1164/1164a)
Allgemeine Musiklehre von *H. J. Moser*. 2., durchgesehene Auflage. 155 Seiten. Mit zahlreichen Notenbeispielen. 1955. (220/220a)
Harmonielehre von *H. J. Moser*. 2 Bände.
I: 109 Seiten. Mit 120 Notenbeispielen. 1954. (809)
II: In Vorbereitung. (810)
Die Musik des 19. Jahrhunderts von *W. Oehlmann*. 180 Seiten. 1953. (170)
Die Musik des 20. Jahrhunderts von *W. Oehlmann*. 312 Seiten. 1961. (171/171a)
Technik der deutschen Gesangskunst von *H. J. Moser*. 3., durchgesehene und verbesserte Auflage. 144 Seiten, 5 Figuren sowie Tabellen und Notenbeispiele. 1954. (576/576a)
Die Kunst des Dirigierens von *H. W. von Waltershausen †*. 2., vermehrte Auflage. 138 Seiten. Mit 19 Notenbeispielen. 1954. (1147)
Die Technik des Klavierspiels aus dem Geiste des musikalischen Kunstwerkes von *K. Schubert †*. 3. Auflage. 110 Seiten. Mit Notenbeispielen. 1954. (1045)

Kunst

Stilkunde von *H. Weigert*. 2 Bände. 3., durchgesehene und ergänzte Auflage.
I: Vorzeit, Antike, Mittelalter. 136 Seiten, 94 Abbildungen. 1958. (80)
II: Spätmittelalter und Neuzeit. 150 Seiten, 88 Abbildungen. 1958. (781)
Archäologie von *A. Rumpf*. 3 Bände.
I: Einleitung, historischer Überblick. 143 Seiten, 6 Abbildungen, 12 Tafeln. 1953. (538)
II: Die Archäologensprache. Die antiken Reproduktionen. 136 Seiten, 7 Abbildungen, 12 Tafeln. 1956. (539)
III: In Vorbereitung. (540)

Geschichte

Einführung in die Geschichtswissenschaft von *P. Kirn*. 4., durchgesehene Auflage. 127 Seiten. 1963. (270)

GEISTESWISSENSCHAFTEN

Einführung in die Zeitgeschichte von *B. Scheurig.* 101 Seiten. 1962. (1204)

Zeitrechnung der römischen Kaiserzeit, des Mittelalters und der Neuzeit für die Jahre 1—2000 n. Chr. von *H. Lietzmann †.* 3. Auflage, durchgesehen von *K. Aland.* 130 Seiten. 1956. (1085)

Kultur der Urzeit von *F. Behn.* 3 Bände. 4. Auflage der Kultur der Urzeit Bd. 1—3 von *M. Hoernes.*

I: Die vormetallischen Kulturen. (Die Steinzeiten Europas. Gleichartige Kulturen in anderen Erdteilen.) 172 Seiten, 48 Abbildungen. 1950. (564)

II: Die älteren Metallkulturen. (Der Beginn der Metallbenutzung, Kupfer- und Bronzezeit in Europa, im Orient und in Amerika.) 160 Seiten, 67 Abbildungen. 1950. (565)

III: Die jüngeren Metallkulturen. (Das Eisen als Kulturmetall, Hallstatt-Latène-Kultur in Europa. Das erste Auftreten des Eisens in den anderen Weltteilen.) 149 Seiten, 60 Abbildungen. 1950. (566)

Vorgeschichte Europas von *F. Behn.* Völlig neue Bearbeitung der 7. Auflage der „Urgeschichte der Menschheit" von *M. Hoernes.* 125 Seiten, 47 Abbildungen. 1949. (42)

Der Eintritt der Germanen in die Geschichte von *J. Haller †.* 3. Auflage, durchgesehen von *H. Dannenbauer.* 120 Seiten, 6 Kartenskizzen. 1957. (1117)

Von den Karolingern zu den Staufern. Die altdeutsche Kaiserzeit (900—1250) von *J. Haller †.* 4., durchgesehene Auflage von *H. Dannenbauer.* 142 Seiten, 4 Karten. 1958. (1065)

Von den Staufern zu den Habsburgern. Auflösung des Reichs und Emporkommen der Landesstaaten (1250—1519) von *J. Haller †.* 2., durchgesehene Auflage von *H. Dannenbauer.* 118 Seiten, 6 Kartenskizzen. 1960. (1077)

Deutsche Geschichte im Zeitalter der Reformation, der Gegenreformation und des dreißigjährigen Krieges von *F. Hartung.* 2., durchgesehene Auflage. 128 Seiten. 1963. (1105)

Deutsche Geschichte von 1648—1740. Politischer und geistiger Wiederaufbau von *W. Treue.* 120 Seiten. 1956. (35)

Deutsche Geschichte von 1713—1806. Von der Schaffung des europäischen Gleichgewichts bis zu Napoleons Herrschaft von *W. Treue.* 168 Seiten. 1957. (39)

Deutsche Geschichte von 1806—1890. Vom Ende des alten bis zur Höhe des neuen Reiches von *W. Treue.* 128 Seiten. 1961. (893)

Deutsche Geschichte von 1890 bis zur Gegenwart von *W. Treue.* In Vorbereitung. (894)

Quellenkunde der Deutschen Geschichte im Mittelalter (bis zur Mitte des 15. Jahrhunderts) von *K. Jacob †.* 3 Bände.

I: Einleitung. Allgemeiner Teil. Die Zeit der Karolinger. 6. Auflage, bearbeitet von *H. Hohenleutner.* 127 Seiten. 1959. (279)

II: Die Kaiserzeit (911—1250). 5. Auflage, neubearbeitet von *H. Hohenleutner.* 141 Seiten. 1961. (280)

III: Das Spätmittelalter (vom Interregnum bis 1500). Herausgegeben von *F. Weden.* 152 Seiten. 1952. (284)

Geschichte Englands von *H. Preller.* 2 Bände.
I: bis 1815. 3., stark umgearbeitete Auflage. 135 Seiten, 7 Stammtafeln, 2 Karten. 1952. (375)
II: Von 1815 bis 1910. 2., völlig umgearbeitete Auflage. 118 Seiten, 1 Stammtafel, 7 Karten. 1954. (1088)

Römische Geschichte von *F. Altheim.* 4 Bände. 2., verbesserte Auflage.
I: Bis zur Schlacht bei Pydna (168 v.Chr.). 124 Seiten. 1956. (19)
II: Bis zur Schlacht bei Actium (31 v.Chr.). 129 Seiten. 1956. (677)
III: Bis zur Schlacht an der Milvischen Brücke (312 n.Chr.). 148 Seiten. 1958. (679)
IV: Bis zur Schlacht am Yarmuk (636 n.Chr.). In Vorbereitung. (684)

Geschichte der Vereinigten Staaten von Amerika von *O. Graf zu Stolberg-Wernigerode.* 192 Seiten, 10 Karten. 1956. (1051/1051a)

Deutsche Sprache und Literatur

Geschichte der Deutschen Sprache von *H. Sperber.* 4. Auflage, besorgt von *W. Fleischhauer.* 128 Seiten. 1963. (915)

Deutsches Rechtschreibungswörterbuch von *M. Gottschald* †. 2., verbesserte Auflage. 219 Seiten. 1953. (200/200a)

Deutsche Wortkunde. Kulturgeschichte des deutschen Wortschatzes von *A. Schirmer.* 4. Auflage von *W. Mitzka.* 123 Seiten. 1960. (929)

Deutsche Sprachlehre von *W. Hofstaetter.* 10. Auflage. Völlige Umarbeitung der 8. Auflage. 150 Seiten. 1960. (20)

Stimmkunde für Beruf, Kunst und Heilzwecke von *H. Biehle.* 111 Seiten. 1955. (60)

Redetechnik. Einführung in die Rhetorik von *H. Biehle.* 2., erweiterte Auflage. 151 Seiten. 1961. (61)

Sprechen und Sprachpflege (Die Kunst des Sprechens) von *H. Feist.* 2., verbesserte Auflage. 99 Seiten, 25 Abbildungen. 1952. (1122)

Deutsches Dichten und Denken von der germanischen bis zur staufischen Zeit von *H. Naumann* †. (Deutsche Literaturgeschichte vom 5.—13. Jahrhundert.) 2., verbesserte Auflage. 166 Seiten. 1952. (1121)

Deutsches Dichten und Denken vom Mittelalter zur Neuzeit von *G. Müller* (1270 bis 1700). 3., durchgesehene Auflage. 159 Seiten. In Vorbereitung. (1086)

Deutsches Dichten und Denken von der Aufklärung bis zum Realismus (Deutsche Literaturgeschichte von 1700—1890) von *K. Viëtor* †. 3., durchgesehene Auflage. 159 Seiten. 1958. (1096)

Deutsche Heldensage von *H. Schneider.* 2. Auflage, bearbeitet von *R. Wisniewski.* 148 Seiten. 1964. (32)

Der Nibelunge Nôt in Auswahl mit kurzem Wörterbuch von *K. Langosch.* 10., durchgesehene Auflage. 164 Seiten. 1956. (1)

Kudrun und Dietrich-Epen in Auswahl mit Wörterbuch von *O. L. Jiriczek.* 6. Auflage, bearbeitet von *R. Wisniewski.* 173 Seiten. 1957. (10)

Wolfram von Eschenbach. Parzival. Eine Auswahl mit Anmerkungen und Wörterbuch von *H. Jantzen.* 2. Auflage, bearbeitet von *H. Kolb.* 128 Seiten. 1957. (921)

Hartmann von Aue. Der arme Heinrich nebst einer Auswahl aus der „Klage", dem „Gregorius" und den Liedern (mit einem Wörterverzeichnis) herausgegeben von *F. Maurer.* 96 Seiten. 1958. (18)
Gottfried von Strassburg in Auswahl herausgegeben von *F. Maurer.* 142 Seiten. 1959. (22)
Die deutschen Personennamen von *M. Gottschald †.* 2., verbesserte Auflage. 151 Seiten. 1955. (422)
Althochdeutsches Elementarbuch. Grammatik und Texte von *H. Naumann †* und *W. Betz.* 3., verbesserte und vermehrte Auflage. 183 Seiten. 1962. (1111/1111a)
Mittelhochdeutsche Grammatik von *H. de Boor* und *R. Wisniewski.* 3., verbesserte und ergänzte Auflage. 150 Seiten. 1963. (1108)

Indogermanisch, Germanisch

Indogermanische Sprachwissenschaft von *H. Krahe.* 2 Bände. 4., überarbeitete Auflage.
I: Einleitung und Lautlehre. 110 Seiten. 1962. (59)
II: Formenlehre. 100 Seiten. 1963. (64)
Gotisches Elementarbuch. Grammatik, Texte mit Übersetzung und Erläuterungen von *H. Hempel.* 3., umgearbeitete Auflage. 166 Seiten. 1962. (79/79a)
Germanische Sprachwissenschaft von *H. Krahe.* 2 Bände.
I: Einleitung und Lautlehre. 5., überarbeitete Auflage. 149 Seiten. 1963. (238)
II: Formenlehre. 4., überarbeitete Auflage. 149 Seiten. 1961. (780)
Altnordisches Elementarbuch. Schrift, Sprache, Texte mit Übersetzung und Wörterbuch von *F. Ranke.* 2., durchgesehene Auflage. 146 Seiten. 1949. (1115)

Englisch, Romanisch

Altenglisches Elementarbuch. Einführung, Grammatik, Texte mit Übersetzung und Wörterbuch von *M. Lehnert.* 5., verbesserte Auflage. 178 Seiten. 1962. (1125)
Historische neuenglische Laut- und Formenlehre von *E. Ekwall.* 3., durchgesehene Auflage. 150 Seiten. 1956. (735)
Englische Phonetik von *H. Mutschmann †.* 2. Auflage, bearbeitet von *G. Scherer.* 127 Seiten. 1963. (601)
Englische Literaturgeschichte von *F. Schubel.* 4 Bände.
I: Die alt- und mittelenglische Periode. 163 Seiten. 1954. (1114)
II: Von der Renaissance bis zur Aufklärung. 160 Seiten. 1956. (1116)
III: Romantik und Viktorianismus. 160 Seiten. 1960. (1124)
Beowulf von *M. Lehnert.* Eine Auswahl mit Einführung, teilweiser Übersetzung, Anmerkungen und etymologischem Wörterbuch. 3., verbesserte Auflage. 135 Seiten. 1959. (1135)
Shakespeare von *P. Meißner †.* 2. Auflage, neubearbeitet von *M. Lehnert.* 136 Seiten. 1954. (1142)

Romanische Sprachwissenschaft von *H. Lausberg*. 4 Bände.
I: Einleitung und Vokalismus. 2., durchgesehene Auflage. 211 Seiten. 1963. (128/128a)
II: Konsonantismus. 95 Seiten. 1956. (250)
III: Formenlehre. 1. Teil. 99 Seiten. 1962. (1199)
III: Formenlehre. 2. Teil. S. 99—260. 1962. (1200/1200a)
IV: Wortlehre. In Vorbereitung. (1208)

Griechisch, Lateinisch

Griechische Sprachwissenschaft von *W. Brandenstein*. 3 Bände.
I: Einleitung, Lautsystem, Etymologie. 160 Seiten. 1954. (117)
II: Wortbildung und Formenlehre. 192 Seiten. 1959. (118/118a)
III: Syntax. In Vorbereitung. (1218)

Geschichte der griechischen Sprache. 2 Bände.
I: Bis zum Ausgang der klassischen Zeit von *O. Hoffmann †*. 3. Auflage, bearbeitet von *A. Debrunner †*. 156 Seiten. 1953. (111)
II: Grundfragen und Grundzüge des nachklassischen Griechisch von *A. Debrunner †*. 144 Seiten. 1954. (114)

Geschichte der griechischen Literatur von *W. Nestle*. 2 Bände. 3. Auflage, bearbeitet von *W. Liebich*.
I: 144 Seiten. 1961. (70)
II: 149 Seiten. 1963. (557)

Grammatik der neugriechischen Volkssprache von *J. Kalitsunakis*. 3., wesentlich erweiterte und verbesserte Auflage. 196 Seiten. 1963. (756/756a)

Neugriechisch-deutsches Gesprächsbuch von *J. Kalitsunakis*. 2. Auflage, bearbeitet von *A. Steinmetz*. 99 Seiten. 1960. (587)

Geschichte der lateinischen Sprache von *F. Stolz*. 4. Auflage von *A. Debrunner †*. In Vorbereitung. (492)

Geschichte der römischen Literatur von *L. Bieler*. 2 Bände.
I: Die Literatur der Republik. 160 Seiten. 1961. (52)
II: Die Literatur der Kaiserzeit. 133 Seiten. 1961. (866)

Hebräisch, Sanskrit, Russisch

Hebräische Grammatik von *G. Beer †*. 2 Bände. Völlig neubearbeitet von *R. Meyer*.
I: Schrift-, Laut- und Formenlehre I. 3. Auflage. Etwa 224 Seiten. In Vorbereitung. (763/763a)
II: Formenlehre II. Syntax und Flexionstabellen. 2. Auflage. 195 Seiten. 1955. (764/764a)

Hebräisches Textbuch zu *G. Beer-R. Meyer*, Hebräische Grammatik von *R. Meyer*. 170 Seiten. 1960. (769/769a)

Sanskrit-Grammatik von *M. Mayrhofer*. 89 Seiten. 1953. (1158)

Russische Grammatik von *E. Berneker †*. 6., verbesserte Auflage von *M. Vasmer †*. 155 Seiten. 1961. (66)

Slavische Sprachwissenschaft von *H. Bräuer*. 2 Bände.
I: Einleitung, Lautlehre. 221 Seiten. 1961. (1191/1191a)

Erd- und Länderkunde, Kartographie

Afrika von *F. Jaeger*. Ein geographischer Überblick. 2 Bände. 3. Auflage.
I: Der Lebensraum. 179 Seiten, 18 Abbildungen. In Vorbereitung. (910)
II: Mensch und Kultur. 155 Seiten, 6 Abbildungen. In Vorbereitung. (911)

Australien und Ozeanien von *H. J. Krug*. 176 Seiten, 46 Skizzen. 1953. (319)

Kartographie von *V. Heissler*. 213 Seiten, 125 Abb., 8 Anlagen. 1962. (30/30a)

Volkswirtschaft, Statistik, Publizistik

Allgemeine Betriebswirtschaftslehre von *K. Mellerowicz*. 4 Bände. 11., durchgesehene Auflage.
I: 224 Seiten. 1961. (1008/1008a)
II: 188 Seiten. 1962. (1153/1153a)
III: 260 Seiten. 1963. (1154/1154a)
IV: 209 Seiten. 1963. (1186/1186a)

Buchhaltung und Bilanz von *E. Kosiol*. Etwa 114 Seiten, 29 Tafeln. 1964. (1213)

Geschichte der Volkswirtschaftslehre von *S. Wendt*. 182 Seiten. 1961. (1194)

Allgemeine Volkswirtschaftslehre von *A. Paulsen*. 4 Bände.
I: Grundlegung, Wirtschaftskreislauf. 5., neubearbeitete Auflage. 154 Seiten. 1964. (1169)
II: Haushalte, Unternehmungen, Marktformen. 5., neubearbeitete Auflage. 168 Seiten, 35 Abbildungen. 1964. (1170)
III: Produktionsfaktoren. 3., neubearbeitete und ergänzte Auflage. 198 Seiten. 1963. (1171)
IV: Gesamtbeschäftigung, Konjunkturen, Wachstum. 3. Auflage. 174 Seiten. 1964. (1172)

Allgemeine Volkswirtschaftspolitik von *H. Ohm*. 2 Bände.
I: Systematisch-Theoretische Grundlegung. 137 Seiten, 6 Abbildungen. 1962. (1195)
II: Der volkswirtschaftliche Gesamtorganismus als Objekt der Wirtschaftspolitik. In Vorbereitung. (1196)

Finanzwissenschaft von *H. Kolms*. 4 Bände.
I: Grundlegung, Öffentliche Ausgaben. 2., verbesserte Auflage. 162 Seiten. 1963. (148)
II: Erwerbseinkünfte, Gebühren und Beiträge, Allgemeine Steuerlehre. 2., verbesserte Auflage. 150 Seiten. 1964. (391)
III: Besondere Steuerlehre. 178 Seiten. 1962. (776)
IV: Öffentlicher Kredit. Haushaltswesen. Finanzausgleich. 1964. In Vorbereitung. (782)

Finanzmathematik von *M. Nicolas.* 192 Seiten, 11 Tafeln, 8 Tabellen und 72 Beispiele. 1959. (1183/1183a)

Industrie- und Betriebssoziologie von *R. Dahrendorf.* 2., umgearbeitete und erweiterte Auflage. 142 Seiten, 3 Figuren. 1962. (103)

Wirtschaftssoziologie von *F. Fürstenberg.* 122 Seiten. 1961. (1193)

Psychologie des Berufs- und Wirtschaftslebens von *W. Moede †.* 190 Seiten, 48 Abbildungen. 1958. (851/851a)

Einführung in die Arbeitswissenschaft von *H. H. Hilf.* 164 Seiten, 57 Abbildungen. 1964. (1212/1212a)

Allgemeine Methodenlehre der Statistik von *J. Pfanzagl.* 2 Bände.
I: Elementare Methoden unter besonderer Berücksichtigung der Anwendungen in den Wirtschafts- und Sozialwissenschaften. 2. Auflage. 251 Seiten, 42 Abbildungen. 1964. (746/746a)
II: Höhere Methoden unter besonderer Berücksichtigung der Anwendungen in Naturwissenschaft, Medizin und Technik. 295 Seiten, 39 Abbildungen. 1962. (747/747a)

Zeitungslehre von *E. Dovifat.* 2 Bände. 4., neubearbeitete Auflage.
I: Theoretische und rechtliche Grundlagen — Nachricht und Meinung — Sprache und Form. 149 Seiten. 1962. (1039)
II: Redaktion — Die Sparten: Verlag und Vertrieb, Wirtschaft und Technik — Sicherung der öffentlichen Aufgabe. 168 Seiten. 1962. (1040)

Naturwissenschaften

Mathematik

Geschichte der Mathematik von *J. E. Hofmann*. 4 Bände.
I: Von den Anfängen bis zum Auftreten von Fermat und Descartes. 2., verbesserte und vermehrte Auflage. 251 Seiten. 1963. (226/226a)
II: Von Fermat und Descartes bis zur Erfindung des Calculus und bis zum Ausbau der neuen Methoden. 109 Seiten. 1957. (875)
III: Von den Auseinandersetzungen um den Calculus bis zur französischen Revolution. 107 Seiten. 1957. (882)
IV: Geschichte der Mathematik der neuesten Zeit von *N. Stuloff*. In Vorbereitung. (883)

Mathematische Formelsammlung von *F. O. Ringleb*. 7., erweiterte Auflage. 320 Seiten, 40 Figuren. 1960. (51/51a)

Vierstellige Tafeln und Gegentafeln für logarithmisches und trigonometrisches Rechnen in zwei Farben zusammengestellt von *H. Schubert* und *R. Haussner*. 3., neubearbeitete Auflage von *J. Erlebach*. 158 Seiten. 1960. (81)

Fünfstellige Logarithmen mit mehreren graphischen Rechentafeln und häufig vorkommenden Zahlenwerten von *A. Adler*. 4. Auflage, überarbeitet von *J. Erlebach*. 127 Seiten, 1 Tafel. 1962. (423)

Arithmetik von *P. B. Fischer †*. 3. Auflage von *H. Rohrbach*. 152 Seiten, 19 Abbildungen. 1958. (47)

Höhere Algebra von *H. Hasse*. 2 Bände.
I: Lineare Gleichungen. 5., neubearbeitete Auflage. 150 Seiten. 1963. (931)
II: Gleichungen höheren Grades. 4., durchgesehene Auflage. 158 Seiten, 5 Figuren. 1958. (932)

Aufgabensammlung zur höheren Algebra von *H. Hasse* und *W. Klobe*. 3., verbesserte Auflage. 183 Seiten. 1961. (1082)

Elementare und klassische Algebra vom modernen Standpunkt von *W. Krull*. 2 Bände.
I: 3., erweiterte Auflage. 148 Seiten. 1963. (930)
II: 132 Seiten. 1959. (933)

Lineare Programmierung von *H. Langen*. Etwa 200 Seiten. 1964. (1206/1206a)

Algebraische Kurven und Flächen von *W. Burau*. 2 Bände.
I: Algebraische Kurven der Ebene. 153 Seiten, 28 Abbildungen. 1962. (435)
II: Algebraische Flächen 3. Grades und Raumkurven 3. und 4. Grades. 162 Seiten, 17 Abbildungen. 1962. (436/436a)

Einführung in die Zahlentheorie von *A. Scholz †*. Überarbeitet und herausgegeben von *B. Schoeneberg*. 3. Auflage. 128 Seiten. 1961. (1131)

Formale Logik von *P. Lorenzen*. 2., verbesserte Auflage. 165 Seiten. 1962. (1176/1176a)

Topologie von *W. Franz.* 2 Bände.
I: Allgemeine Topologie. 144 Seiten, 9 Figuren. 1960. (1181)
II: Algebraische Topologie. 130 Seiten. 1964. (1182)

Elemente der Funktionentheorie von *K. Knopp †.* 6. Auflage. 144 Seiten, 23 Figuren. 1963. (1109)

Funktionentheorie von *K. Knopp †.* 2 Bände. 10. Auflage.
I: Grundlagen der allgemeinen Theorie der analytischen Funktionen. 144 Seiten, 8 Figuren. 1961. (668)
II: Anwendungen und Weiterführung der allgemeinen Theorie. 130 Seiten, 7 Figuren. 1962. (703)

Aufgabensammlung zur Funktionentheorie von *K. Knopp †.* 2 Bände.
I: Aufgaben zur elementaren Funktionentheorie. 6. Auflage. 135 Seiten. 1962. (877)
II: Aufgaben zur höheren Funktionentheorie. 5. Auflage. 151 Seiten. 1959. (878)

Differential- und Integralrechnung von *M. Barner.* (Früher *Witting*). 4 Bände.
I: Grenzwertbegriff, Differentialrechnung. 2., durchgesehene Auflage. 176 Seiten, 39 Figuren. 1963. (86)

Gewöhnliche Differentialgleichungen von *G. Hoheisel.* 6., neubearbeitete und erweiterte Auflage. 128 Seiten. 1960. (920)

Partielle Differentialgleichungen von *G. Hoheisel.* 4., durchgesehene Auflage. 128 Seiten. 1960. (1003)

Aufgabensammlung zu den gewöhnlichen und partiellen Differentialgleichungen von *G. Hoheisel.* 5., durchgesehene und verbesserte Auflage. 124 Seiten. 1964. (1059/1059a)

Integralgleichungen von *G. Hoheisel.* 2., neubearbeitete und erweiterte Auflage. 112 Seiten. 1963. (1099)

Mengenlehre von *E. Kamke.* 4., verbesserte Auflage. 194 Seiten, 6 Figuren. 1962. (999/999a)

Gruppentheorie von *L. Baumgartner.* 4., neubearbeitete Auflage. 110 Seiten, 3 Tafeln. 1964. In Vorbereitung. (837)

Ebene und sphärische Trigonometrie von *G. Hessenberg †.* 5. Auflage, durchgesehen von *H. Kneser.* 172 Seiten, 60 Figuren. 1957. (99)

Darstellende Geometrie von *W. Haack.* 3 Bände.
I: Die wichtigsten Darstellungsmethoden. Grund- und Aufriß ebenflächiger Körper. 4., durchgesehene und ergänzte Auflage. 113 Seiten, 120 Abbildungen. 1963. (142)
II: Körper mit krummen Begrenzungsflächen. Kotierte Projektionen. 3., durchgesehene Auflage. 129 Seiten, 86 Abbildungen. 1962. (143)
III: Axonometrie und Perspektive. 2., durchgesehene und ergänzte Auflage. 129 Seiten, 100 Abbildungen. 1962. (144)

Analytische Geometrie von *K. P. Grotemeyer.* 2., erweiterte Auflage. 218 Seiten, 73 Abbildungen. 1962. (65/65a)

Nichteuklidische Geometrie. Hyperbolische Geometrie der Ebene von *R. Baldus †.* Durchgesehen und herausgegeben von *F. Löbell.* 4., verbesserte Auflage. 140 Seiten, 70 Figuren. 1964. (970)

Differentialgeometrie von *K. Strubecker* (früher *Rothe*). 3 Bände.
I: Kurventheorie der Ebene und des Raumes. 2. Auflage. 200 Seiten, 18 Figuren. 1964. In Vorbereitung. (1113/1113a)

II: Theorie der Flächenmetrik. 195 Seiten, 14 Figuren. 1958. (1179/1179a)
III: Theorie der Flächenkrümmung. 254 Seiten, 38 Figuren. 1959. (1180/1180a)

Variationsrechnung von *L. Koschmieder*. 2 Bände. 2., neubearbeitete Auflage.
I: Das freie und gebundene Extrem einfacher Grundintegrale. 128 Seiten, 23 Figuren. 1962. (1074)
II: Anwendung klassischer Verfahren auf allgemeine Fragen des Extrems. — Neuere unmittelbare Verfahren. In Vorbereitung. (1075)

Einführung in die konforme Abbildung von *L. Bieberbach*. 5., erweiterte Auflage. 180 Seiten, 42 Figuren. 1956. (768/768a)

Vektoren und Matrizen von *S. Valentiner*. 3. Auflage. (10., erweiterte Auflage der „Vektoranalysis"). Mit Anhang: Aufgaben zur Vektorrechnung von *H. König*. 206 Seiten, 35 Figuren. 1963. (354/354a)

Wahrscheinlichkeitstheorie und Grundzüge der Maßtheorie von *H. Bauer*. 2 Bände.
I: 1964. Im Druck. (1216)
II: In Vorbereitung. (1217)

Versicherungsmathematik von *F. Böhm*. 2 Bände.
I: Elemente der Versicherungsrechnung. 3., vermehrte und verbesserte Auflage. Durchgesehener Neudruck. 151 Seiten. 1953. (180)
II: Lebensversicherungsmathematik. Einführung in die technischen Grundlagen der Sozialversicherung. 2., verbesserte und vermehrte Auflage. 205 Seiten. 1953. (917/917a)

Finanzmathematik von *M. Nicolas* 192 Seiten, 11 Tafeln, 8 Tabellen und 72 Beispiele. 1959. (1183/1183a)

Kinematik von *H. R. Müller*. 171 Seiten, 75 Figuren. 1963. (584/584a)

Physik

Einführung in die theoretische Physik von *W. Döring*. 5 Bände.
I: Mechanik. 2., verbesserte Auflage. 123 Seiten, 25 Abbildungen. 1960. (76)
II: Das elektromagnetische Feld. 2., verbesserte Auflage. 132 Seiten, 15 Abbildungen. 1962. (77)
III: Optik. 2., verbesserte Auflage. 117 Seiten, 32 Abbildungen. 1963. (78)
IV: Thermodynamik. 2., verbesserte Auflage. 107 Seiten, 9 Abbildungen. 1964. (374)
V: Statistische Mechanik. 114 Seiten, 12 Abbildungen. 1957. (1017)

Mechanik deformierbarer Körper von *M. Päsler*. 199 Seiten, 48 Abbildungen. 1960. (1189/1189a)

Atomphysik von *K. Bechert, Ch. Gerthsen †* und *A. Flammersfeld*. 7 Bände. 4., durchgesehene Auflage.
I: Allgemeine Grundlagen. 1. Teil von *A. Flammersfeld*. 124 Seiten, 35 Abbildungen. 1959. (1009)
II: Allgemeine Grundlagen. 2. Teil von *A. Flammersfeld*. 112 Seiten, 47 Abbildungen. 1963. (1033)

III: Theorie des Atombaus. 1. Teil von *K. Bechert*. 148 Seiten, 16 Abbildungen. 1963. (1123/1123a)
IV: Theorie des Atombaus. 2. Teil von *K. Bechert*. 170 Seiten, 14 Abbildungen. 1963. (1165/1165a)

Differentialgleichungen der Physik von *F. Sauter*. 3., durchgesehene und ergänzte Auflage. 148 Seiten, 16 Figuren. 1958. (1070)

Physikalische Formelsammlung von *G. Mahler†*. Fortgeführt von *K. Mahler*. Neubearbeitet von *H. Graewe*. 11. Auflage. 167 Seiten, 69 Figuren. 1963. (136)

Physikalische Aufgabensammlung von *G. Mahler †*. Neubearbeitet von *H. Graewe*. Mit den Ergebnissen. 12. Auflage. 127 Seiten. 1964. (243)

Chemie

Geschichte der Chemie in kurzgefaßter Darstellung von *G. Lockemann*. 2 Bände.
I: Vom Altertum bis zur Entdeckung des Sauerstoffs. 2. Auflage. 142 Seiten, 8 Bildnisse. In Vorbereitung. (264)
II: Von der Entdeckung des Sauerstoffs bis zur Gegenwart. 151 Seiten, 16 Bildnisse. 1955. (265/265a)

Anorganische Chemie von *W. Klemm*. 13., neubearbeitete und erweiterte Auflage. 255 Seiten, 35 Abbildungen. 1964. (37/37a)

Organische Chemie von *W. Schlenk*. 9., erweiterte Auflage. 273 Seiten, 16 Abbildungen. 1963. (38/38a)

Physikalische Methoden in der Organischen Chemie von *G. Kresze*. 2 Bände.
I: 119 Seiten, 65 Abbildungen. 1962. (44)
II: 164 Seiten. 1962. (45/45a)

Allgemeine und physikalische Chemie von *W. Schulze*. 2 Bände.
I: 5., durchgesehene Auflage. 139 Seiten, 10 Figuren. 1960. (71)
II: 5., verbesserte Auflage. 178 Seiten, 37 Figuren. 1961. (698/698a)

Einfache Versuche zur allgemeinen und physikalischen Chemie von *E. Dehn*. 371 Versuche mit 40 Abbildungen. 272 Seiten. 1962. (1201/1201a)

Molekülbau. Theoretische Grundlagen und Methoden der Strukturermittlung von *W. Schulze*. 123 Seiten, 43 Figuren. 1958. (786)

Physikalisch-chemische Rechenaufgaben von *E. Asmus*. 3., verbesserte Auflage. 96 Seiten. 1958. (445)

Maßanalyse. Theorie und Praxis der klassischen und der elektrochemischen Titrierverfahren von *G. Jander* und *K. F. Jahr*. 10., erweiterte Auflage, mitbearbeitet von *H. Knoll*. 358 Seiten, 56 Figuren. 1963. (221/221a)

Qualitative Analyse von *H. Hofmann* u. *G. Jander*. 2., durchgesehene und verbesserte Auflage. 308 Seiten, 5 Abbildungen. 1963. (247/247a)

Thermochemie von *W. A. Roth †*. 2., verbesserte Auflage. 109 Seiten, 16 Figuren. 1952. (1057)

Stöchiometrische Aufgabensammlung von *W. Bahrdt* † und *R. Scheer*. Mit den Ergebnissen. 7., durchgesehene Auflage. 119 Seiten. 1960. (452)

Elektrochemie von *K. Vetter*. 2 Bände.
I: 1964. In Vorbereitung. (252)
II: 1964. In Vorbereitung. (253)

Technologie

Die Chemie der Kunststoffe von *K. Hamann*, unter Mitarbeit von *W. Funke* und *H. D. Hermann*. 143 Seiten. 1960. (1173)

Warenkunde von *K. Hassak* und *E. Beutel* †. 2 Bände.
I: Anorganische Waren sowie Kohle und Erdöl. 8. Auflage. Neubearbeitet von *A. Kutzelnigg*. 119 Seiten, 18 Figuren. 1958. (222)
II: Organische Waren. 8. Auflage. Vollständig neubearbeitet von *A. Kutzelnigg*. 157 Seiten, 32 Figuren. 1959. (223)

Die Fette und Öle von *Th. Klug*. 6., verbesserte Auflage. 143 Seiten. 1961. (335)

Die Seifenfabrikation von *K. Braun* †. 3., neubearbeitete und verbesserte Auflage von *Th Klug*. 116 Seiten, 18 Abbildungen. 1953. (336)

Thermische Verfahrenstechnik von *H. Bock*. 3 Bände.
I: Eigenschaften und Verhalten der realen Stoffe. 164 Seiten. 28 Abbildungen. 1963. (1209/1209a)
II: Funktionen und Berechnung der elementaren Geräte. In Vorbereitung (1210/1210a)
III: Fließbilder, ihre Funktion und ihr Zusammenbau aus Geräten. In Vorbereitung. (1211/1211a)

Textilindustrie von *A. Blümcke*.
I: Spinnerei und Zwirnerei. 111 Seiten, 43 Abbildungen. 1954. (184)

Biologie

Einführung in die allgemeine Biologie und ihre philosophischen Grund- und Grenzfragen von *M. Hartmann*. 132 Seiten, 2 Abbildungen. 1956. (96)

Hormone von *G. Koller*. 2., neubearbeitete und erweiterte Auflage. 187 Seiten, 60 Abbildungen, 19 Tabellen. 1949. (1141)

Fortpflanzung im Tier- und Pflanzenreich von *J. Hämmerling*. 2., ergänzte Auflage. 135 Seiten. 101 Abbildungen. 1951. (1138)

Geschlecht und Geschlechtsbestimmung im Tier- und Pflanzenreich von *M. Hartmann*. 2., verbesserte Auflage. 116 Seiten, 61 Abbildungen, 7 Tabellen. 1951. (1127)

Symbiose der Tiere mit pflanzlichen Mikroorganismen von *P. Buchner*. 2., verbesserte und vermehrte Auflage. 130 Seiten, 121 Abbildungen. 1949. (1128)

Grundriß der Allgemeinen Mikrobiologie von *W.* u. *A. Schwartz*. 2 Bände. 2., verbesserte und ergänzte Auflage.
I: 147 Seiten, 25 Abbildungen. 1960. (1155)
II: 142 Seiten, 29 Abbildungen. 1961. (1157)

Botanik

Entwicklungsgeschichte des Pflanzenreiches von *H. Heil.* 2. Auflage. 138 Seiten, 94 Abbildungen, 1 Tabelle. 1950. (1137)

Morphologie der Pflanzen von *L. Geitler.*, 3., umgearbeitete Auflage. 126 Seiten, 114 Abbildungen. 1953. (141)

Pflanzengeographie von *L. Diels †.* 5., völlig neubearbeitete Auflage von *F. Mattick.* 195 Seiten, 2 Karten. 1958. (389/389a)

Die Laubhölzer. Kurzgefaßte Beschreibung der in Mitteleuropa gedeihenden Laubbäume und Sträucher von *F. W. Neger †* und *E. Münch †.* 3., durchgesehene Auflage, herausgegeben von *B. Huber.* 143 Seiten, 63 Figuren, 7 Tabellen. 1950. (718)

Die Nadelhölzer (Koniferen) und übrigen Gymnospermen von *F. W. Neger †* und *E. Münch †.* 4. Auflage, durchgesehen und ergänzt von *B. Huber.* 140 Seiten, 75 Figuren, 4 Tabellen, 3 Karten. 1952. (355)

Pflanzenzüchtung von *H. Kuckuck.* 2 Bände.

I: Grundzüge der Pflanzenzüchtung. 3., völlig umgearbeitete und erweiterte Auflage. 132 Seiten, 22 Abbildungen. 1952. (1134)

II: Spezielle gartenbauliche Pflanzenzüchtung (Züchtung von Gemüse, Obst und Blumen). 178 Seiten, 27 Abbildungen. 1957. (1178/1178a)

Zoologie

Entwicklungsphysiologie der Tiere von *F. Seidel.* 2 Bände.

I: Ei und Furchung. 126 Seiten, 29 Abbildungen. 1953. (1162)

II: Körpergrundgestalt und Organbildung. 159 Seiten, 42 Abbildungen. 1953. (1163)

Das Tierreich

I: Einzeller, Protozoen von *E. Reichenow.* 115 Seiten. 59 Abbildungen. 1956. (444)

II: Schwämme und Hohltiere von *H. J. Hannemann.* 95 Seiten, 80 Abbildungen. 1956. (442)

III: Würmer. Platt-, Hohl-, Schnurwürmer, Kamptozoen, Ringelwürmer, Protracheaten, Bärtierchen, Zungenwürmer von *S. Jaeckel.* 114 Seiten, 36 Abbildungen. 1955. (439)

IV, 1: Krebse von *H. E. Gruner* und *K. Deckert.* 114 Seiten, 43 Abbildungen. 1956. (443)

IV, 2: Spinnentiere (Trilobitomorphen, Fühlerlose) und Tausendfüßler von *A. Kaestner.* 96 Seiten, 55 Abbildungen. 1955. (1161)

IV, 3: Insekten von *H. von Lengerken.* 128 Seiten, 58 Abbildungen. 1953. (594)

V: Weichtiere. Urmollusken, Schnecken, Muscheln und Kopffüßer von *S. Jaeckel.* 92 Seiten. 34 Figuren. 1954. (440)

VI: Stachelhäuter. Tentakulaten, Binnenatmer und Pfeilwürmer von *S. Jaeckel.* 100 Seiten, 46 Abbildungen. 1955. (441)

VII, 1: Manteltiere, Schädellose, Rundmäuler von *Th. Haltenorth.* In Vorbereitung. (448)

VII, 2: Fische von *D. Lüdemann.* 130 Seiten, 65 Abbildungen. 1955. (356)
VII, 3: Lurche (Chordatiere) von *K. Herter.* 143 Seiten, 129 Abbildungen. 1955. (847)
VII, 4: Kriechtiere (Chordatiere) von *K. Herter.* 200 Seiten, 42 Abbildungen. 1960. (447/447a)
VII, 5: Vögel (Chordatiere) von *H.-A. Freye.* 156 Seiten, 69 Figuren. 1960. (869)
VII, 6: Säugetiere (Chordatiere) von *Th. Haltenorth.* In Vorbereitung. (282)

Land- und Forstwirtschaft

Landwirtschaftliche Tierzucht. Die Züchtung und Haltung der landwirtschaftlichen Nutztiere von *H. Vogel.* 139 Seiten, 11 Abbildungen. 1952. (228)

Kulturtechnische Bodenverbesserungen von *O. Fauser.* 2 Bände. 5., verbesserte und vermehrte Auflage.
I: Allgemeines, Entwässerung. 127 Seiten, 49 Abbildungen. 1959. (691)
II: Bewässerung, Ödlandkultur, Flurbereinigung. 159 Seiten, 71 Abbildungen. 1961. (692)

Agrikulturchemie von *K. Scharrer.* 2 Bände.
I: Pflanzenernährung. 143 Seiten. 1953. (329)
II: Futtermittelkunde. 192 Seiten. 1956. (330/330a)

Geologie, Mineralogie, Kristallographie

Geologie von *F. Lotze.* 2., verbesserte Auflage. 178 Seiten, 80 Abbildungen. 1961. (13)

Erzkunde von *H. von Philipsborn.* In Vorbereitung. (1207)

Mineral- und Erzlagerstättenkunde von *H. Huttenlocher †.* 2 Bände. 2. Auflage.
I: 128 Seiten, 34 Abbildungen. In Vorbereitung. (1014)
II: 156 Seiten, 48 Abbildungen. In Vorbereitung. (1015/1015a)

Allgemeine Mineralogie. 11., erweiterte Auflage der „Mineralogie" von *R. Brauns †*, neubearbeitet von *K. F. Chudoba.* 152 Seiten, 143 Textfiguren, 1 Tafel, 3 Tabellen. 1963. (29/29a)

Spezielle Mineralogie. 11., erweiterte Auflage der „Mineralogie" von *R. Brauns †*, bearbeitet von *K. F. Chudoba.* Etwa 170 Seiten, 127 Textfiguren, 4 Tabellen. 1964. (31/31a)

Petrographie (Gesteinskunde) von *W. Bruhns †.* Neubearbeitet von *P. Ramdohr.* 5., erweiterte Auflage. 141 Seiten, 10 Figuren. 1960. (173)

Kristallographie von *W. Bruhns †.* 5. Auflage, neubearbeitet von *P. Ramdohr.* 109 Seiten, 164 Abbildungen. 1958. (210)

Einführung in die Kristalloptik von *E. Buchwald.* 5., verbesserte Auflage. 128 Seiten, 117 Figuren. 1963. (619/619a)

Lötrohrprobierkunde. Mineraldiagnose mit Lötrohr und Tüpfelreaktion von *M. Henglein.* 4., durchgesehene und erweiterte Auflage. 108 Seiten, 12 Figuren. 1962. (483)

Technik

Graphische Darstellung in Wissenschaft und Technik von *M. Pirani*. 3., erweiterte Auflage bearbeitet von *J. Fischer* unter Benutzung der von *I. Runge* besorgten 2. Auflage. 216 Seiten, 104 Abbildungen. 1957. (728/728a)

Technische Tabellen und Formeln von *W. Müller*. 5., verbesserte und erweiterte Auflage von *E. Schulze*. 165 Seiten, 114 Abbildungen, 99 Tafeln. 1962. (579)

Einführung in die Arbeitswissenschaft von *H. H. Hilf*. 164 Seiten, 57 Abbildungen. 1964. (1212/1212a)

Grundlagen der Straßenverkehrstechnik. Theorie der Leistungsfähigkeit von *E. Engel*. 101 Seiten, 55 Abbildungen. 1962. (1198)

Elektrotechnik

Grundlagen der allgemeinen Elektrotechnik von *O. Mohr*. 2., durchgesehene Auflage. 260 Seiten, 136 Bilder, 14 Tafeln. 1961. (196/196a)

Die Gleichstrommaschine von *K. Humburg*. 2 Bände. 2., durchgesehene Auflage.
I: 102 Seiten, 59 Abbildungen. 1956. (257)
II: 101 Seiten, 38 Abbildungen. 1956. (881)

Die Synchronmaschine von *W. Putz*. 92 Seiten, 64 Bilder. 1962. (1146)

Induktionsmaschinen von *F. Unger*. 2., erweiterte Auflage. 142 Seiten, 49 Abbildungen. 1954. (1140)

Die komplexe Berechnung von Wechselstromschaltungen von *H. H. Meinke*. 3. Auflage. 180 Seiten, 120 Abbildungen. 1964. In Vorbereitung. (1156/1156a)

Theoretische Grundlagen zur Berechnung der Schaltgeräte von *F. Kesselring*. 3. Auflage. 144 Seiten, 92 Abbildungen. 1950. (711)

Einführung in die Technik selbsttätiger Regelungen von *W. zur Megede*. 2., durchgesehene Auflage. 180 Seiten, 86 Abbildungen. 1961. (714/714a)

Elektromotorische Antriebe (Grundlagen für die Berechnung) von *A. Schwaiger*. 3., neubearbeitete Auflage. 96 Seiten, 34 Abbildungen. 1952. (827)

Überspannungen und Überspannungsschutz von *G. Frühauf*. Durchgesehener Neudruck. 122 Seiten, 98 Abbildungen. 1950. (1132)

Elektrische Höchstspannungs-Schaltanlagen für Freiluft und Innenanordnung von *G. Meiners* und *K.-H. Wiesenewsky*. 138 Seiten, 58 Abbildungen. 1964. (796/796a)

Transformatoren von *W. Schäfer*. 4., überarbeitete und ergänzte Auflage. 130 Seiten, 73 Abbildungen. 1962. (952)

Maschinenbau

Metallkunde von *H. Borchers*. 3 Bände. 5., ergänzte und durchgesehene Auflage.

I: Aufbau der Metalle und Legierungen. 120 Seiten, 90 Abbildungen, 2 Tabellen. 1962. (432)

II: Eigenschaften, Grundzüge der Form- und Zustandsgebung. 182 Seiten, 107 Abbildungen, 10 Tabellen. 1963. (433/433a)

III: Die metallkundlichen Untersuchungsmethoden von *E. Hanke*. In Vorbereitung. (434)

Die Werkstoffe des Maschinenbaues von *A. Thum †* und *C. M. v. Meysenbug*. 2 Bände.

I: Einführung in die Werkstoffprüfung. 2., neubearbeitete Auflage. 100 Seiten, 7 Tabellen, 56 Abbildungen. 1956. (476)

II: Die Konstruktionswerkstoffe. 132 Seiten, 40 Abbildungen. 1959. (936)

Dynamik von *W. Müller*. 2 Bände. 2., verbesserte Auflage.

I: Dynamik des Einzelkörpers. 128 Seiten, 48 Figuren. 1952. (902)

II: Systeme von starren Körpern. 102 Seiten, 41 Figuren. 1952. (903)

Technische Schwingungslehre von *L. Zipperer*. 2 Bände. 2., neubearbeitete Auflage.

I: Allgemeine Schwingungsgleichungen, einfache Schwinger. 120 Seiten, 101 Abbildungen. 1953. (953)

II: Torsionsschwingungen in Maschinenanlagen. 102 Seiten, 59 Abbildungen. 1955. (961/961 a)

Werkzeugmaschinen für Metallbearbeitung von *K. P. Matthes*. 2 Bände.

I: 100 Seiten, 27 Abbildungen, 11 Zahlentafeln, 1 Tafelanhang. 1954. (561)

II: Fertigungstechnische Grundlagen der neuzeitlichen Metallbearbeitung. 101 Seiten, 30 Abbildungen, 5 Tafeln. 1955. (562)

Das Maschinenzeichnen mit Einführung in das Konstruieren von *W. Tochtermann*. 2 Bände. 4. Auflage.

I: Das Maschinenzeichnen. 156 Seiten, 75 Tafeln. 1950. (589)

II: Ausgeführte Konstruktionsbeispiele. 130 Seiten, 58 Tafeln. 1950. (590)

Die Maschinenelemente von *E. A. vom Ende †*. 4., überarbeitete Auflage. 184 Seiten, 179 Figuren, 11 Tafeln. 1963. (3/3a)

Die Maschinen der Eisenhüttenwerke von *L. Engel*. 156 Seiten, 95 Abbildungen. 1957. (583/583a)

Walzwerke von *H. Sedlaczek †* unter Mitarbeit von *F. Fischer* und *M. Buch*. 232 Seiten, 157 Abbildungen. 1958. (580/580a)

Getriebelehre von *P. Grodzinski †*. 2 Bände. 3., neubearbeitete Auflage von *G. Lechner*.

I: Geometrische Grundlagen. 164 Seiten, 131 Figuren. 1960. (1061)

II: Angewandte Getriebelehre. In Vorbereitung. (1062)

Kinematik von *H. R. Müller*. 171 Seiten, 75 Figuren. 1963. (584/584a)

Gießereitechnik von *H. Jungbluth*. 2 Bände.
I: Eisengießerei. 126 Seiten, 44 Abbildungen. 1951. (1159)

Die Dampfturbinen. Ihre Wirkungsweise, Berechnung und Konstruktion von *C. Zietemann*. 3 Bände.
I: Theorie der Dampfturbinen. 4. Auflage. 139 Seiten, 48 Abbildungen. 1964. In Vorbereitung. (274)
II: Die Berechnung der Dampfturbinen und die Konstruktion der Einzelteile. 4., verbesserte Auflage. 132 Seiten, 111 Abbildungen. 1964. In Vorbereitung. (715)
III: Die Regelung der Dampfturbinen, die Bauarten, Turbinen für Sonderzwecke, Kondensationsanlagen. 3., verbesserte Auflage. 126 Seiten, 90 Abbildungen. 1956. (716)

Verbrennungsmotoren von *W. Endres*. 3 Bände.
I: Überblick. Motor-Brennstoffe. Verbrennung im Motor allgemein, im Otto- und Diesel-Motor. 153 Seiten, 57 Abbildungen. 1958. (1076/1076a)
II: Die heutigen Typen der Verbrennungskraftmaschine. In Vorbereitung. (1184)
III: Die Einzelteile des Verbrennungsmotors. In Vorbereitung. (1185)

Autogenes Schweißen und Schneiden von *H. Niese*. 5. Auflage, neubearbeitet von *A. Küchler*. 136 Seiten, 71 Figuren. 1953. (499)

Die elektrischen Schweißverfahren von *H. Niese*. 2. Auflage, neubearbeitet von *H. Dienst*. 136 Seiten, 58 Abbildungen. 1955. (1020)

Die Hebezeuge. Entwurf von Winden und Kranen von *G. Tafel*. 2., verbesserte Auflage. 176 Seiten, 230 Figuren. 1954. (414/414a)

Wasserbau

Wasserkraftanlagen von *A. Ludin* unter Mitarbeit von *W. Borkenstein*. 2 Bände.
I: Planung, Grundlagen und Grundzüge. 124 Seiten, 60 Abbildungen. 1955. (665)
II: Anordnung und Ausbildung der Hauptbauwerke. 184 Seiten, 91 Abbildungen. 1958. (666/666a)

Verkehrswasserbau von *H. Dehnert*. 3 Bände.
I: Entwurfsgrundlagen, Flußregelungen. 103 Seiten, 53 Abbildungen. 1950. (585)
II: Flußkanalisierung und Schiffahrtskanäle. 94 Seiten, 60 Abbildungen. 1950. (597)
III: Schleusen und Hebewerke. 98 Seiten, 70 Abbildungen. 1950. (1152)

Wehr- und Stauanlagen von *H. Dehnert*. 134 Seiten, 90 Abbildungen. 1952. (965)

Talsperren von *F. Tölke*. 122 Seiten, 70 Abbildungen. 1953. (1044)

Vermessungswesen

Vermessungskunde von *W. Großmann*. 3 Bände.

I: Stückvermessung und Nivellieren. 11., verbesserte Auflage. 144 Seiten 117 Figuren. 1962. (468)

II: Horizontalaufnahmen und ebene Rechnungen. 9., verbesserte Auflage. 136 Seiten, 101 Figuren. 1963. (469)

III: Trigonometrische und barometrische Höhenmessung. Tachymetrie und Absteckungen. 8. Auflage. 136 Seiten, 97 Figuren. 1964. (862)

Kartographie von *V. Heissler*. 213 Seiten, 125 Abbildungen, 8 Anlagen. 1962. (30/30a)

Photogrammetrie von *G. Lehmann*. 189 Seiten, 132 Abbildungen. 1959. (1188/1188a)

Hoch- und Tiefbau

Die wichtigsten Baustoffe des Hoch- und Tiefbaus von *O. Graf †*. 4., verbesserte Auflage. 131 Seiten, 63 Abbildungen. 1953. (984)

Baustoffverarbeitung und Baustellenprüfung des Betons von *A. Kleinlogel*. 2., neubearbeitete und erweiterte Auflage. 126 Seiten, 35 Abbildungen. 1951. (978)

Festigkeitslehre. 2 Bände.

I: Elastizität, Plastizität und Festigkeit der Baustoffe und Bauteile von *W. Gehler †* und *W. Herberg*. Durchgesehener und erweiterter Neudruck. 159 Seiten, 118 Abbildungen. 1952. (1144)

II: Formänderung, Platten, Stabilität und Bruchhypothesen von *W. Herberg* und *N. Dimitrov*. 187 Seiten, 94 Abbildungen. 1955. (1145/1145a)

Grundlagen des Stahlbetonbaus von *A. Troche*. 2., neubearbeitete und erweiterte Auflage. 208 Seiten, 75 Abbildungen, 17 Bemessungstafeln, 20 Rechenbeispiele. 1953. (1078)

Statik der Baukonstruktionen von *A. Teichmann*. 3 Bände.

I: Grundlagen. 101 Seiten, 51 Abbildungen, 8 Formeltafeln. 1956. (119)

II: Statisch bestimmte Stabwerke. 107 Seiten, 52 Abbildungen, 7 Tafeln. 1957. (120)

III: Statisch unbestimmte Systeme. 112 Seiten, 34 Abbildungen, 7 Formeltafeln. 1958. (122)

Fenster, Türen, Tore aus Holz und Metall. Eine Anleitung zu ihrer guten Gestaltung, wirtschaftlichen Bemessung und handwerksgerechten Konstruktion von *W. Wickop* †. 4., überarbeitete und ergänzte Auflage. 155 Seiten, 95 Abbildungen. 1955. (1092)

Heizung und Lüftung von *W. Körting*. 2 Bände. 9., neubearbeitete Auflage.
I: Das Wesen und die Berechnung der Heizungs- und Lüftungsanlagen. 171 Seiten, 29 Abbildungen, 36 Zahlentafeln. 1962. (342/342a)
II: Die Ausführung der Heizungs- und Lüftungsanlagen. 1964. In Vorbereitung. (343)

Industrielle Kraft- und Wärmewirtschaft von *F. A. F. Schmidt* und *A. Beckers*. 167 Seiten, 73 Abbildungen. 1957. (318/318a)

Weitere Sonderverzeichnisse aller
Wissensgebiete und Einzelprospekte,
sowie die Verlagskataloge
aus dem Verlag
WALTER DE GRUYTER & CO.
erhalten Sie jederzeit
bei Ihrem Buchhändler.

Sammlung Göschen / Bandnummernfolge

1 Langosch, Der Nibelunge Nôt
3/3a v. Ende, Maschinenelemente
10 Jiriczek-Wisniewski, Kudrun- und Dietrich-Epen
13 Lotze, Geologie
18 Maurer, Hartmann von Aue. Der arme Heinrich
19 Altheim, Römische Geschichte I
20 Hofstaetter, Dt. Sprachlehre
22 Maurer, Gottfried von Strassburg
29/29a Brauns-Chudoba, Allgemeine Mineralogie
30/30a Heissler, Kartographie
31/31a Brauns-Chudoba, Spezielle Mineralogie
32 Schneider-Wisniewski, Deutsche Heldensage
35 Treue, Dt. Geschichte von 1648—1740
37/37a Klemm, Anorganische Chemie
38/38a Schlenk, Organische Chemie
39 Treue, Dt. Geschichte von 1713—1806
42 Behn-Hoernes, Vorgeschichte Europas
44 Kresze, Physikalische Methoden in der Organischen Chemie I
45/45a Kresze, Physikalische Methoden in der Organischen Chemie II
47 Fischer-Rohrbach, Arithmetik
51/51a Ringleb, Mathem. Formelsammlung
52 Bieler Röm. Literaturgesch. I
59 Krahe, Indog. Sprachwiss. I
60 Biehle, Stimmkunde
61 Biele, Redetechnik
64 Krahe, Indog. Sprachwiss. II
65/65a Grotemeyer, Analyt. Geometrie
66 Berneker-Vasmer, Russische Grammatik
70 Nestle-Liebich, Gesch. d. griechischen Literatur I
71 Schulze, Allgemeine und physikalische Chemie I
76 Döring, Einf. i. d. th. Physik I
77 Döring, Einf. i. d. th. Physik II
78 Döring, Einf. i. d. th. Physik III
79/79a Hempel, Got. Elementarbuch
80 Weigert, Stilkunde I
81 Schubert-Haussner-Erlebach, Vierstell. Logarithmentafeln
86 Barner, Differential- u. Integralrechnung I
96 Hartmann, Einf. in die allgem. Biologie
99 Hessenberg-Kneser, Ebene und sphär. Trigonometrie
101 v. Wiese, Soziologie
103 Dahrendorf, Industrie- und Betriebssoziologie
104/104a Hofstätter, Sozialpsychologie
111 Hoffmann-Debrunner, Gesch. der griechischen Sprache I
114 Debrunner, Gesch. der griechischen Sprache II
117 Brandenstein, Griechische Sprachwissenschaft I
118/118a Brandenstein, Griechische Sprachwissenschaft II
119 Teichmann, Statik der Baukonstruktionen I
120 Teichmann, Statik der Baukonstruktionen II
122 Teichmann, Statik der Baukonstruktionen III

128/128a Lausberg, Romanische Sprachwissenschaft I
136 Mahler-Graewe, Physikal. Formelsammlung
141 Geitler, Morphologie der Pflanzen
142 Haack, Darst. Geometrie I
143 Haack, Darst. Geometrie II
144 Haack, Darst. Geometrie III
145 Weimer, Gesch. der Pädagogik
148 Kolms, Finanzwissenschaft I
156/156a Landmann, Philosophische Anthropologie
170 Oehlmann, Musik des 19. Jhs.
171/171a Oehlmann, Musik des 20. Jhs.
173 Bruhns-Ramdohr, Petrographie
174 Schlingloff, Religion des Buddhismus I
180 Böhm, Versicherungsmathematik I
184 Blümcke, Textilindustrie I
196/196a Mohr, Grundlagen der allgem. Elektrotechnik
200/200a Gottschald, Dt. Rechtschreibungswörterbuch
210 Bruhns-Ramdohr, Kristallographie
220/220a Moser, Allg. Musiklehre
221/221a Jander-Jahr-Knoll, Maßanalyse
222 Hassak-Beutel-Kutzelnigg, Warenkunde I
223 Hassak-Beutel-Kutzelnigg, Warenkunde II
226/226a Hofmann, Gesch. der Mathematik I
228 Vogel, Landw. Tierzucht
231/231a Ehrlich, Gesch. Israels
238 Krahe, Germ. Sprachwiss. I
243 Mahler-Graewe, Physikal. Aufgabensammlung
247/247a Hofmann-Jander, Qualitative Analyse
250 Lausberg, Romanische Sprachwissenschaft II
252 Vetter, Elektrochemie I
253 Vetter, Elektrochemie II
257 Humburg, Gleichstrommaschine I
264 Lockemann, Gesch. der Chemie I
265/265a Lockemann, Geschichte der Chemie II
270 Kirn, Einführung in die Geschichtswissenschaft
274 Zietemann, Dampfturbinen I
279 Jacob-Hohenleutner, Quellenkunde der deutschen Geschichte I
280 Jacob-Hohenleutner, Quellenkunde der deutschen Geschichte II
281 Leisegang, Einführung in die Philosophie
282 Haltenorth, Säugetiere
284 Jacob-Weden, Quellenkunde der deutschen Geschichte III
318/318a Schmidt-Beckers, Industrielle Kraft- u. Wärmewirtschaft
319 Krug, Australien und Ozeanien
329 Scharrer, Agrikulturchemie I
330/330a Scharrer, Agrikulturchemie II
335 Klug, Fette und Öle
336 Braun-Klug, Seifenfabrikation
342/342a Körting, Heizung und Lüftung I
343 Körting, Heizung und Lüftung II
344 Moser, Musikästhetik
354/354a Valentiner-König, Vektoren und Matrizen
355 Neger-Münch-Huber, Nadelhölzer
356 Lüdemann, Fische
374 Döring, Einführung in die theoret. Physik IV
375 Preller Geschichte Englands I
389/389a Diels-Mattick, Pflanzengeographie
391 Kolms, Finanzwissenschaft II
394/394a Schilling, Von der Renaissance bis Kant
414/414a Tafel, Hebezeuge
422 Gottschald, Dt. Personennamen
423 Adler-Erlebach, Fünfstellige Logarithmen
432 Borchers, Metallkunde I
433/433a Borchers, Metallkunde II

434 Borchers-Hanke, Metallkunde III
435 Burau, Algebr. Kurven u. Flächen I
436/436a Burau, Algebr. Kurven und Flächen II
439 Jaeckel, Würmer
440 Jaeckel, Weichtiere
441 Jaeckel, Stachelhäuter
442 Hannemann, Schwämme und Hohltiere
443 Gruner-Deckert, Krebse
444 Reichenow, Einzeller
445 Asmus, Physikal.-chem. Rechenaufgaben
447/447a Herter, Kriechtiere
448 Haltenorth, Manteltiere
452 Bahrdt-Scheer, Stöchiometrische Aufgabensammlung
468 Großmann, Vermessungskunde I
469 Großmann, Vermessungskunde II
476 Thum-Meysenbug, Die Werkstoffe des Maschinenbaues I
483 Henglein, Lötrohrprobierkunde
492 Stolz-Debrunner, Geschichte der lateinischen Sprache
499 Niese-Küchler, Autogenes Schweißen
500 Simmel, Hauptprobleme der Philosophie
536 Lehmann, Kant
538 Rumpf, Archäologie I
539 Rumpf, Archäologie II
540 Rumpf, Archäologie III
557 Nestle-Liebich, Gesch. der griech. Literatur II
561 Matthes, Werkzeugmaschinen I
562 Matthes, Werkzeugmaschinen II
564 Behn-Hoernes, Kultur der Urzeit I
565 Behn-Hoernes, Kultur der Urzeit II
566 Behn-Hoernes, Kultur der Urzeit III
571 Lehmann, Philosophie des 19. Jahrhunderts I
576/576a Moser, Gesangskunst
579 Müller-Schulze, Techn. Tabellen
580/580a Sedlaczek-Fischer-Buch, Walzwerke
583/583a Engel, Maschinen der Eisenhüttenwerke
584/584a Müller, Kinematik
585 Dehnert, Verkehrswasserbau I
587 Kalitsunakis-Steinmetz, Neugriech.-dt. Gesprächsbuch
589 Tochtermann, Maschinenzeichnen I
590 Tochtermann, Maschinenzeichnen II
594 v. Lengerken, Insekten
597 Dehnert, Verkehrswasserbau II
601 Mutschmann-Scherer, Engl. Phonetik
619/619a Buchwald, Kristalloptik
665 Ludin-Borkenstein, Wasserkraftanlagen I
666/666a Ludin-Borkenstein, Wasserkraftanlagen II
668 Knopp, Funktionentheorie I
677 Altheim, Röm. Geschichte II
679 Altheim, Röm. Geschichte III
684 Altheim, Röm. Geschichte IV
691 Fauser, Kulturtechn. Bodenverbesserungen I
692 Fauser, Kulturtechn. Bodenverbesserungen II
698/698a Schulze, Allgemeine u. physikalische Chemie II
703 Knopp, Funktionentheorie II
709 Lehmann, Philosophie des 19. Jahrhunderts II
711 Kesselring, Berechnung der Schaltgeräte
714/714a zur Megede, Technik selbsttätiger Regelungen
715 Zietemann, Dampfturbinen II
716 Zietemann, Dampfturbinen III
718 Neger-Münch-Huber, Laubhölzer
728/728a Pirani-Fischer-Runge, Graph. Darstellung in Wissenschaft u. Technik
735 Ekwall, Historische neuengl. Laut- und Formenlehre

746/746a Pfanzagl, Allg. Methodenlehre der Statistik I
747/747a Pfanzagl, Allg. Methodenlehre der Statistik II
756/756a Kalitsunakis, Gramm. d. Neugriech. Volksspr.
763/763a Beer-Meyer, Hebräische Grammatik I
764/764a Beer-Meyer, Hebräische Grammatik II
768/768a Bieberbach, Einführung in die konforme Abbildung
769/769a Beer-Meyer, Hebräisches Textbuch
770 Schlingloff, Religion des Buddhismus II
776 Kolms, Finanzwissensch. III
780 Krahe, Germ. Sprachwiss. II
781 Weigert, Stilkunde II
782 Kolms, Finanzwissensch. IV
786 Schulze, Molekulbau
796/796a Meiners-Wiesenewsky, Elektr. Hochstspannungs-Schaltanlagen
807 Kropp, Erkenntnistheorie
809 Moser, Harmonielehre I
810 Moser, Harmonielehre II
826 Koch, Philosophie d. Mittelalters
827 Schwaiger, Elektromotorische Antriebe
831 Erismann, Allg. Psychologie I
832/382a Erismann, Allg. Psychologie II
833 Erismann, Allg. Psychologie III
834/834a Erismann, Allg. Psychologie IV
837 Baumgartner, Gruppentheorie
845 Lehmann, Philosophie im ersten Drittel des 20. Jhs. I
847 Herter, Lurche
850 Lehmann, Philosophie im ersten Drittel des 20. Jhs. II
851/851a Moede, Psychologie des Berufs- und Wirtschaftslebens
857 Capelle, Griech. Philosophie I
858 Capelle, Griech. Philos. II
859 Capelle, Griech. Philos. III
862 Großmann, Vermessungskunde III
863 Capelle, Griech. Philos. IV
866 Bieler, Röm. Literaturgeschichte II
869 Freye, Vögel
875 Hofmann, Geschichte der Mathematik II
877 Knopp Aufgabensammlung zur Funktionentheorie I
878 Knopp, Aufgabensammlung zur Funktionentheorie II
881 Humburg, Gleichstrommaschine II
882 Hofmann, Geschichte der Mathematik III
883 Stuloff, Mathematik der neuesten Zeit
893 Treue, Dt. Geschichte von 1806—1890
894 Treue, Dt. Geschichte von 1890 bis zur Gegenwart
902 Müller, Dynamik I
903 Müller, Dynamik II
910 Jaeger, Afrika I
911 Jaeger Afrika II
915 Sperber-Fleischhauer, Gesch. der Deutschen Sprache
917/917a Böhm, Versicherungsmathematik II
920 Hoheisel, Gewöhnliche Differentialgleichungen
921 Jantzen-Kolb, W. v. Eschenbach. Parzival
929 Schirmer-Mitzka, Dt. Wortkunde
930 Krull, Elementare und klassische Algebra I
931 Hasse, Höhere Algebra I
932 Hasse, Höhere Algebra II
933 Krull, Elementare und klassische Algebra II
936 Thum-Meysenbug, Werkstoffe d. Maschinenbaues II
952 Schäfer, Transformatoren
953 Zipperer, Techn. Schwingungslehre I
961/961a Zipperer, Techn. Schwingungslehre II
965 Dehnert, Wehr- und Stauanlagen
970 Baldus-Löbell, Nichteuklidische Geometrie

978 Kleinlogel, Baustoffverarbeitung und Baustellenprüfung d. Betons
984 Graf, Baustoffe des Hoch- und Tiefbaues
999/999a Kamke, Mengenlehre
1000 Jaspers, Geistige Situat. der Zeit
1003 Hoheisel, Partielle Differentialgleichung
1008/1008a Mellerowicz, Allgem. Betriebswirtschaftslehre I
1009 Bechert-Gerthsen-Flammersfeld, Atomphysik I
1014 Huttenlocher, Mineral- und Erzlagerstättenkunde I
1015/1015a Huttenlocher, Mineral- u. Erzlagerstättenkunde II
1017 Döring, Einführung in die theoret. Physik V
1020 Niese-Dienst, Elektrische Schweißverfahren
1031/1031a Apel-Ludz, Philosophisches Wörterbuch
1033 Bechert-Gerthsen-Flammersfeld, Atomphysik II
1034 Kranefeldt-Jung, Therapeutische Psychologie
1035 Altheim, Röm. Religionsgeschichte I
1039 Dovifat, Zeitungslehre I
1040 Dovifat, Zeitungslehre II
1044 Tölke, Talsperren
1045 Schubert, Technik des Klavierspiels
1051/1051a Stolberg-Wernigerode, Gesch. d. Vereinigten Staaten
1052 Altheim, Röm. Religionsgeschichte II
1057 Roth, Thermochemie
1059/1059a Hoheisel, Aufgabenslg. z. d. gew. u. part. Differentialgl.
1061 Grodzinski-Lechner, Getriebelehre I
1062 Grodzinski-Lechner, Getriebelehre II
1065 Haller-Dannenbauer, Von d. Karolingern zu den Staufern
1070 Sauter, Differentialgleichungen der Physik
1074 Koschmieder, Variationsrechnung I
1075 Koschmieder, Variationsrechnung II
1076/1076a Endres, Verbrennungsmotoren I
1077 Haller-Dannenbauer, Von den Staufern zu den Habsburgern
1078 Troche, Stahlbetonbau
1082 Hasse-Klobe, Aufgabensammlung zur höheren Algebra
1085 Lietzmann-Aland, Zeitrechnung
1086 Müller, Dt. Dichten und Denken
1088 Preller, Gesch. Englands II
1092 Wickop, Fenster, Türen, Tore
1094 Hernried, System. Modulation
1096 Viëtor, Dt. Dichten und Denken
1099 Hoheisel, Integralgleichungen
1105 Hartung, Dt. Geschichte im Zeitalter der Reformation
1108 de Boor-Wisniewski, Mittelhochdeutsche Grammatik
1109 Knopp, Elemente der Funktionentheorie
1111/1111a Naumann-Betz, Althochdt. Elementarbuch
1113/1113a Strubecker, Differentialgeometrie I
1114 Schubel, Engl. Literaturgeschichte I
1115 Ranke, Altnord. Elementarbuch
1116 Schubel, Engl. Literaturgeschichte II
1117 Haller-Dannenbauer, Eintritt der Germanen in die Geschichte
1121 Naumann, Dt. Dichten u. Denken
1122 Feist, Sprechen und Sprachpflege
1123/1123a Bechert-Gerthsen-Flammersfeld, Atomphysik III

1124 Schubel, Engl. Literaturgeschichte III
1125 Lehnert, Altengl. Elementarbuch
1127 Hartmann, Geschlecht u. Geschlechtsbestimmung im Tier- und Pflanzenreich
1128 Buchner, Symbiose der Tiere
1130 Dibelius-Kümmel, Jesus
1131 Scholz-Schoeneberg, Einführung in die Zahlentheorie
1132 Frühauf, Überspannungen
1134 Kuckuck, Pflanzenzüchtung I
1135 Lehnert, Beowulf
1137 Heil, Entwicklungsgesch. d. Pflanzenreiches
1138 Hämmerling, Fortpflanzung im Tier- und Pflanzenreich
1140 Unger, Induktionsmaschine
1141 Koller, Hormone
1142 Meissner-Lehnert, Shakespeare
1144 Gehler-Herberg, Festigkeitslehre I
1145/1145a Herberg-Dimitrov, Festigkeitslehre II
1146 Putz, Synchronmaschine
1147 v. Waltershausen, Kunst d. Dirigierens
1148 Pepping, Der polyphone Satz I
1152 Dehnert, Verkehrswasserbau III
1153/1153a Mellerowicz, Allgem. Betriebswirtschaftslehre II
1154/1154a Mellerowicz, Allgem. Betriebswirtschaftslehre III
1155 Schwartz, Mikrobiologie I
1156/1156a Meinke, Komplexe Berechnungen v. Wechselstromschaltungen
1157 Schwartz, Mikrobiologie II
1158 Mayrhofer, Sanskrit-Grammatik
1159 Jungbluth, Gießereitechnik I
1160 Dibelius-Kümmel, Paulus
1161 Kaestner, Spinnentiere
1162 Seidel, Entwicklungsphysiologie der Tiere I
1163 Seidel, Entwicklungsphysiologie der Tiere II
1164/1164a Pepping, Der polyphone Satz II
1165/1165a Bechert-Gerthsen-Flammersfeld, Atomphysik IV
1169 Paulsen, Allgemeine Volkswirtschaftslehre I
1170 Paulsen, Allgemeine Volkswirtschaftslehre II
1171 Paulsen, Allgemeine Volkswirtschaftslehre III
1172 Paulsen, Allgemeine Volkswirtschaftslehre IV
1173 Hamann-Funke-Hermann, Chemie der Kunststoffe
1176/1176a Lorenzen, Form. Logik
1178/1178a Kuckuck, Pflanzenzüchtung II
1179/1179a Strubecker, Differentialgeometrie II
1180/1180a Strubecker, Differentialgeometrie III
1181 Franz, Topologie I
1182 Franz, Topologie II
1183/1183a Nicolas, Finanzmathematik
1184 Endres, Verbrennungsmotoren II
1185 Endres, Verbrennungsmotoren III
1186/1186a Mellerowicz, Allgem. Betriebswirtschaftslehre IV
1187 Lau, Luther
1188/1188a Lehmann, Photogrammetrie
1189/1189a Päsler, Mechanik
1190 Stupperich, Melanchthon
1191/1191a Bräuer, Slav. Sprachwissenschaft I
1193 Fürstenberg, Wirtschaftssoziologie
1194 Wendt, Gesch. d. Volkswirtschaftslehre
1195 Ohm, Allgem. Volkswirtschaftspolitik I
1196 Ohm, Allgem. Volkswirtschaftspolitik
1197/1197a Onasch, Einf. in die Konfessionskunde der orthodoxen Kirchen
1198 Engel, Straßenverkehrstechnik

1199 Lausberg, Romanische Sprachwissenschaft III, 1. Teil

1200/1200a Lausberg, Romanische Sprachwissenschaft III, 2. Teil

1201/1201a Dehn, Versuche zur allgem. u. phys. Chemie

1202/1202a Nagel, Gesch. des christl. Gottesdienstes

1203 Wendland, Sozialethik

1204 Scheurig, Zeitgeschichte

1205/1205a Hofmann, Ideengeschichte d. soz. Bewegung

1206/1206a Langen, Lineare Programmierung

1207 Philipsborn, Erzkunde

1208 Lausberg, Romanische Sprachwissenschaft IV

1209/1209a Bock, Therm. Verfahrenstechnik I

1210/1210a Bock Therm. Verfahrenstechnik II

1211/1211a Bock, Therm. Verfahrenstechnik III

1212/1212a Hilf, Arbeitswissenschaft

1213 Kosiol, Buchhaltung und Bilanz

1216 Bauer, Wahrscheinlichkeitstheorie I

1217 Bauer, Wahrscheinlichkeitstheorie II

1218 Brandenstein, Griechische Sprachwissenschaft III

Autorenregister

120/1/64

Zeitfracht Medien GmbH
Ferdinand-Jühlke-Straße 7
99095 Erfurt, Deutschland
produktsicherheit@kolibri360.de